ABC DU BAC Excellence
LA MENTION EN PLUS

Mathématiques

3e

Carole Feugère
Gilles Mora

Nouveau programme

Nathan

Réalisation éditoriale : Roseline Messager
Édition : Gwenn Alvarez / Fanny Morquin
Conception graphique intérieur : Élise Launay
Couverture : Marc & Yvette
Compositeur : Facompo

ISBN : 978-2-09-150042-3

Mode d'emploi

Un ouvrage efficace pour réviser et aller plus loin

COURS

COURS

- Des **rappels de cours clairs et structurés**, pour mémoriser l'essentiel des connaissances à savoir.
- Des **encadrés et des annotations en marge**, pour vous aider à comprendre certains points difficiles.

EXERCICES ET SUJETS

EXERCICES ET SUJETS

- **Nombreux et variés,** les exercices proposés couvrent l'ensemble des thèmes abordés dans le chapitre.
- Des **points de méthode** et des **conseils de résolution** enrichissent les énoncés.
- Différentes rubriques permettent un **entraînement progressif** :
  - QCM, pour une auto-évaluation simple des connaissances ;
  - Exercices d'entraînement ;
  - Problèmes ;
  - Vers le Brevet ;
  - Exercices d'approfondissement.
- Le **minutage** est donné pour chaque exercice, ainsi que le **niveau de difficulté** :
  - pas d'étoile : exercice de base ;
  - ★ : exercice de réflexion et de synthèse ;
  - ★★ : exercice présentant quelques difficultés.

CORRIGÉS

CORRIGÉS

- Les corrigés sont entièrement rédigés, **très détaillés**, et présentent toutes les étapes du raisonnement et des calculs.
- Ils sont accompagnés de commentaires, de remarques, de conseils, de compléments… **pour être « au top »** en mathématiques.

Connectez-vous à abcbrevet.com

SOMMAIRE

PARTIE 2 - ORGANISATION. GESTION DE DONNÉES. FONCTIONS

PARTIE 3 - GRANDEURS ET MESURES

PARTIE 4 - ESPACE ET GÉOMÉTRIE

PARTIE 5 - ALGORITHMIQUE ET PROGRAMMATION

1 L'épreuve de sciences

■ Les sciences sont évaluées au sein d'une épreuve d'une durée totale de 3 heures, appelée « mathématiques, physique-chimie, sciences de la vie et de la Terre, et technologie ».

■ Cette épreuve de sciences se déroule en deux parties, séparées par une pause de 15 minutes :

– **2 heures pour les mathématiques** ;

– 1 heure pour la physique-chimie, les sciences de la vie et de la Terre, et la technologie.

2 Évaluation de l'épreuve

50 points sont dédiés aux mathématiques (sur un total de 100 points pour les sciences) : 45 points sont distribués entre les différents exercices et 5 points sont réservés à la présentation de la copie et à la qualité de la rédaction.

3 Structure de l'épreuve

■ Le sujet est composé d'exercices qui peuvent être traités de manière indépendante. Il comporte obligatoirement au moins un exercice d'algorithmique ou de programmation. Un ou plusieurs exercices portent sur une thématique commune (par exemple la sécurité routière).

■ Les exercices peuvent prendre différentes formes : exercice à prise d'initiative, questionnaire à choix multiples. Ils peuvent s'appuyer sur des situations issues de la vie courante ou d'autres disciplines.

4 Acquisitions évaluées

■ Maîtrise des compétences et connaissances du programme.

■ Utilisation des différents langages (symbolique, algébrique, schématique, graphique) pour observer, raisonner, argumenter et communiquer.

■ Exploitation des données chiffrées et/ou expérimentales.

■ Analyse et compréhension des informations en utilisant les raisonnements, méthodes et modèles étudiés.

■ Application des principes élémentaires de l'algorithmique et du codage à la résolution d'un problème simple.

QUELQUES CONSEILS

De l'organisation…

- **Prenez le temps de lire l'intégralité du sujet** avant de commencer.
- **Commencez** par les exercices avec lesquels vous êtes le plus à l'aise. En effet, vous pouvez traiter les exercices dans l'ordre de votre choix.
- **Utilisez les feuilles de brouillon.** Il est recommandé de faire certains calculs au brouillon, de tracer les figures ou les constructions de manière à apprécier la place nécessaire à la réalisation sur la copie. Pour les questionnaires à choix multiples où l'on ne demande pas de justification par exemple, il est vivement recommandé de faire le raisonnement permettant de choisir sa réponse sur le brouillon.
- **Gérez correctement votre temps.** Prévoyez de garder un peu de temps pour la relecture.

Pour la rédaction

- **Faites attention à l'orthographe.** Les fautes d'orthographe perturbent et indisposent le correcteur.
- **Évitez les ratures** qui nuisent à la lisibilité, et évitez les « pâtés » de blanc correcteur.
- **Évitez le « je »** ou le « nous » dans la rédaction.
- **Énoncez clairement les théorèmes utilisés.** Écrivez les mesures données par l'énoncé sur la figure si elle est fournie dans l'énoncé, ou bien faites-en une sur votre brouillon.
- N'oubliez pas d'**énoncer les hypothèses** qui permettent d'appliquer un théorème : pour le théorème de Thalès, il faut citer les droites parallèles…
- **Soulignez ou encadrez le résultat**, et vérifiez qu'il correspond bien à la question posée.

CHAPITRE 1

Calcul numérique. Calcul littéral. Résolution de problèmes

DE QUOI S'AGIT-IL ?

Calculer avec des fractions, développer une expression, supprimer des parenthèses sont autant de techniques qu'il est indispensable de savoir manipuler pour prendre un bon départ en activité numérique.

1 Opérations sur les nombres en écriture fractionnaire

1 Égalité de quotients

On ne modifie pas une fraction si l'on multiplie (ou divise) le numérateur et le dénominateur par le même nombre (non nul).

On simplifie par k

$$\frac{\not{k}\times a}{\not{k}\times b}=\frac{a}{b}$$

Remarque
Quand une fraction est simplifiée au maximum, on dit qu'elle est irréductible. Cela signifie que l'on ne peut plus la réduire.

Exemple

$\frac{6}{8}=\frac{3\times \not{2}}{4\times \not{2}}=\frac{3}{4}$ (on a simplifié par 2).

L'égalité ci-dessus se lit aussi dans l'autre sens : $\frac{a}{b}=\frac{k\times a}{k\times b}$. Dans ce cas, elle sert par exemple à mettre des fractions au même dénominateur.

2 Somme et différence de fractions

Pour additionner ou soustraire des fractions, il faut qu'elles soient au même dénominateur.

Additionner

$$\frac{a}{d}+\frac{b}{d}=\frac{a+b}{d}$$

Soustraire

$$\frac{a}{d}-\frac{b}{d}=\frac{a-b}{d}$$

Exemples

- $\frac{5}{3}+\frac{2}{3}=\frac{5+2}{3}=\frac{7}{3}$
- $\frac{4}{7}-\frac{3}{7}=\frac{4-3}{7}=\frac{1}{7}$

Remarque
On ajoute les numérateurs et on conserve le même dénominateur.

Bien comprendre

Quand les fractions ont des dénominateurs différents, on transforme leur écriture afin qu'elles aient le même dénominateur.

Exemple : $\dfrac{-2}{5}+\dfrac{1}{3}=\underbrace{\dfrac{-6}{15}}_{\frac{-2}{5}=\frac{-6}{15}}+\underbrace{\dfrac{5}{15}}_{\frac{1}{3}=\frac{5}{15}}=\dfrac{-6+5}{15}=\dfrac{-1}{15}.$

3 Multiplication de fractions

Pour multiplier des fractions, on multiplie les numérateurs entre eux et les dénominateurs entre eux.

Multiplier

$$\frac{a}{b}\times\frac{c}{d}=\frac{a\times c}{b\times d}$$

Multiplier

$$\frac{a}{b}\times c=\frac{a\times c}{b}$$

Exemples

- $\dfrac{5}{4}\times\dfrac{3}{2}=\dfrac{5\times 3}{4\times 2}=\dfrac{15}{8}$
- $\dfrac{3}{4}\times 5=\dfrac{3\times 5}{4}=\dfrac{15}{4}$

4 Division de fractions

- Soit un nombre a non nul. L'**inverse** de ce nombre a est le nombre b tel que $a\times b=1$.

Bien comprendre

Ne confondez pas **inverse** et **opposé**. L'opposé d'un nombre a quelconque est le nombre b tel que $a+b=0$; l'opposé de a se note $-a$.

L'inverse du nombre x est le nombre $\dfrac{1}{x}$.

L'inverse d'une fraction $\dfrac{A}{B}$ est $\dfrac{B}{A}$.

Remarque

$x\times\dfrac{1}{x}=\dfrac{1\times x}{x}=\dfrac{x}{x}=1.$

Exemple : L'inverse de 0,5 est $\dfrac{1}{0{,}5}$, soit 2 (on a bien $0{,}5\times 2=1$).

- Diviser par un nombre revient à multiplier par son inverse.

Diviser

$$\frac{a}{b}\div\frac{c}{d}=\frac{a}{b}\times\frac{d}{c}=\frac{a\times d}{b\times c}$$

Exemple : $\dfrac{3}{4}\div\dfrac{1}{3}=\dfrac{3}{4}\times\dfrac{3}{1}=\dfrac{3\times 3}{4\times 1}=\dfrac{9}{4}.$

COURS

2 Principales règles pour le calcul littéral

1 Suppression de parenthèses dans une somme

Parenthèses précédées d'un signe +	Parenthèses précédées d'un signe –
$a + (b - c + d) = a + b - c + d$	$a - (b - c + d) = a - b + c - d$
On conserve les signes.	*On change les signes.*

Exemples

- $x + (3 - y) = x + 3 - y$
- $5 - (x - y) = 5 - x + y$

2 Développer un produit (en utilisant la distributivité)

Développer, c'est transformer un produit en une somme (une différence).

On développe

$k\,(a + b) = ka + kb$

Produit — Somme

On développe

$k\,(a - b) = ka - kb$

Produit — Différence

Exemples

- $6(x + 3) = 6 \times x + 6 \times 3 = 6x + 18$
- $3(2x - 5) = 3 \times 2x - 3 \times 5 = 6x - 15$

→ Bien comprendre

On développe des produits (des multiplications). Une fois le développement terminé, on vérifie que l'on obtient une somme (une différence).

On développe

$(a + b)(c + d) = ac + ad + bc + bd$

Produit — Somme

Exemple

$$\begin{aligned}(x + 2)\,(3x + 5) &= x \times 3x + x \times 5 + 2 \times 3x + 2 \times 5\\ &= 3x^2 + 5x + 6x + 10\\ &= 3x^2 + 11x + 10\end{aligned}$$

3 Factoriser

Factoriser, c'est transformer une somme (une différence) en un produit.

On factorise

$ka + kb = k\,(a + b)$

Somme — Produit

On factorise

$ka - kb = k(a - b)$

Différence — Produit

Remarque
k est un facteur commun.
On factorise par *k*.

COURS

Exemples

Cas où le facteur commun est une constante :

- $5x + 5y = 5 \times x + 5 \times y = 5(x + y)$
  Somme — Facteur commun — Produit
- $3x - 6 = 3 \times x - 3 \times 2 = 3(x - 2)$
  Différence — Facteur commun — Produit

Cas où le facteur commun est littéral :

- $5x^2 + 3x = x \times 5x + x \times 3 = x(5x + 3)$
  Somme — Facteur commun — Produit
- $4x + x\,(x + 5) = x \times 4 + x \times (x + 5) = x(4 + x + 5) = x(9 + x)$
  Somme — Facteur commun — Produit

Bien comprendre

On factorise des sommes (ou des différences). Une fois la factorisation terminée, on vérifie que l'on obtient un produit.

QCM

1 Des choix à faire

➔ Corrigé p. 20

Cochez la (ou les) réponse(s) correcte(s).

1. L'inverse de $\frac{-2}{5}$ est :

a) ☐ $\frac{2}{5}$ **b)** ☐ $\frac{5}{2}$ **c)** ☐ $\frac{-5}{2}$

2. Diviser par 5 revient à multiplier par :

a) ☐ $\frac{1}{5}$ **b)** ☐ 5 **c)** ☐ $-\frac{1}{5}$

3. $\frac{x}{3}$ est égal à :

a) ☐ $x + \frac{1}{3}$ **b)** ☐ $\frac{1}{3}x$ **c)** ☐ $\frac{3}{x}$

4. $\frac{1}{3}x + x$ est égal à :

a) ☐ $\frac{2}{3}x$ **b)** ☐ $\frac{4x}{3}$ **c)** ☐ $\frac{x+1}{3}$

5. $\frac{2}{3} - \frac{1}{3} \times 6$ est égal à :

a) ☐ 2 **b)** ☐ $-\frac{4}{3}$ **c)** ☐ 0

2 Vrai ou Faux ?

➔ Corrigé p. 20

Cochez la bonne réponse.

1. $(5x + 2)(2 - 3x) + 16$ est une somme. ☐ V ☐ F

2. $-5x + 2$ est le développement de $\frac{1}{2}(4 - 10x)$. ☐ V ☐ F

3. Quand $x = \frac{4}{7}$, $\frac{1}{x} + 1 = \frac{11}{7}$. ☐ V ☐ F

4. $-2x$ est un nombre négatif. ☐ V ☐ F

5. L'inverse de l'opposé de x est égal à l'opposé de l'inverse de x. ☐ V ☐ F

6. Quand $x = -2$, $(x + 6)\ (x - 2)$ est nul. ☐ V ☐ F

7. $2{,}65 = 2 + \frac{65}{10}$. ☐ V ☐ F

Exercices d'entraînement

3 Calcul mental

10 min Corrigé p. 21

Cet exercice est fait pour être traité sans la calculatrice.

1. Complétez (avec une fraction ou un nombre entier) :

- $5 - 7 + 2 = ...$
- $-3 \times 8 + 2 = ...$
- $4 - 8 \times 7 = ...$
- $2{,}6 - 3{,}5 = ...$
- $0{,}3 \times 5 + 2 = ...$
- $2 - 5 \times 8{,}2 = ...$
- $1{,}3 + 0{,}8 - 6 = ...$
- $5 \times \frac{3}{2} - 1 = ...$
- $\frac{1}{2} + \frac{1}{3} = ...$
- $2 - \frac{3}{7} = ...$
- $8 + \frac{3}{5} - 1 = ...$
- $\frac{3}{5} \times \frac{25}{3} = ...$

2. Complétez :

- $x + x = ...$
- $x \times x = ...$
- $3{,}2x - x = ...$
- $4{,}2x \times 3x = ...$
- $-9 \times 12x = ...$
- $5 \times 2x - 4 \times 3x = ...$
- $-6 \times \frac{x}{3} = ...$
- $5x \times \frac{1}{x} = ...$
- $2x^2 - 0{,}8x^2 = ...$

4 Calculs avec des fractions

20 min Corrigé p. 22

Calculez sous la forme d'une fraction simplifiée ou d'un nombre entier :

- $A = \frac{1}{4} + \frac{1}{3} - \frac{1}{2}$
- $B = 4 - 2 \times \left(\frac{2}{5}\right)^2$
- $C = \dfrac{5 - 2 \times \frac{3}{4}}{5}$
- $D = \left(\frac{3}{4} - \frac{5}{6}\right) \div \frac{2}{3}$
- $E = \dfrac{1 + \frac{1}{3}}{\frac{4}{9}}$
- $F = \left(\frac{2}{5} - \frac{1}{2} \times \frac{6}{5}\right) \times \frac{-1}{3}$

Méthode

1. On effectue en premier les calculs contenus dans les parenthèses s'il y en a.

2. On effectue les multiplications et les divisions, car elles sont prioritaires sur les autres opérations. On applique les règles de calculs sur les fractions (addition, soustraction, multiplication et division).

3. Les calculs doivent être faits les uns après les autres, de gauche à droite.

4. On s'assure que le résultat final est bien écrit sous forme irréductible ou sous la forme d'un nombre entier.

5 On continue

15 min Corrigé p. 23

Calculez $A = a + \dfrac{b}{c}$ sous la forme d'une fraction dans les deux cas suivants.

1. Pour $a = 5$, $b = -3$ et $c = \dfrac{2}{5}$.

2. Pour $a = \dfrac{-1}{4}$, $b = \dfrac{2}{3}$ et $c = -\dfrac{4}{7}$.

6 Plusieurs écritures pour le même nombre

15 min Corrigé p. 24

Voici une liste de nombres :

$$\frac{29}{16} - \left(\frac{3}{16} + 4 \times \frac{1}{8}\right) ; \frac{-\dfrac{29}{14} + 1}{\dfrac{-29}{14} + 2} ; \frac{2}{3} + \frac{11}{24} ; 1 + \frac{125}{1\,000} ; 10 + \left(\frac{17}{2} - 3{,}5\right) ; \frac{3}{2} + 1 + \frac{5^3}{10}.$$

1. Retrouvez dans la liste précédente toutes les différentes écritures du nombre $\dfrac{9}{8}$, puis celles de 15.

2. Parmi ces écritures, indiquez celle qui permet de montrer que $\dfrac{9}{8}$ est un nombre plus grand que 1.

7 Un petit problème avec des fractions

10 min Corrigé p. 25

Thierry part en voiture d'une ville A pour rejoindre une ville B. Il parcourt dans un premier temps $\dfrac{1}{3}$ du trajet. Puis, après une pause, il parcourt $\dfrac{5}{6}$ du reste de son trajet.

Il lui reste encore à parcourir 15 km pour relier la ville B.

Quelle est la distance entre les deux villes ?

8 Identifier une opération

5 min Corrigé p. 25

Indiquez, pour chacun des nombres suivants, s'ils sont écrits sous la forme d'une somme, d'une différence, d'un produit, d'un quotient.

- $3(x + 6)$
- $(x + 4)(x - 8) + 6$
- $\dfrac{x + 6}{2x - 6}$
- $\dfrac{x + 3}{5} + 3$
- $(2x + 3)(1 - x)$
- $(x + 3)(2x + 6) - (3x - 7)$

Méthode

C'est la dernière opération à effectuer qui détermine le nom du calcul.

9 On s'entraîne sur des développements

20 min Corrigé p. 26

Développez les expressions suivantes.

- $A = (2x + 3)(x - 5)$
- $B = (5x - 1)(2x - 3)$
- $C = 5\,(2x + 6) - 3\,(1 - 5x)$
- $D = (1 - 4x)\,(2x + 1) - 5(x + 3)$
- $E = (2x - 1)\,(x + 6) - (1 - x)\,(x + 6)$
- $F = (x - 1)(2x + 3)(x + 4)$

10 On s'entraîne sur des factorisations

15 min Corrigé p. 27

Factorisez les expressions suivantes.

- $A = 2\,(2x + 3) - x\,(2x + 3)$
- $B = 5x^2 + 3x$
- $C = (x + 6)\,(2x - 1) + 7\,(2x - 1)$
- $D = x^2 + x(x + 1)$
- $E = (2x + 3)\,(1 - x) - (1 - x)(4x + 3)$
- $F = (2x - 5)^2 + 3\,(2x - 5)$

Méthode

1. On reconnaît une somme ou une différence. On peut, par exemple, encadrer les termes de part et d'autre du signe + (ou –).

2. Dans chaque cadre, on repère un facteur commun que l'on fait apparaître en le soulignant.

3. On factorise par ce facteur en le mettant « devant », puis on ouvre un crochet (ou une parenthèse).

4. On se pose ensuite la question suivante

Par quoi doit-on multiplier ce facteur commun pour obtenir le premier terme de la somme (ou de la différence), c'est-à-dire le premier cadre ?
On répète cette question autant de fois qu'il y a de termes (cadres) dans la somme ou dans la différence.

5. On s'assure à la fin que l'on obtient bien un produit.

11 Plus de surface ou pas ?

10 min Corrigé p. 27

La longueur d'un rectangle est $2x$ cm. Sa largeur est x cm avec $x > 1$.

On augmente la longueur de ce rectangle de 2 cm et on diminue sa largeur de 1 cm.

Son aire a-t-elle diminué ou augmenté ? Justifiez.

Problèmes

12 Autour d'une expression numérique

★ 15 min ➔ Corrigé p. 28

Voici une expression numérique :

$E = (3x - 2)(x + 4) - 2(x^2 + 5x - 4)$

1. Calculez E pour $x = 2$, puis pour $x = -3$.

2. Voici un tableau qui donne les valeurs de E pour quelques valeurs de x :

Valeurs de x	0	5	−4	7	10
Valeurs de E	0	25	16	49	100

Sans calcul, conjecturez la valeur de E lorsque $x = 6$, puis lorsque $x = \frac{2}{3}$.

Conjecturez une expression de E en fonction de x.

3. Démontrez cette conjecture pour tous les nombres x.

Comment résoudre ce problème

En effectuant le calcul de E pour différentes valeurs de x, on trouve un « lien » entre le nombre de départ x et le nombre trouvé. On appelle cela émettre une conjecture. Il s'agit ensuite de montrer que ce « lien » existe pour toutes les valeurs de x. C'est pour cela que l'on doit effectuer un calcul littéral (avec des lettres) afin de démontrer le résultat conjecturé.

13 L'IMC

20 min ➔ Corrigé p. 28

Les médecins de l'Organisation mondiale de la santé ont inventé un outil simple et fiable qui permet de mesurer la corpulence d'une personne. C'est l'indice de masse corporelle, ou IMC. Le résultat d'un calcul à partir du poids et de la taille permet d'évaluer, grâce à des études statistiques, les zones à risque, notamment de maladies cardiovasculaires. Cet indice se calcule en divisant le poids, en kg, par le carré de la taille, en m.

1. En notant I l'IMC, p le poids en kg et t la taille en m, donnez la formule permettant de calculer l'IMC à partir de p et t.

2. Vérifiez que l'IMC d'une personne ayant un poids de 80 kg et mesurant 1,80 m est d'environ 24,7.

3. Une personne ayant un IMC compris entre 25 et 30 est considérée en surpoids.

Calculez la valeur de p pour une personne mesurant 1,60 ayant un IMC de 25.

4. 4,9 % de la population a un IMC inférieur à 18,5 (on considère ces personnes en dénutrition).

Calculez le nombre de personnes concernées en France (population française : 66 millions).

Exercice d'approfondissement

14 Pas si évident…

★★ 15 min ➲ Corrigé p. 29

Sur une droite graduée, on a représenté les nombres $-\frac{2}{11}$ et $\frac{2}{5}$.

Quel nombre se trouve à la place du point d'interrogation ?

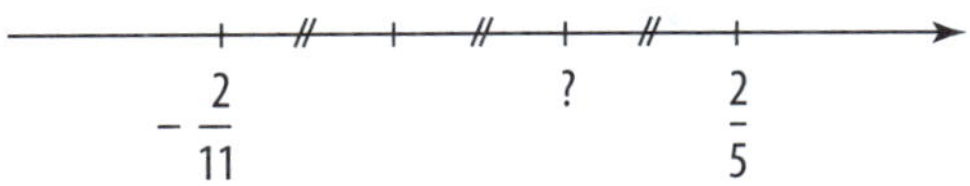

QCM

1 **1.** L'inverse de $\frac{-2}{5}$ est $\frac{1}{\frac{-2}{5}} = \frac{5}{-2}$, soit $\frac{-5}{2}$.

Réponse : **c)** $\frac{-5}{2}$.

L'astuce du prof
On obtient l'inverse d'une fraction en permutant le numérateur avec le dénominateur.

2. Diviser par 5 revient à multiplier par l'inverse de 5, soit par $\frac{1}{5}$.

Réponse : **a)** $\frac{1}{5}$.

3. $\frac{x}{3} = \frac{1}{3} \times \frac{x}{1} = \frac{1}{3} \times x = \frac{1}{3}x$.

Réponse : **b)** $\frac{1}{3}x$.

4. $\frac{1}{3}x + x = \frac{1}{3}x + \frac{3}{3}x = \frac{1x + 3x}{3} = \frac{4x}{3}$. Réponse : **b)** $\frac{4x}{3}$.

On pouvait aussi factoriser (avec le facteur commun x) :

$\frac{1}{3}x + x = x\left(\frac{1}{3} + 1\right) = x \times \frac{4}{3} = \frac{4}{3}x = \frac{4x}{3}$.

5. $\frac{2}{3} - \frac{1}{3} \times 6 = \frac{2}{3} - \frac{1 \times 6}{3} = \frac{2-6}{3} = \frac{-4}{3}$.

Rappel
Commencez par effectuer la multiplication. Elle est prioritaire sur l'addition.

Réponse : **b)** $-\frac{4}{3}$.

2 **1. Vrai ➜** L'expression $(5x + 2)(2 - 3x) + 16$ est une somme de deux termes. Le premier est $(5x + 2)(2 - 3x)$ (qui est d'ailleurs lui-même un produit) et le second, 16.

2. Vrai ➜ Le développement de $\frac{1}{2}(4 - 10x)$ est :

$\frac{1}{2}(4 - 10x) = \frac{1}{2} \times 4 - \frac{1}{2} \times 10x = 2 - 5x$.

L'astuce du prof
Multiplier un nombre par $\frac{1}{2}$, c'est prendre la moitié de ce nombre.

3. Faux → On remplace x par $\frac{4}{7}$ dans le premier membre. On obtient :

$\frac{1}{4}+1=1\times\frac{7}{4}+1=\frac{7}{4}+\frac{4}{4}=\frac{11}{4}$.

4. Faux → $-2x$ n'est pas forcément un nombre négatif. En effet, pour $x = -3$, on obtient $-2x = -2 \times (-3) = 6$ qui est un nombre positif.

En fait, pour les valeurs positives de x, $-2x$ est négatif. En revanche, pour les valeurs négatives de x, $-2x$ est positif.

5. Vrai → L'opposé de x est $-x$ et l'inverse de x est $\frac{1}{x}$. On en déduit que :

- l'opposé de x est $-x$, donc l'inverse de l'opposé de x est $\frac{1}{-x}$, soit $-\frac{1}{x}$;
- l'inverse de x est $\frac{1}{x}$, donc l'opposé de l'inverse de x est $-\frac{1}{x}$.

On retrouve le même résultat.

6. Faux → On remplace x par -2. On obtient :

$(-2 + 6)(-2 - 2) = 4 (-4) = -16 \neq 0$.

7. Faux → $2+\frac{65}{10}=2+6,5=8,5 \neq 2,65$.

> **Méthode**
> Dans un produit, commencez par simplifier (réduire) les facteurs avant d'effectuer le calcul (lorsque cela est possible).

Exercices d'entraînement

3

1.
- $5 - 7 + 2 = \boxed{0}$
- $-3 \times 8 + 2 = \boxed{-22}$
- $4 - 8 \times 7 = \boxed{-52}$
- $2,6 - 3,5 = \boxed{-0,9}$
- $0,3 \times 5 + 2 = \boxed{3,5}$
- $2 - 5 \times 8,2 = \boxed{-39}$
- $1,3 + 0,8 - 6 = \boxed{1,5}$
- $5\times\frac{3}{2}-1=\boxed{\frac{13}{2}}$
- $\frac{1}{2}+\frac{1}{3}=\boxed{\frac{5}{6}}$
- $2-\frac{3}{7}=\boxed{\frac{11}{7}}$
- $8+\frac{3}{5}-1=\boxed{\frac{38}{5}}$
- $\frac{3}{5}\times\frac{25}{3}=\boxed{\frac{1}{5}}$

2.
- $x + x = \boxed{2x}$
- $x \times x = \boxed{x^2}$
- $3,2x - x = \boxed{2,2x}$
- $4,2x \times 3x = \boxed{12,6x^2}$
- $-9 \times 12x = \boxed{-108x}$
- $5 \times 2x - 4 \times 3x = \boxed{-2x}$
- $-6\times\frac{x}{3}=\boxed{-2x}$
- $5x\times\frac{1}{x}=\boxed{5}$
- $2x^2 - 0,8x^2 = \boxed{1,2x^2}$

4 • $A = \frac{1}{4} + \frac{1}{3} - \frac{1}{2}$

$= \frac{3}{12} + \frac{4}{12} - \frac{6}{12}$

$A = \frac{1}{12}$ (fraction simplifiée)

L'astuce du prof
Cherchez le plus petit multiple commun à 4, 3 et 2. C'est 12.

• $B = 4 - 2 \times \left(\frac{2}{5}\right)^2$

$= 4 - 2 \times \frac{2^2}{5^2}$

$B = 4 - \frac{2 \times 4}{25} = \frac{4 \times 25}{1 \times 25} - \frac{8}{25}$

$= \frac{100}{25} - \frac{8}{25}$

$B = \frac{92}{25}$ (fraction simplifiée)

Rappel
$\left(\frac{a}{b}\right)^2 = \frac{a^2}{b^2}$

• $C = \dfrac{5 - 2 \times \frac{3}{4}}{5}$

$= \dfrac{5 - \frac{\cancel{2} \times 3}{\cancel{2} \times 2}}{5}$

$= \dfrac{5 - \frac{3}{2}}{5}$

$= \dfrac{\frac{10}{2} - \frac{3}{2}}{5} = \dfrac{\frac{7}{2}}{5}$

$= \frac{7}{2} \times \frac{1}{5} = \frac{7 \times 1}{2 \times 5}$

$C = \frac{7}{10}$ (fraction simplifiée)

• $D = \left(\frac{3}{4} - \frac{5}{6}\right) \div \frac{2}{3}$

$= \left(\frac{9}{12} - \frac{10}{12}\right) \div \frac{2}{3}$

$= \frac{-1}{12} \div \frac{2}{3}$

$= \frac{-1 \times \cancel{3}}{\cancel{3} \times 4 \times 2}$

$D = \frac{-1}{8}$ (fraction simplifiée)

• $E = \dfrac{1+\dfrac{1}{3}}{\dfrac{4}{9}}$

$= \dfrac{\dfrac{3}{3}+\dfrac{1}{3}}{\dfrac{4}{9}} = \dfrac{\dfrac{4}{3}}{\dfrac{4}{9}}$

$= \dfrac{4}{3} \times \dfrac{9}{4}$

$= \dfrac{\cancel{4} \times \cancel{3} \times 3}{\cancel{3} \times \cancel{4}}$

$E = 3$ (nombre entier)

• $F = \left(\dfrac{2}{5} - \dfrac{1}{2} \times \dfrac{6}{5}\right) \times \dfrac{-1}{3}$

$= \left(\dfrac{2}{5} - \dfrac{1 \times \cancel{2} \times 3}{\cancel{2} \times 5}\right) \times \dfrac{-1}{3}$

$= \left(\dfrac{2}{5} - \dfrac{3}{5}\right) \times \dfrac{-1}{3}$

$= \dfrac{-1}{5} \times \dfrac{-1}{3}$

$= \dfrac{-1 \times (-1)}{5 \times 3}$

$F = \dfrac{1}{15}$ (fraction simplifiée)

5 **1.** Pour $a = 5$, $b = -3$ et $c = \dfrac{2}{5}$, on obtient :

$A - 5 + \dfrac{-3}{\dfrac{2}{5}} = 5 - 3 \times \dfrac{5}{2} = 5 - \dfrac{15}{2} = \dfrac{10}{2} - \dfrac{15}{2} = -\dfrac{5}{2}$

$A = -\dfrac{5}{2}$ (fraction simplifiée)

2. Pour $a = \dfrac{-1}{4}$, $b = \dfrac{2}{3}$ et $c = -\dfrac{4}{7}$, on obtient :

$A = \dfrac{-1}{4} + \dfrac{\dfrac{2}{3}}{-\dfrac{4}{7}} = \dfrac{-1}{4} + \dfrac{2}{3} \times \left(-\dfrac{7}{4}\right)$

$= \dfrac{-1}{4} - \dfrac{\cancel{2} \times 7}{3 \times \cancel{2} \times 2} = \dfrac{-1}{4} - \dfrac{7}{6} = \dfrac{-3}{12} - \dfrac{14}{12} = -\dfrac{17}{12}$

$A = -\dfrac{17}{12}$ (fraction simplifiée)

6 **1.** On écrit les nombres plus simplement :

Remarque
Il faut évidemment retrouver l'un des deux résultats : $\frac{9}{8}$ ou 15.

• $\frac{29}{16}-\left(\frac{3}{16}+4\times\frac{1}{8}\right)$

$=\frac{29}{16}-\left(\frac{3}{16}+\frac{\cancel{4}\times1}{\cancel{4}\times2}\right)=\frac{29}{16}-\left(\frac{3}{16}+\frac{1}{2}\right)$

$=\frac{29}{16}-\left(\frac{3}{16}+\frac{8}{16}\right)=\frac{29}{16}-\frac{11}{16}=\frac{18}{16}=\boxed{\frac{9}{8}}$

• $\dfrac{-\frac{29}{14}+1}{\frac{-29}{14}+2}=\dfrac{-\frac{29}{14}+\frac{14}{14}}{-\frac{29}{14}+\frac{28}{14}}=\dfrac{-\frac{15}{14}}{\frac{-1}{14}}=-\frac{15}{\cancel{14}}\times\frac{\cancel{14}}{-1}=\frac{15\times14}{14\times1}=\boxed{15}$

• $\frac{2}{3}+\frac{11}{24}=\frac{16}{24}+\frac{11}{24}=\frac{27}{24}=\frac{\cancel{3}\times9}{\cancel{3}\times8}=\boxed{\frac{9}{8}}$

Conseil
Pour simplifier la fraction $\frac{125}{1000}$, vous pouvez procéder par simplifications successives.

• $1+\frac{125}{1\,000}=1+\frac{\cancel{125}\times1}{\cancel{125}\times8}=1+\frac{1}{8}=\frac{8}{8}+\frac{1}{8}=\boxed{\frac{9}{8}}$

L'astuce du prof
Ici, il est plus simple de travailler avec des nombres décimaux.

• $10+\left(\frac{17}{2}-3{,}5\right)=10+(8{,}5-3{,}5)=10+5=\boxed{15}$

• $\frac{3}{2}+1+\frac{5^3}{10}=\frac{3}{2}+\frac{2}{2}+\frac{125}{10}=\frac{5}{2}+\frac{125}{10}=\frac{25}{10}+\frac{125}{10}=\frac{50}{10}=\boxed{15}$

On a donc :

• $\frac{9}{8}=\frac{29}{16}-\left(\frac{3}{16}+4\times\frac{1}{8}\right)=\frac{2}{3}+\frac{11}{24}=1+\frac{125}{1\,000}$

• $15=\dfrac{\frac{-29}{14}+1}{\frac{-29}{14}+2}=10+\left(\frac{17}{2}-3{,}5\right)=\frac{3}{2}+1+\frac{5^3}{10}$

2. L'écriture qui permet de montrer que $\frac{9}{8}$ est un nombre plus grand que 1 est $\boxed{1+\frac{125}{1\,000}}$.

Rappel
Un nombre est plus grand que 1 si on peut l'écrire $1+A$ avec $A>0$.

CORRIGÉS

7 • On calcule ce qui reste du parcours au moment de la pause :

$1-\frac{1}{3}=\frac{2}{3}$.

Il reste donc $\frac{2}{3}$ du trajet.

• On calcule ce qu'a parcouru Thierry après la pause :

$\frac{5}{6}\times\frac{2}{3}=\frac{5\times 2}{6\times 3}=\frac{5\times \cancel{2}}{3\times \cancel{2}\times 3}=\frac{5}{9}$.

• On calcule ce qu'il a parcouru en tout :

$\frac{1}{3}+\frac{5}{9}=\frac{3}{9}+\frac{5}{9}=\frac{8}{9}$.

Il a parcouru $\frac{8}{9}$ du trajet.

Méthode

Procédez par étape en précisant à chaque fois ce que vous calculez. Ne faites pas des calculs sans savoir ce que vous faites !

• On calcule ce qu'il lui reste à parcourir :

$1-\frac{8}{9}=\frac{9}{9}-\frac{5}{6}=\frac{1}{9}$.

Il doit encore parcourir $\frac{1}{9}$ du trajet.

• On calcule le nombre de kilomètres qui séparent les deux villes : $\frac{1}{9}$ de la distance entre les deux villes représente 15 km.

$9\times 15=135$.

$\frac{9}{9}$ représentent 135 km.

135 km séparent les deux villes.

8 • $3(x+6)$ est un **produit** de deux facteurs : 3 et $(x+6)$.

• $(x+4)(x-8)+6$ est une **somme** de deux termes : $(x+4)(x-8)$ et 6.

Remarque

Les termes d'une somme peuvent être des produits. Ici, $(x+4)(x-8)$ est un produit.

• $\frac{x+6}{2x-6}$ est un **quotient**.

• $\frac{x+3}{5}+3$ est une **somme** de deux termes : $\frac{x+3}{5}$ et 3.

• $(2x + 3)(1 - x)$ est un **produit** de deux facteurs : $(2x + 3)$ et $(1 - x)$.
• $(x + 3)(2x + 6) - (3x - 7)$ est une **différence** de deux termes :
$(x + 3)(2x + 6)$ et $(3x - 7)$.

9 • $A = (2x + 3)(x - 5)$
$= 2x \times x - 2x \times 5 + 3\times x - 3 \times 5$
$= 2x^2 - 10x + 3x - 15$

$$A = 2x^2 - 7x - 15$$

Méthode
Quand vous développez, occupez-vous d'abord du signe du produit, puis écrivez le résultat.

• $B = (5x - 1)(2x - 3)$
$= 5x \times 2x - 5x \times 3 - 1 \times 2x + 1 \times 3$
$= 10x^2 - 15x - 2x + 3$

$$B = 10x^2 - 17x + 3$$

Conseil
N'oubliez pas de réduire l'écriture et d'ordonner le résultat (d'abord « les x^2 », puis « les x », puis les constantes).

• $C = 5\ (2x + 6\ ) - 3(1 - 5x)$
$= 5 \times 2x + 5 \times 6 - 3 \times 1 + 3 \times 5x$
$= 10x + 30 - 3 + 15x$

$$C = 25x + 27$$

• $D = (1 - 4x)(2x + 1) - 5\ (x + 3)$
$= 1 \times 2x + 1 \times 1 - 4x \times 2x - 4x \times 1 - 5 \times x - 5 \times 3$
$= 2x + 1 - 8x^2 - 4x - 5x - 15$

$$D = - 8x^2 - 7x - 14$$

• $E = (2x - 1)(x + 6) - (1 - x)(x + 6)$
$= (2x \times x + 2x \times 6 - 1 \times x - 1 \times 6) - (1 \times x + 1 \times 6 - x \times x - x \times 6)$
$= (2x^2 + 12x - x - 6) - (x + 6 - x^2 - 6x)$
$= 2x^2 + 12x - x - 6 - x - 6 + x^2 + 6x$

$$E = 3x^2 + 16x - 12$$

Conseil
Il y a un signe – devant le second produit, il faut mettre des parenthèses et utiliser la règle : « quand une parenthèse est précédée d'un signe –, on change les signes ».

• $F = (x - 1)(2x + 3)\ (x + 4)$
$= (x \times 2x + x \times 3 - 1 \times 2x - 1 \times 3)(x + 4)$
$= 2x^2 + 3x - 2x - 3)(x + 4)$
$= (2x^2 + x - 3)(x + 4)$

Conseil
Il s'agit d'un produit de 3 facteurs : développez d'abord
$(x - 1)(2x + 3)$
puis développez le résultat avec le troisième facteur $(x + 4)$.

$F = 2x^2 \times x + 2x^2 \times 4 + x \times x + x \times 4 - 3 \times x - 3 \times 4$

$= 2x^3 + 8x^2 + x^2 + 4x - 3x - 12$

$F = 2x^3 + 9x^2 + x - 12$

Rappel
$x^2 \times x = x^3$.

10 • $A = 2(2x + 3) - x(2x + 3)$

$A = (2x + 3)(2 - x)$

L'astuce du prof
Quand vous repérez un facteur commun, soulignez-le !

• $B = 5x^2 + 3x = 5x \times x + 3 \times x$

$B = x\,(5x + 3)$

Gagnez des points !
Vérifiez toujours que l'on obtient bien une forme factorisée (c'est-à-dire un produit).

• $C = (x + 6)(2x - 1) + 7(2x - 1)$

$= (2x - 1)\,[(x + 6) + 7]$

$C = (2x - 1)\,(x + 13)$

• $D = x^2 + x(x + 1)$

$= x \times x + x\,(x + 1)$

$= x[x + (x + 1)]$

$D = x\,(2x + 1)$

• $E = (2x + 3)(1 - x) - (1 - x)(4x + 3)$

$= (1 - x)\,[(2x + 3) - (4x + 3)]$

$= (1 - x)(2x + 3 - 4x - 3)$

$E = (1 - x)(-2x)$

• $F = (2x - 5)^2 + 3(2x - 5)$

$= (2x - 5)[(2x - 5) + 3]$

$F = (2x - 5)(2x - 2)$

11 • L'aire d'un rectangle de longueur $2x$ et de largeur x est : $2x \times x = 2x^2$ cm².

• La longueur du rectangle augmentée de 2 cm est $2x + 2$ et la largeur diminuée de 1 cm est $x - 1$.

L'aire de ce nouveau rectangle est donc : $(2x + 2)(x - 1)$.

$(2x + 2)(x - 1) = 2x^2 - 2x + 2x - 2 = 2x^2 - 2$.

Ainsi, **l'aire de ce nouveau rectangle est plus petite de 2 cm²**.

Méthode

Pour comparer les deux surfaces, on est amené à développer l'expression obtenue afin de la comparer avec la valeur initiale de l'aire du rectangle.

CORRIGÉS

Problèmes

12 **1.** • **Calcul de E pour $x = 2$**

> **Conseil**
> Surtout, ne développez pas. Calculez les valeurs dans chacune des parenthèses.

$E = (3 \times 2 - 2)(2 + 4) - 2(2^2 + 5 \times 2 - 4)$

$= (6 - 2) \times 6 - 2(4 + 10 - 4)$

$E = 24 - 2 \times 10 = 24 - 20 = \boxed{4}$

• **Calcul de E pour $x = -3$**

$E = (3 \times (-3) - 2)(-3 + 4) - 2((-3)^2 + 5 \times (-3) - 4)$

$= (-9 - 2) \times 1 - 2(9 - 15 - 4) = -11 - 2 \times (-10) = -11 + 20 = \boxed{9}$

2. On récapitule les résultats trouvés ainsi que les résultats donnés dans un tableau :

Valeurs de x	0	5	−4	7	10	2	−3
Valeurs de E	0	25	16	49	100	4	9

On remarque que les nombres de la deuxième ligne sont les carrés de ceux de la première. En effet, $0^2 = 0$, $5^2 = 25$, $(-4)^2 = 16$…

On en déduit que si $x = 6$, alors $E = 36$ et si $x = \frac{2}{3}$, alors $E = \left(\frac{2}{3}\right)^2 = \frac{2^2}{3^2} = \frac{4}{9}$.

On conjecture donc que pour n'importe quelle valeur de x, $E = x^2$ (expression de E en fonction de x).

> **À savoir**
> Une conjecture est une hypothèse, un résultat que l'on déduit à partir de plusieurs cas particuliers. Pour la démontrer, il faut étudier le cas général (avec un calcul littéral par exemple).
> Attention, une conjecture peut parfois être fausse.

3. Pour démontrer cette conjecture, on doit faire un calcul littéral. Pour cela, on cherche l'écriture développée de E :

$E = (3x - 2)(x + 4) - 2(x^2 + 5x - 4)$

$= 3x \times x + 3x \times 4 - 2 \times x - 2 \times 4 - 2 \times x^2 - 2 \times 5x + 2 \times 4$

$= 3x^2 + 12x - 2x - 8 - 2x^2 - 10x + 8 = x^2$.

On vient de montrer que, **pour n'importe quelle valeur de x, E est égal à x^2**.

13 **1.** L'IMC se calcule en divisant le poids, en kg, par le carré de la taille, en m :

$\boxed{I = \frac{p}{t^2}}$.

2. Lorsque $p = 80$ et $t = 1{,}8$, on obtient : $I = \dfrac{80}{1{,}8^2} \simeq \boxed{24{,}7}$.

3. On cherche p tel que $25 = \dfrac{p}{1{,}6^2}$ soit $25 = \dfrac{p}{2{,}56}$.

Donc $p = 25 \times 2{,}56 = 64$.

Pour une personne de 1,60 m ayant un IMC de 25, **son poids est de 64 kg.**

Pensez-y !
Utilisez le produit en croix pour déterminer *p*.

4. 4,9 % de 66 = 0,049 × 66 = 3,234.

En France, **3,234 millions de personnes sont concernées par la dénutrition.**

Exercice d'approfondissement

14 On calcule d'abord la distance qu'il y a entre les deux nombres $\left(-\dfrac{2}{11} \text{ et } \dfrac{2}{5}\right)$.

De $-\dfrac{2}{11}$ à 0, il y a une distance de $\dfrac{2}{11}$ et de 0 à $\dfrac{2}{5}$, il y a une distance de $\dfrac{2}{5}$.

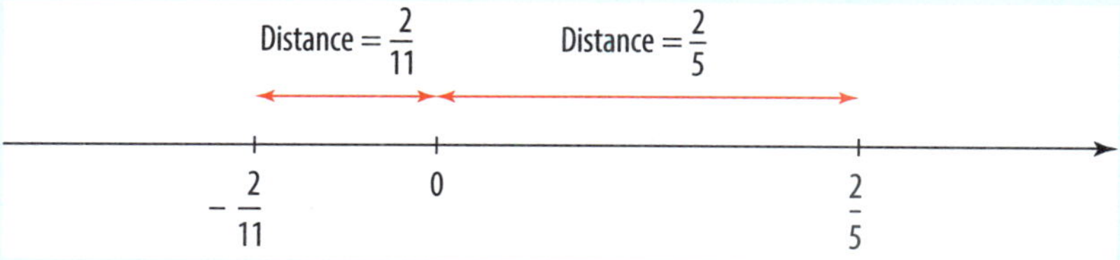

La distance entre les deux nombres est donc :

$$\frac{2}{11} + \frac{2}{5} = \frac{10}{55} + \frac{22}{55} = \frac{32}{55}$$

Rappel
La distance entre deux nombres est la différence entre le plus grand et le plus petit.
Ici, $\dfrac{2}{5} - \dfrac{-2}{11} = \dfrac{2}{5} + \dfrac{2}{11}$.

Le nombre cherché se situe aux $\dfrac{2}{3}$ de la distance entre $-\dfrac{2}{11}$ et $\dfrac{2}{5}$ à partir de $-\dfrac{2}{11}$.

$$-\frac{2}{11} + \frac{2}{3} \times \frac{32}{55} = -\frac{2}{11} + \frac{64}{165} = \frac{-2 \times 15}{11 \times 15} + \frac{64}{165} = \frac{34}{165}.$$

Le nombre qui se trouve à la place du point d'interrogation est $\dfrac{34}{165}$.

Conseil
Pour comprendre le problème, vous pouvez, dans un premier temps, remplacer les nombres $-\dfrac{2}{11}$ et $\dfrac{2}{5}$ par −4 et 5 par exemple, et, dans un second temps, refaire le dessin.

CHAPITRE 2

Les puissances

DE QUOI S'AGIT-IL ?

Les puissances permettent d'écrire plus facilement des nombres très petits ou très grands. Elles sont utilisées dans la notation scientifique des nombres. Elles suivent des règles de calculs indispensables à connaître pour les manipuler.

COURS

1 Définitions

1 Généralités

Soit a un nombre non nul et n un entier naturel non nul.

- On appelle « a puissance n » le nombre noté a^n tel que :

$$a^n = \underbrace{a \times a \times \ldots \times a}_{n\,\text{fois}} \text{ où } n \text{ est l'exposant}$$

- **Cas particuliers de puissance**

Par convention : $a^0 = 1$ et $a^1 = a$.

- **Puissance négative d'un nombre non nul**

$a^{-1} = \dfrac{1}{a}$: c'est l'inverse du nombre a.

$a^{-n} = \dfrac{1}{a^n}$: c'est l'inverse du nombre a^n.

Remarque

L'inverse de a est $\dfrac{1}{a}$, à ne pas confondre avec l'opposé de a qui est $-a$.

Bien comprendre

Un nombre non nul élevé à une puissance négative s'écrit $\dfrac{1}{\ldots}$.

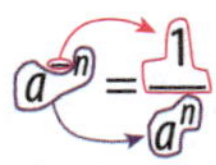

2 Puissances et signes

Soit a un nombre strictement négatif.

- Si n est **pair** : a^n est positif.
- Si n est **impair** : a^n est négatif.

Exemple

$(-4{,}1)^5$ est un nombre négatif élevé à une puissance impaire (5) : il est négatif.

3 Puissances et règles de priorité

- Quand il y a des parenthèses, on effectue d'abord les calculs contenus dans ces parenthèses.
- Sinon, on calcule dans l'ordre : les puissances, les multiplications/divisions, et enfin les additions/soustractions.

Exemple

$2 \times 5^3 - (3^2 + 8) = 2 \times 5^3 - (9 + 8) = 2 \times 5^3 - 17 = 2 \times 125 - 17 = 250 - 17 = 233.$

COURS

2 Opérations sur les puissances et applications

1 Opérations sur les puissances

Soit a et b deux nombres non nuls, n et p des entiers non nuls.

- Produit : $a^n \times a^p = a^{n+p}$
- Quotient : $\dfrac{a^n}{a^p} = a^{n-p}$
- Puissance de puissance : $(a^n)^p = a^{n \times p}$
- Puissance d'un produit : $a^n \times b^n = (a \times b)^n$
- Puissance d'un quotient : $\dfrac{a^n}{b^n} = \left(\dfrac{a}{b}\right)^n$

Remarque

$a^n + b^n$ ne se simplifie pas.

Bien comprendre

- Quand on multiplie des puissances d'un même nombre, on additionne les exposants.
- Quand on divise des puissances d'un même nombre, on soustrait les exposants.

2 Puissances de 10

- Toutes les règles énoncées précédemment s'appliquent aux puissances de 10.
- **Écriture décimale des puissances de 10**

$$10^3 = 10 \times 10 \times 10 = 1\,\underbrace{000}_{3\text{ zéros}}$$

$$10^{-4} = \frac{1}{10^4} = \frac{1}{\underbrace{1\,0000}_{4\text{ zéros}}} = \underbrace{0{,}000}_{4\text{ zéros}}\,1 = 0{,}\underbrace{000\,1}_{4\text{ chiffres après la virgule}}$$

L'astuce du prof

Il s'agit seulement de compter les zéros.

3 Écriture scientifique

On appelle **écriture scientifique** d'un nombre la notation de la forme :

$$a \times 10^n$$

avec $1 \leqslant a < 10$ et n entier relatif.

Remarque

En écriture scientifique, le nombre accompagnant 10^n a un seul chiffre avant la virgule.

Exemple

$0{,}007\,42 = 7{,}42 \times 10^{-3}$.

QCM

1 Des choix à faire

➔ Corrigé p. 39

Cochez la (ou les) réponse(s) correcte(s).

1. 2^{-1} est :

a) ☐ un nombre négatif **b)** ☐ égal à –2 **c)** ☐ égal à 0,5

2. $5{,}72 \times 10^{-4}$ est :

a) ☐ une écriture scientifique **b)** ☐ un nombre positif **c)** ☐ > 1

3. $\left(\dfrac{1}{2}\right)^3$ est égal à :

a) ☐ $\dfrac{1}{6}$ **b)** ☐ 2^{-3} **c)** ☐ $\dfrac{1}{2^3}$

4. Ce nombre est positif :

a) ☐ $(-2)^7$ **b)** ☐ $(-3{,}5)^6$ **c)** ☐ $(-4)^0$

5. $\dfrac{2^{-4}}{2^9}$ est égal à :

a) ☐ 2^{-13} **b)** ☐ 2^5 **c)** ☐ 1^{-13}

6. $5^6 \times 5^4$ est égal à :

a) ☐ 25^{10} **b)** ☐ 5^{24} **c)** ☐ 5^{10}

2 Vrai ou Faux ?

➔ Corrigé p. 39

Cochez la bonne réponse.

1. $10^{-3} < 0$. ☐ V ☐ F

2. $\dfrac{1}{5^{-2}}$ est un nombre entier. ☐ V ☐ F

3. $2^3 \times 5^3 = 10^6$. ☐ V ☐ F

4. $\dfrac{2^4}{2^{-5}} = 2^9$ ☐ V ☐ F

5. Pour tout x, $(3x)^2 = 3x^2$. ☐ V ☐ F

6. $0{,}000\,4 = 4 \times 10^{-3}$. ☐ V ☐ F

Exercices d'entraînement

3 Calcul mental

10 min Corrigé p. 40

Cet exercice est fait pour être traité sans la calculatrice.

1. Sans calculer, déterminez le signe de chaque nombre : > 0 ou < 0.

- $(-4)^5$
- 4^{-3}
- -4^3
- $\left(\dfrac{1}{4}\right)^{-2}$
- $(-4)^{-3}$

2. Sachant que $5^3 = 125$, déterminez la valeur exacte ou fractionnaire de :

- $(-5)^3 = \ldots.$
- $5^{-3} = \ldots$
- $\dfrac{1}{5^3} = \ldots = \ldots$
- $(-5)^{-3} = \ldots.$
- $-5^3 = \ldots.$

4 Des écritures et des puissances

10 min Corrigé p. 40

1. Écrivez sous forme décimale les nombres proposés :

- 5^{-1}
- 7×2^{-2}
- $2{,}7 \times 10^{-4}$
- $9{,}814 \times 10^6$

2. Donnez l'écriture scientifique des nombres proposés :

- 1 002
- −0,000 53
- 4
- 143×10^{-5}

3. Écrivez sous forme du produit d'un entier par une puissance de 10 :

- 0,000 321
- 0,94

5 Des puissances et des 3

10 min Corrigé p. 41

1. Calculez sous la forme d'un entier ou d'une fraction irréductible :

- 3^5
- $(-3)^2$
- $(-3)^0$
- 3^{-2}
- -3^4

2. Écrivez sous la forme d'une puissance de 3 :

- $3^2 \times 3^{-7}$
- $(3^{-2})^5$
- $\dfrac{1}{3^{-4}}$
- $\dfrac{3^8}{3^5}$
- 27

6 À chacun sa puissance

10 min Corrigé p. 41

Écrivez sous la forme $2^x \times 3^y$ chacun des nombres proposés :

- $A = \dfrac{2^5 \times 2^7}{3^4}$
- $B = (2^{-2} \times 3^5)^3$
- $C = 2^3 \times 3^{-2} \times 6^2$
- $D = \dfrac{2^6 \times 3^5}{3^{-2} \times 2^2}$

7 Tout ça pour une paire de parenthèses…

15 min Corrigé p. 42

- $A = 5 - 2^3 + 12 \times 2^{-2}$
- $B = (5 - 2)^3 + 12 \times 2^{-2}$
- $C = (5 - 2^3 + 12) \times 2^{-2}$
- $D = 5 - (2^3 + 12) \times 2^{-2}$
- $E = 5 - (2^3 + 12 \times 2^{-2})$

8 Puissances de *a*

15 min Corrigé p. 43

Écrivez le résultat sous la forme $k \times a^n$ où n est un entier et k une fraction.

- $A = \left(-\frac{1}{2}a\right)^4$
- $B = \frac{12a^{-4} \times a^7}{(3a)^2}$
- $C = \frac{(-a)^5 \times (2a)^4}{(-3a)^6}$

Méthode

1. On commence par déterminer le signe de l'expression.
2. On écrit chaque facteur sous la forme d'une puissance de *a*.
3. On applique les règles de calculs sur les puissances.

Problèmes

9 Plus fort que la calculatrice

★ 10 min Corrigé p. 44

1. À l'aide de votre calculatrice, déterminez l'entier p tel que $6^9 \approx 10^p$.
2. Déterminez les nombres b et r tels que $2\,017 = 9 \times b + r$.
3. Déduisez-en une estimation du nombre de chiffres de $6^{2\,017}$.

Comment résoudre ce problème

1. Il s'agit d'approcher 6^9 par une puissance de 10.
2. On effectue la division euclidienne de 2 017 par 9.
3. On décompose 2 017 à l'aide de la question **1.** Puis on remplace 6^9 par sa valeur approchée.

10 Histoires d'atomes

★ 5 min ➔ Corrigé p. 44

1. La masse d'un atome de fer est $9,4 \times 10^{-23}$ g. Combien y a-t-il d'atomes de fer dans un clou de 2 g ?

2. Sachant qu'il y a environ $9,5 \times 10^{23}$ atomes de cuivre dans 1 g de cuivre, quelle est la masse d'un atome de cuivre ?

Vers le brevet

11 Un classique

★ 5 min ➔ Corrigé p. 45

On donne $A = \dfrac{4 \times 10^{5} \times 15 \times 10^{-3}}{80 \times 10^{-1}}$.

Donnez les écritures décimale et scientifique de A.

➔ Méthode

1. On regroupe d'un côté les puissances de 10, puis d'un autre les nombres entiers.

2. On simplifie les fractions.

3. On effectue les opérations sur les puissances de 10 pour n'avoir plus qu'une seule puissance de 10.

4. On transforme la fraction en écriture scientifique (en passant au besoin par son écriture décimale).

5. On rassemble (si besoin) les deux dernières puissances de 10.

12 Sous le soleil

★ 5 min ➔ Corrigé p. 45

Voici les distances (en km) qui séparent le Soleil de trois planètes du système solaire.

- Vénus : 105×10^{6}
- Mars : $2\,250 \times 10^{5}$
- Terre : $1,5 \times 10^{8}$

Parmi ces trois planètes, quelle est la plus éloignée du Soleil ?

➔ Comment résoudre ce problème

Il s'agit de transformer ces trois nombres pour qu'ils aient la même écriture afin de pouvoir les comparer, et de déterminer ainsi lequel est le plus grand.

13 Trois écritures pour un même nombre

★ 10 min Corrigé p. 45

On donne l'expression numérique $A = 2 \times 10^2 + 10^1 + 10^{-1} + 2 \times 10^{-2}$.

1. Donnez l'écriture décimale de A.

2. Donnez l'écriture scientifique de A.

3. Écrivez A comme un produit d'un nombre entier par une puissance de 10.

Exercice d'approfondissement

14 Somme de puissances

★★ 10 min Corrigé p. 46

1. Montrez que, pour tout n entier naturel, $2^n = 2^{n+1} - 2^n$.

2. Déduisez-en la valeur exacte de $1 + 2 + 4 + 8 + \ldots + 2^{50}$.

QCM

1 **1.** $2^{-1} = \frac{1}{2^1} = \frac{1}{2} = 0{,}5.$

Piège à éviter
2^{-1} est un nombre positif.

Réponse : **c)** égal à 0,5.

2. $5{,}72 \times 10^{-4}$ est le produit d'un nombre compris entre 1 et 10 par une puissance de 10 : c'est une écriture scientifique.

De plus, $5{,}72 \times 10^{-4} = 0{,}000\,572 < 1$.

Réponses : **a)** une écriture scientifique et **b)** un nombre positif.

3. $\left(\frac{1}{2}\right)^3 = \frac{1^3}{2^3} = \frac{1 \times 1 \times 1}{2^3} = \frac{1}{2^3} = 2^{-3}.$

Piège à éviter
$\left(\frac{1}{2}\right)^3 = \frac{1}{8} \neq \frac{1}{6}.$

Réponses : **b)** 2^{-3} et **c)** $\frac{1}{2^3}$.

4. • $(-2)^7$ est la puissance impaire (7) d'un nombre négatif : c'est donc un nombre négatif.

• $(-3{,}5)^6$ est la puissance paire (6) d'un nombre négatif : c'est donc un nombre positif.

• Tout nombre non nul élevé à la puissance 0 vaut 1 qui est positif. Ainsi, $(-4)^0 = 1$.

Réponses : **b)** $(-3{,}5)^6$ et **c)** $(-4)^0$.

5. $\frac{2^{-4}}{2^9} = 2^{-4-9} = 2^{-13}.$

Rappel
$\frac{a^n}{a^p} = a^{n-p}$

Réponse : **a)** 2^{-13}.

6. $5^6 \times 5^4 = 5^{6+4} = 5^{10}.$

Rappel
$a^n \times a^p = a^{n+p}.$

Réponse : **c)** 5^{10}.

2 **1. Faux** → $10^{-3} = \frac{1}{10^3} = \frac{1}{1\,000} = 0{,}001$. C'est un nombre positif.

2. Vrai → $\frac{1}{5^{-2}} = 5^{-(-2)} = 5^2 = 5 \times 5 = 25$. Le résultat est un entier.

CORRIGÉS

3. Faux → $2^3 \times 5^3 = (2 \times 5)^3 = 10^3$.

4. Vrai → $\dfrac{2^4}{2^{-5}} = 2^{4-(-5)} = 2^{4+5} = 2^9$.

5. Faux → $(3x)^2 = (3x) \times (3x) = 9x^2$.

6. Faux → $0{,}000\,4 = 4 \times 10^{-4}$.

Autre méthode
$(3x)^2 = 3^2 \times x^2 = 9x^2$.

Exercices d'entraînement

3 **1.** • $(-4)^5 < 0$: un nombre négatif (–4) élevé à une puissance impaire (5) est négatif.

• $4^{-3} > 0$: un nombre positif (4) élevé à une puissance quelconque (ici –3) est positif.

• $-4^3 < 0$: $-4^3 = -(4^3)$, l'opposé d'un nombre positif (4^3 est positif) est négatif.

• $\left(\dfrac{1}{4}\right)^{-2} > 0$: un nombre positif $\left(\dfrac{1}{4}\right)$ élevé à une puissance quelconque (ici –2) est positif.

• $(-4)^{-3} < 0$: un nombre négatif (–4) élevé à une puissance impaire (–3) est négatif.

2. • $(-5)^3 = (-5) \times (-5) \times (-5) = -5^3 = -125$

• $5^{-3} = \dfrac{1}{5^3} = \dfrac{1}{125}$

• $\dfrac{1}{5^3} = \dfrac{1}{125}$

• $(-5)^{-3} = \dfrac{1}{(-5)^3} = \dfrac{1}{-125} = -\dfrac{1}{125}$

• $-5^3 = -(5^3) = -(125) = -125$

Méthode
Il s'agit d'exprimer tous les calculs en fonction de 5^3.

4 **1.** • $5^{-1} = \dfrac{1}{5^1} = \dfrac{1}{5} = 0{,}2$

• $7 \times 2^{-2} = 7 \times \dfrac{1}{2^2} = 7 \times \dfrac{1}{2 \times 2} = 7 \times \dfrac{1}{4} = \dfrac{7}{4} = 1{,}75$

• $2{,}7 \times 10^{-4} = 2{,}7 \times 0{,}000\,1 = 0{,}000\,27$

• $9{,}814 \times 10^6 = 9{,}814 \times 1\,000\,000 = 9\,814\,000$

2. • $1\,002 = 1{,}002 \times 1\,000 = \boxed{1{,}002 \times 10^3}$

• $-0{,}000\,53 = -5{,}3 \times 0{,}000\,1 = \boxed{-5{,}3 \times 10^{-4}}$

• $4 = 4 \times 1 = \boxed{4 \times 10^0}$

• $143 \times 10^{-5} = 1{,}43 \times 10^2 \times 10^{-5}$

$= 1{,}43 \times 10^{2+(-5)} = \boxed{1{,}43 \times 10^{-3}}$

Méthode
Commencez par écrire 143 en écriture scientifique.

3. • $0{,}000\,321 = 321 \times 0{,}000\,001 = \boxed{321 \times 10^{-6}}$

• $0{,}94 = 94 \times 0{,}01 = \boxed{94 \times 10^{-2}}$

5 **1.** • $3^5 = 3 \times 3 \times 3 \times 3 \times 3 = \boxed{243}$

• $(-3)^2 = (-3) \times (-3) = \boxed{9}$

• $(-3)^0 = \boxed{1}$

• $3^{-2} = \dfrac{1}{3^2} = \dfrac{1}{3 \times 3} = \boxed{\dfrac{1}{9}}$

• $-3^4 = -3 \times 3 \times 3 \times 3 = \boxed{-81}$

Rappel
Tout nombre non nul élevé à la puissance 0 vaut 1.

Piège à éviter
Dans ce calcul, c'est 3 qui est élevé à la puissance 4.
$-(3)^4 \neq (-3)^4$.

2. • $3^2 \times 3^{-7} = 3^{2+(-7)} = 3^{2-7} = \boxed{3^{-5}}$

• $(3^{-2})^5 = 3^{-2 \times 5} = \boxed{3^{-10}}$

• $\dfrac{1}{3^{-4}} = 3^{-(-4)} = \boxed{3^4}$

• $\dfrac{3^8}{3^5} = 3^{8-5} = \boxed{3^3}$

• $27 = 3 \times 3 \times 3 = \boxed{3^3}$

Rappel
$\dfrac{1}{a^n} = a^{-n}$ avec ici $n < 0$.

6 • $A = \dfrac{2^5 \times 2^7}{3^4} = \dfrac{2^{5+7}}{3^4} = \dfrac{2^{12}}{3^4} = 2^{12} \times \dfrac{1}{3^4}$

$\boxed{A = 2^{12} \times 3^{-4}}$

• $B = (2^{-2} \times 3^5)^3 = (2^{-2})^3 \times (3^5)^3 = 2^{-2\times3} \times 3^{5\times3}$

$\boxed{B = 2^{-6} \times 3^{15}}$

Méthode
Rassemblez d'un côté les puissances de 2, et de l'autre, les puissances de 3.

CORRIGÉS

• $C = 2^3 \times 3^{-2} \times 6^2 = 2^3 \times 3^{-2} \times (2 \times 3)^2$

$= 2^3 \times 3^{-2} \times 2^2 \times 3^2 = 2^3 \times 2^2 \times 3^{-2} \times 3^2$

$= 2^{3+2} \times 3^{-2+2} = 2^5 \times 3^0$

$C = 2^5 \times 3^0$

Rappel
$3^0 = 1$.

• $D = \dfrac{2^6 \times 3^5}{3^{-2} \times 2^2} = \dfrac{2^6}{2^2} \times \dfrac{3^5}{3^{-2}} = 2^{6-2} \times 3^{5-(-2)}$

$D = 2^4 \times 3^7$

7 • $A = 5 - 2^3 + 12 \times 2^{-2}$

Rappel
$2^{-2} = \dfrac{1}{2^2} = \dfrac{1}{2 \times 2} = \dfrac{1}{4}$.

$A = 5 - 2^3 + 12 \times 2^{-2}$

$= 5 - 8 + 12 \times \dfrac{1}{2^2} = 5 - 8 + 12 \times \dfrac{1}{4}$

$= 5 - 8 + 3 \times 4 \times \dfrac{1}{4}$

$= 5 - 8 + 3$

$A = 0$

• $B = (5-2)^3 + 12 \times 2^{-2}$

$= 3^3 + 12 \times 2^{-2} = 3^3 + 12 \times \dfrac{1}{2^2} = 27 + \dfrac{12}{4}$

$= 27 + 3$

$B = 30$

Méthode
Calculez d'abord $(5-2)^3$.

• $C = (5 - 2^3 + 12) \times 2^{-2}$

$= (5 - 8 + 12) \times 2^{-2}$

$= (5 - 8 + 12) \times \dfrac{1}{4}$

$= 9 \times \dfrac{1}{4}$

$C = \dfrac{9}{4}$

Méthode
Effectuez d'abord les calculs dans les parenthèses. Puis respectez les priorités opératoires : puissances, multiplications/divisions, et enfin additions/soustractions.

• $D = 5 - (2^3 + 12) \times 2^{-2}$

$= 5 - (8 + 12) \times 2^{-2}$

$= 5 - 20 \times 2^{-2} = 5 - 20 \times \dfrac{1}{4}$

$= 5 - 20 \times \dfrac{1}{4} = 5 - 5 \times 4 \times \dfrac{1}{4}$

$= 5 - 5$

$D = 0$

• $E = 5 - (2^3 + 12 \times 2^{-2})$

$= 5 - \left(8 + 12 \times \dfrac{1}{4}\right)$

$= 5 - \left(8 + 3 \times 4 \times \dfrac{1}{4}\right)$

$= 5 - (8 + 3)$

$= 5 - 11$

$E = -6$

8 • $A = \left(-\dfrac{1}{2}a\right)^4 = \left(\dfrac{1}{2}\right)^4 \times a^4 = \dfrac{1^4}{2^4} \times a^4$

$A = \dfrac{1}{16}a^4$

Remarque

$\left(-\dfrac{1}{2}\right)^4 = \left(\dfrac{1}{2}\right)^4$ car c'est la puissance paire d'un nombre négatif.

• $B = \dfrac{12a^{-4} \times a^7}{(3a)^2} = \dfrac{12 \times a^{-4} \times a^7}{3^2 \times a^2}$

$= \dfrac{12 \times a^{-4+7}}{9 \times a^2} = \dfrac{3 \times 4 \times a^3}{3 \times 3 \times a^2}$

$= \dfrac{4}{3} \times \dfrac{a^3}{a^2}$

$= \dfrac{4}{3} \times a^{3-2}$

$B = \dfrac{4}{3} \times a^1$

$$\bullet\ C = \frac{(-a)^5 \times (2a)^4}{(-3a)^6} = -\frac{a^5 \times (2a)^4}{(3a)^6}$$

$$= -\frac{a^5 \times 2^4 \times a^4}{3^6 \times a^6} = -\frac{2^4 \times a^{5+4}}{3^6 \times a^6}$$

$$= -\frac{2^4}{3^6} \times \frac{a^9}{a^6} = -\frac{16}{729} a^{9-6}$$

$$\boxed{C = -\frac{16}{729} a^3}$$

Problèmes

9 **1.** À la calculatrice, $6^9 = 10\ 077\ 696$. Ainsi, $6^9 \approx 10\ 000\ 000$.
On peut alors conclure que $\boxed{6^9 \approx 10^7}$.

2. $\boxed{2\ 017 = 9 \times 224 + 1}$.

3. On en déduit :
$6^{2\ 017} = 6^{9 \times 224+1} = (6^9)^{224+1} = (6^9)^{224} \times 6^1$
Grâce à la question **1**, il vient :
$6^{2\ 017} \approx (10^7)^{224} \times 6^1$
$6^{2\ 017} \approx 10^{7 \times 224} \times 6$
$6^{2\ 017} \approx 10^{1\ 568} \times 6$
Le nombre $10^{1\ 568}$ comporte 1 568 zéros.
Il en est de même pour le nombre $6 \times 10^{1\ 568}$.
En conclusion, **$6^{2\ 017}$ est un nombre de 1 568 chiffres.**

> **Remarque**
> La calculatrice n'est pas capable d'effectuer ce calcul, car elle est limitée.

10 **1.** Le nombre d'atomes de fer contenus dans un clou de 2 g est :

$$\frac{2}{9{,}4 \times 10^{-23}} \approx \boxed{2{,}127 \times 10^{22}}.$$

> **Méthode**
> Nombre d'atomes de fer $= \dfrac{\text{masse de fer}}{\text{masse d'un atome de fer}}$

2. Un atome de cuivre a une masse de :

$$\frac{1}{9{,}5 \times 10^{23}} \approx \boxed{1{,}052\ 6 \times 10^{-24}\ \text{g}}.$$

CORRIGÉS

Vers le brevet

11 $A = \dfrac{4 \times 10^5 \times 15 \times 10^{-3}}{80 \times 10^{-1}}$

$= \dfrac{4 \times 15}{80} \times \dfrac{10^5 \times 10^{-3}}{10^{-1}}$

$= \dfrac{4 \times 3 \times 5}{4 \times 5 \times 4} \times \dfrac{10^{5+(-3)}}{10^{-1}}$

$= \dfrac{3}{4} \times \dfrac{10^2}{10^{-1}}$

$= 0{,}75 \times 10^{2-(-1)} = 0{,}75 \times 10^3$

$A = 0{,}75 \times 1\,000 = 750$ (écriture décimale)

$A = 7{,}5 \times 100 = 7{,}5 \times 10^2$ (écriture scientifique)

Méthode
Regroupez d'un côté les nombres et de l'autre, les puissances de 10.

12 Pour comparer ces trois distances, on les met sous leur écriture scientifique.

- Pour Vénus : $105 \times 10^6 = 1{,}05 \times 10^2 \times 10^6 = 1{,}05 \times 10^{2+6} = 1{,}05 \times 10^8$
- Pour Mars : $2\,250 \times 10^5 = 2{,}25 \times 10^3 \times 10^5 = 2{,}25 \times 10^{3+5} = 2{,}25 \times 10^8$
- Pour la Terre : $1{,}5 \times 10^8$ est déjà sous écriture scientifique.

La planète la plus éloignée du Soleil est celle dont la distance au Soleil est la plus grande.

Parmi les trois nombres, $1{,}05 \times 10^8$; $2{,}25 \times 10^8$ et $1{,}5 \times 10^8$, le plus grand est $2{,}25 \times 10^8$. Ainsi, **la planète la plus éloignée du Soleil est Mars** avec $2{,}25 \times 10^8$ km.

13 **1.** $A = 2 \times 10^2 + 10^1 + 10^{-1} + 2 \times 10^{-2}$

$= 2 \times 100 + 10 + 0{,}1 + 2 \times 0{,}01$

$= 200 + 10 + 0{,}1 + 0{,}02$

$A = 210{,}12$ (écriture décimale)

Méthode
Écrivez chaque puissance de 10 sous forme décimale.

2. $A = 210{,}12 = 2{,}101\,2 \times 100$

$A = 2{,}101\,2 \times 10^2$ (écriture scientifique)

3. $A = 210{,}12 = 21\,012 \times 0{,}01$

$A = 21\,012 \times 10^{-2}$ (produit d'un entier par une puissance de 10)

Exercice d'approfondissement

14 **1.** Pour tout n entier naturel :

$2^n + 2^n = 2 \times 2^n$

$2^n + 2^n = 2^1 \times 2^n$

$2^n + 2^n = 2^{n+1}$

D'où le résultat demandé, $\boxed{2^n = 2^{n+1} - 2^n}$.

L'astuce du prof

Pour montrer que $2^n = 2^{n+1} - 2^n$, on montre que $2^n + 2^n = 2^{n+1}$.

2. • Pour $n = 0$, on obtient $2^0 = 2^{0+1} - 2^0$, soit $2^0 = 2^1 - 2^0$.

• Pour $n = 1$, on obtient $2^1 = 2^{1+1} - 2^1$, soit $2^1 = 2^2 - 2^1$.

• Pour $n = 2$, on obtient $2^2 = 2^{2+1} - 2^2$, soit $2^2 = 2^3 - 2^2$.

…

• Pour $n = 49$, $2^{49} = 2^{50} - 2^{49}$.

• Pour $n = 50$, $2^{50} = 2^{51} - 2^{50}$.

Donc $1 + 2 + 4 + 8 + \ldots + 2^{50} = 2^0 + 2^1 + 2^2 + 2^3 + \ldots + 2^{50}$

$= (2^1 - 2^0) + (2^2 - 2^1) + (2^3 - 2^2) + (2^4 - 2^3) + \ldots + (2^{50} - 2^{49}) + (2^{51} - 2^{50})$

$= -2^0 + 2^{51}$

$= \boxed{2^{51} - 1}$ (valeur exacte)

Remarque

La calculatrice ne sait pas donner la valeur exacte de cette somme, car c'est un nombre trop grand.

CHAPITRE 3

Nombres et arithmétique

DE QUOI S'AGIT-IL ?

En mathématiques, les nombres sont classés en différents ensembles selon leurs caractéristiques.
En arithmétique, on travaille avec les entiers naturels : on décompose notamment les nombres en produit de facteurs premiers, ce qui est utile par exemple pour rendre des fractions irréductibles.

COURS

1 Les nombres

1 Différents types de nombres

- Les **entiers naturels** sont les nombres entiers positifs.
- Les **entiers relatifs** regroupent tous les nombres entiers.
- Les **nombres décimaux** s'écrivent avec une partie finie après la virgule.

Exemples : 1,53 ; – 9,533 ; 3.

- Les **nombres rationnels** sont les nombres pouvant s'écrire comme un quotient de deux entiers.

Exemples : $\frac{7}{11}$; 3,56.

- Les **nombres irrationnels** sont les nombres qui ne sont pas rationnels.

Exemples : π ; $\sqrt{3}$.

Bien comprendre

- Tout nombre entier est aussi un nombre décimal. Tout nombre décimal est aussi un nombre rationnel.
- Ces différents ensembles de nombres sont imbriqués les uns dans les autres.

2 Fraction décimale

On appelle fraction décimale une fraction ayant pour dénominateur une puissance de 10.

Exemples : $\frac{7}{10}$; $3{,}19 = \frac{319}{100}$.

3 Les racines carrées

- Soit a un nombre positif. La **racine carrée de *a*** est le nombre positif dont le carré vaut a. On le note $\sqrt{a}$.

Exemple : $\sqrt{64} = \sqrt{8^2} = 8$.

- Un **carré parfait** est un nombre dont la racine carré est un entier.

Exemples : 576 est un carré parfait, car $\sqrt{576} = 24$.
10 n'est pas un carré parfait, car $\sqrt{10} \approx 3{,}162$.

- Liste des premiers carrés parfaits :

1 ; 4 ; 9 ; 16 ; 25 ; 36 ; 49 ; 64 ; 81 ; 100 ; 121 ; 144 ; 169 ; 196 ; 225.

2 Arithmétique

Dans ce paragraphe, on travaille avec des **entiers naturels**.

1 Diviseurs et multiples

• On dit que ***b* est un diviseur de *a*** ou que ***a* est un multiple de *b*** lorsqu'il existe un entier naturel n tel que $a = n \times b$ (ou lorsque $a \div b = n$).

Exemple : $51 = 3 \times 17$ ou $51 \div 17 = 3$. Ainsi, 17 est un diviseur de 51 ; 51 est un multiple de 17.

• Pour trouver des diviseurs, on utilise :

– les critères de divisibilité par 2 (parité) ; 3 (somme des chiffres multiple de 3) ; 5 (terminaison en 0 ou 5) ; 9 (somme des chiffres multiple de 9) ;
Exemple : 564 admet pour diviseurs 2 (car il se termine par un chiffre pair) et 3 (car $5 + 6 + 4 = 15$, multiple de 3).

– les tables de multiplication ;
Exemple : 56 admet pour diviseurs 7 et 8, car $7 \times 8 = 56$.

– la calculatrice.
Exemple : 663 admet pour diviseur 13, car $663 \div 13 = 51$.

2 Nombres premiers

• On appelle **nombre premier** un nombre qui admet exactement deux diviseurs distincts : 1 et lui-même. Par convention, 0 et 1 ne sont pas des nombres premiers.

Exemples :

7 est un nombre premier, car il admet pour seuls diviseurs 1 et 7.

15 n'est pas un nombre premier, car ses diviseurs sont {1 ; 3 ; 5 ; 15}.

• Tout entier naturel supérieur ou égal à 2 se décompose en produit de facteurs premiers, et cela de manière unique.

Exemple : $360 = 2 \times 2 \times 2 \times 3 \times 3 \times 5 = 2^3 \times 3^2 \times 5$ (les nombres 2, 3 et 5 sont des nombres premiers).

→ Bien comprendre

On décompose tout nombre supérieur à 2 en produit de facteurs premiers, en utilisant d'abord les critères de divisibilité (par 2, 3, 5), puis en utilisant sa calculatrice (par 7, 11, 13…).

QCM

1 Des choix à faire

➔ Corrigé p. 55

Cochez la (ou les) réponse(s) correcte(s).

1. Ce nombre est décimal :

a) ☐ $\frac{322}{250}$ **b)** ☐ π **c)** ☐ $-\frac{5}{3}$

2. 14 est un diviseur de :

a) ☐ 7 **b)** ☐ 126 **c)** ☐ 301

3. Un multiple de 18 est :

a) ☐ 1 **b)** ☐ 6 **c)** ☐ 54

4. Ce nombre est premier :

a) ☐ 119 **b)** ☐ 519 **c)** ☐ 889

5. Ce nombre est un carré parfait :

a) ☐ 361 **b)** ☐ 676 **c)** ☐ 999

6. Cette fraction est irréductible :

a) ☐ $\frac{77}{91}$ **b)** ☐ $\frac{78}{35}$ **c)** ☐ $\frac{490}{99}$

2 Vrai ou Faux ?

➔ Corrigé p. 56

Cochez la bonne réponse.

1. Tout nombre rationnel est décimal. ☐ V ☐ F

2. 5,429 875 611 est un nombre rationnel. ☐ V ☐ F

3. Le nombre 32 admet exactement 6 diviseurs. ☐ V ☐ F

4. Le nombre 84 admet 12 diviseurs. ☐ V ☐ F

5. Il y a 12 nombres premiers inférieurs à 40. ☐ V ☐ F

6. Tout nombre premier est impair. ☐ V ☐ F

7. La fraction $\frac{28}{91}$ est irréductible. ☐ V ☐ F

Exercices d'entraînement

3 Calcul mental

15 min Corrigé p. 56

Cet exercice est fait pour être traité sans la calculatrice.

1. Rendez irréductibles les fractions suivantes :

- $\frac{55}{35}$
- $-\frac{14}{49}$
- $\frac{33}{36}$
- $\frac{52}{20}$

2. Effectuez la division euclidienne de :

- 62 par 7
- 53 par 4
- 96 par 8

3. Donnez la liste des nombres premiers inférieurs à 30.

4. Donnez la valeur exacte de $\sqrt{64}$, $\sqrt{144}$, $\sqrt{10\,000}$.

5. Décomposez en produit de facteurs premiers 32 ; 58 ; 60 ; 63.

6. Combien le nombre 18 compte-t-il de diviseurs ?

4 Critères de divisibilité

5 min Corrigé p. 57

On donne une liste de cinq nombres : 135 – 203 – 537 – 732 – 820.

Parmi ceux-ci, indiquez ceux qui sont divisibles par 2, 3, 5, 9.

5 Reconnaître un nombre

10 min Corrigé p. 58

Dans cette liste, identifiez les nombres rationnels non décimaux.

- $-\frac{9}{4}$
- $\frac{17}{3}$
- $\frac{\pi}{4}$
- 5,789 53
- $\sqrt{\frac{20}{5}}$
- $-\frac{1}{11}$.

6 Fraction décimale

10 min Corrigé p. 58

Écrivez sous forme de fraction décimale les nombres :

- 4,29
- $\frac{7}{5}$
- 6,281
- $\frac{3}{40}$

7 Racines

10 min Corrigé p. 58

1. Sans utiliser votre calculatrice, donnez un encadrement par deux entiers consécutifs de $\sqrt{52}$ et $\sqrt{130}$.

2. À l'aide de votre calculatrice :

a) Calculez la valeur exacte ou approchée au millième près de :

• $\sqrt{324}$ • $\sqrt{97}$ • $\sqrt{525}$ • $\sqrt{240,25}$ • $\sqrt{1\,021}$

b) Encadrez par deux entiers consécutifs $\sqrt{723}$.

c) Donnez un encadrement d'amplitude 10^{-2} de $\sqrt{135}$ et $\sqrt{2\,339}$.

8 Nombres premiers… ou pas…

15 min Corrigé p. 59

Déterminez dans la liste qui suit le(s) nombre(s) premier(s) :

93 – 119 – 133 – 2 815 – 4 913.

9 Décomposition de nombres

15 min Corrigé p. 59

Décomposez en produit de facteurs premiers les nombres :

• 390 • 4 725 • 7 650.

Méthode

1. Dans une colonne à gauche, on écrit le nombre de départ.

2. Dans une colonne à droite, on détermine un diviseur premier grâce aux critères de divisibilité (par 2, 3, 5) ou avec la calculatrice (par 7, 11, 13…).

3. On place le quotient obtenu (nombre de départ divisé par le diviseur) dans la colonne de gauche.

4. On recommence le procédé jusqu'à obtenir 1 pour résultat des divisions successives.

5. Reste à écrire le nombre de départ comme produit de tous les facteurs premiers se trouvant dans la colonne de droite.

10 Fractions irréductibles

15 min Corrigé p. 60

Rendez irréductibles les fractions :

• $\frac{84}{60}$ • $\frac{504}{612}$ • $\frac{6660}{3420}$

Méthode

On décompose en produit de facteurs premiers le numérateur et le dénominateur du quotient. Puis on simplifie la fraction en repérant les facteurs communs du numérateur et du dénominateur.

Problèmes

11 Soyez généreux

20 min Corrigé p. 61

Une association a récolté 1 370 conserves de légumes et 822 conserves de viande. Elle souhaite utiliser toutes les conserves pour les répartir en un maximum de colis identiques.

1. Combien de colis seront ainsi préparés ?
2. Quelle sera la composition d'un colis ?

Comment résoudre ce problème

1. On traduit les données de l'énoncé de façon à déterminer un diviseur commun aux deux nombres.
2. On justifie qu'on cherche un diviseur le plus grand possible.
3. On décompose 1 370 et 822 en produits de facteurs premiers.
4. On en déduit la liste des diviseurs de ces deux nombres et notamment le diviseur commun le plus grand.
5. On répond aux questions de l'énoncé.

12 Les nombres parfaits

10 min Corrigé p. 61

Un nombre est parfait quand il est égal à la somme de ses diviseurs, autres que lui-même.
Les nombres 294 et 496 sont-ils des nombres parfaits ?

Vers le brevet

13 Fraction en décomposition

15 min Corrigé p. 62

1. Sans calcul, expliquez pourquoi on peut simplifier la fraction $\frac{4\,114}{7\,650}$.
2. Décomposez les nombres 4 114 et 7 650 en produits de facteurs premiers.
3. Rendez irréductible la fraction $\frac{4\,114}{7\,650}$ en précisant par quel nombre vous simplifiez.

14 Le nombre *M*

15 min Corrigé p. 62

On pose $M = \frac{2\,205}{252} - \frac{3}{16}$.

1. En utilisant la décomposition en produit de facteurs premiers, écrivez la fraction $\frac{2205}{252}$ sous forme irréductible.

2. Écrivez en détaillant les calculs le nombre M sous la forme d'une fraction irréductible.

3. Le nombre M est-il rationnel ? décimal ? Justifiez.

15 Opérer sur les fractions

20 min Corrigé p. 63

1. Donnez la liste des nombres premiers inférieurs à 15.

2. En utilisant la décomposition en produit de facteurs premiers, donnez sous forme de fraction irréductible :

- $A = \frac{18}{45} \times \frac{130}{16} \times \frac{28}{55}$
- $B = \frac{1}{90} + \frac{1}{130}$

Exercices d'approfondissement

16 Un PGCD sans calcul

10 min Corrigé p. 63

Soit $a = 2^3 \times 3^4 \times 5 \times 7^2$ et $b = 2^7 \times 3^2 \times 7 \times 11^3$.

Sans calculer a et b, déterminez le plus grand diviseur commun aux nombres a et b.

17 Filles et garçons

20 min Corrigé p. 64

Le collège Louise Michel compte 84 filles et 60 garçons en classe de troisième. Le principal a besoin de constituer des groupes d'élèves mixtes tous identiques (tous formés des mêmes nombres de garçons et de filles). En combien de groupes peut-on répartir ainsi les élèves de 3e ? Quelle sera dans chaque cas la constitution d'un groupe ?

On présentera les résultats dans un tableau.

CORRIGÉS

QCM

1 **1.** • $\frac{322}{250} = 1{,}288$ (3 chiffres après la virgule).

• π est un nombre irrationnel, donc non décimal.

• $-\frac{5}{3} = -1{,}666...$ Ce nombre a une partie « après la virgule » infinie. Il n'est pas décimal.

Réponse : **a)** $\frac{322}{250}$.

2. • 14 n'est pas un diviseur de 7, mais un multiple de 7 car $7 \times 2 = 14$.

• $126 \div 14 = 9$ (ou $14 \times 9 = 126$) : 14 est un diviseur de 7.

• $301 \div 14 = 21{,}5$. 14 n'est pas un diviseur de 301.

Rappel
14 est un diviseur de a s'il existe un entier naturel n tel que $a = 14 \times n$ (soit lorsque $a \div 14 = n$).

Réponse : **b)** 126.

3. Le seul nombre multiple de 18 est 54 car $3 \times 18 = 54$. 1 et 6 sont des diviseurs de 18.

L'astuce du prof
Cherchez si 18 est « dans la table de » 1, 6 et 54.

Réponse : **c)** 54.

4. • 119 admet pour seuls diviseurs 1 et 119. C'est un nombre premier.

• La somme des chiffres de 519 est $5 + 1 + 9 = 15$ (multiple de 3). Donc 3 est un diviseur de 519, et 519 n'est pas un nombre premier.

• $889 \div 7 = 127$. Donc 7 est un diviseur de 889 et 889 n'est pas un nombre premier.

Réponse : **a)** 119.

5. • $\sqrt{361} = 19$. Soit $361 = 19^2$, donc 361 est un carré parfait.

• $\sqrt{676} = 26$. Soit $676 = 26^2$, donc 676 est un carré parfait.

• $\sqrt{999} \approx 31{,}61$. Donc 999 n'est pas un carré parfait.

Réponses : **a)** 361 et **b)** 676

6. • $\frac{77}{91} = \frac{\cancel{7} \times 11}{\cancel{7} \times 13} = \frac{11}{13}$.

- $\frac{78}{35} = \frac{2 \times 3 \times 13}{5 \times 7}$
- $\frac{490}{99} = \frac{2 \times 5 \times 7 \times 7}{3 \times 3 \times 11}$

Réponses : **b)** $\frac{78}{35}$ et **c)** $\frac{490}{99}$.

L'astuce du prof
En l'absence de facteur commun au numérateur et au dénominateur, la fraction est irréductible.

Remarque
En revanche, il est vrai que tout nombre décimal est rationnel.

2 **1. Faux ➔** Par exemple, $\frac{1}{3}=0{,}333...$ est un nombre rationnel, car il peut s'écrire comme le quotient de deux entiers. Par contre, sa partie « après la virgule » est infinie.

2. Vrai ➔ $5{,}429875611 = \frac{5429875611}{1000000000}$
Ce nombre peut s'écrire comme quotient de deux entiers.

3. Vrai ➔ Les diviseurs de 32 sont {1 ; 2 ; 4 ; 8 ; 16 ; 32}. Il y en a bien 6.

4. Vrai ➔ $84 = 1 \times 84 = 2 \times 42 = 3 \times 28 = 4 \times 21$
$= 6 \times 14 = 7 \times 12$
84 admet pour diviseurs :
{1 ; 2 ; 3 ; 4 ; 6 ; 7 ; 12 ; 14 ; 21 ; 24 ; 42 ; 84}, soit un total de 12 diviseurs.

L'astuce du prof
Si un nombre est égal à $a \times b$, alors a et b sont tous les deux des diviseurs de ce nombre.

5. Vrai ➔ Les nombres premiers inférieurs à 40 sont : {2 ; 3 ; 5 ; 7 ; 11 ; 13 ; 17 ; 19 ; 23 ; 29 ; 31 ; 37}, soit 12 au total.

6. Faux ➔ 2 est le seul nombre premier pair.

7. Vrai ➔ $28 = 2 \times 2 \times 7$ et $91 = 7 \times 13$.
Les nombres 28 et 91 n'ayant pas de facteur premier commun, le quotient $\frac{28}{91}$ est irréductible.

Exercices d'entraînement

3 **1.**
- $\frac{55}{35} = \frac{\cancel{5} \times 11}{\cancel{5} \times 7} = \boxed{\frac{11}{7}}$
- $-\frac{14}{49} = -\frac{2 \times \cancel{7}}{7 \times \cancel{7}} = \boxed{-\frac{2}{7}}$
- $\frac{33}{36} = \frac{\cancel{3} \times 11}{\cancel{3} \times 12} = \boxed{\frac{11}{12}}$

- $\dfrac{52}{20} = \dfrac{\cancel{2} \times 26}{\cancel{2} \times 10} = \dfrac{26}{10} = \dfrac{\cancel{2} \times 13}{\cancel{2} \times 5} = \boxed{\dfrac{13}{5}}$

L'astuce du prof
Simplifiez la fraction en deux fois : par 2, puis encore par 2.

2. • $62 = 56 + 6 = \boxed{7 \times 8 + 6}$

• $53 = 40 + 13 = 4 \times 10 + (4 \times 3 + 1)$
$= (4 \times 10 + 4 \times 3) + 1 = 4 \times (10 + 3) + 1$
$= \boxed{4 \times 13 + 1}$

L'astuce du prof
Pour faciliter la division, mettez de côté 40, soit 4×10.

• $96 = 80 + 16 = 8 \times 10 + 8 \times 2$
$= 8 \times (10 + 2)$
$= \boxed{8 \times 12 + 0}$

3. Les nombres premiers inférieurs à 30 sont :
{2 ; 3 ; 5 ; 7 ; 11 ; 13 ; 17 ; 19 ; 23 ; 29}

4. • $\sqrt{64} = \sqrt{8^2} = \boxed{8}$

• $\sqrt{144} = \sqrt{12^2} = \boxed{12}$

• $\sqrt{10\,000} = \sqrt{100^2} = \boxed{100}$

5. • $32 = 2 \times 16 = 2 \times 2 \times 8 = 2 \times 2 \times 2 \times 4$
$= 2 \times 2 \times 2 \times 2 \times 2 = \boxed{2^5}$

• $58 = \boxed{2 \times 29}$

• $60 = 6 \times 10 = 2 \times 3 \times 2 \times 5 = \boxed{2 \times 2 \times 3 \times 5}$

• $63 = 9 \times 7 = \boxed{3 \times 3 \times 7}$

Méthode
Décomposez chaque nombre en produit de facteurs. Si un facteur n'est pas premier, décomposez-le à nouveau.

6. 18 admet pour diviseurs : {1 ; 2 ; 3 ; 6 ; 9 ; 18}, soit **6 diviseurs**.

4 • Un nombre est divisible par 2 quand il est pair. C'est le cas de 732 et 820.

Rappel
Un nombre pair est un nombre se terminant par 0, 2, 4, 6 ou 8.

• Un nombre est divisible par 3 quand la somme des chiffres qui le composent est un multiple de 3. C'est le cas pour 135 (car $1 + 3 + 5 = 9$) ; 537 (car $5 + 3 + 7 = 15$ et $1 + 5 = 6$) ; 732 (car $7 + 3 + 2 = 12$ et $1 + 2 = 3$).

• Un nombre est divisible par 5 quand il se termine par 0 ou 5. 820 est donc divisible par 5.

• Un nombre est divisible par 9 quand la somme des chiffres qui le composent est un multiple de 9. Le seul vérifiant cette condition est 135 (car $1 + 3 + 5 = 9$).

Remarque
On trouve les nombres divisibles par 9 dans la liste de ceux qui sont divisibles par 3, 9 étant un multiple de 3.

CORRIGÉS

5 • $-\dfrac{9}{4}=-2{,}25$. C'est un nombre décimal.

• $\boxed{\dfrac{17}{3}}=5{,}6666\ldots$ Ce nombre est bien un rationnel, car c'est un quotient de deux entiers et il n'est pas décimal.

• $\dfrac{\pi}{4}$ est un nombre irrationnel, car il ne peut pas s'écrire comme quotient de deux entiers.

• 5,789 53 est un nombre décimal.

• $\sqrt{\dfrac{20}{5}}=\sqrt{\dfrac{\cancel{5}\times 4}{\cancel{5}}}=\sqrt{4}=\sqrt{2^2}=2$

C'est un entier.

• $\boxed{-\dfrac{1}{11}}=0{,}090909\ldots$ C'est un nombre rationnel non décimal.

Rappel
Un nombre décimal a une partie après la virgule qui « s'arrête ».

Piège à éviter
Ce n'est pas parce qu'un nombre s'écrit avec un quotient que c'est un rationnel.

Gagnez des points !
Pensez à simplifier le quotient.

6 • $4{,}29=4{,}29\times\dfrac{100}{100}=\dfrac{4{,}29\times 100}{100}=\boxed{\dfrac{429}{100}}$

• $\dfrac{7}{5}=\dfrac{7}{5}\times\dfrac{2}{2}=\dfrac{7\times 2}{10}=\boxed{\dfrac{14}{10}}$

• $6{,}281=6{,}281\times\dfrac{1\,000}{1\,000}=\dfrac{6{,}281\times 1\,000}{1\,000}=\boxed{\dfrac{6\,281}{1\,000}}$

• $\dfrac{3}{40}=\dfrac{3}{40}\times\dfrac{25}{25}=\dfrac{3\times 25}{1\,000}=\boxed{\dfrac{75}{1\,000}}$

Rappel
On ne change pas la valeur d'une fraction en la multipliant au numérateur et au dénominateur par le même nombre.

7 **1.** On encadre 52 par les carrés parfaits immédiatement supérieur et inférieur, soit 49 et 64.

$49 < 52 < 64$

$7^2 < 52 < 8^2$

$\sqrt{7^2}<\sqrt{52}<\sqrt{8^2}$

$\boxed{7<\sqrt{52}<8}$

L'astuce du prof
Il est indispensable de connaître les valeurs des premiers carrés parfaits.

• On encadre 130 par les carrés parfaits immédiatement supérieur et inférieur, soit 121 et 144.

$121 < 130 < 144$

$11^2 < 130 < 12^2$

$\sqrt{11^2}<\sqrt{130}<\sqrt{12^2}$

$\boxed{11<\sqrt{130}<12}$

2. a) • $\sqrt{324} = \boxed{18}$ • $\sqrt{97} \approx \boxed{9,849}$

• $\sqrt{525} \approx \boxed{22,913}$ • $\sqrt{240,25} = \boxed{15,5}$

• $\sqrt{1\,021} \approx \boxed{31,953}$

b) $\boxed{26 < \sqrt{723} < 27}$

c) • $\boxed{11,61 < \sqrt{135} < 11,62}$

• $\boxed{48,36 < \sqrt{2\,339} < 48,37}$

Piège à éviter

Pour arrondir une valeur au millième, examinez le 4e chiffre après la virgule. S'il est entre 0 et 4, arrondissez au millième inférieur ; s'il est entre 5 et 9, arrondissez au millième supérieur.

8 **Le seul nombre premier de la liste est 119.**

• La somme des chiffres de 93 vaut 9 + 3 = 12 (multiple de 3). Donc 93 admet 3 pour diviseur. 93 n'est pas un nombre premier.

• 119 admet pour seuls diviseurs 1 et 119 : c'est un nombre premier.

• 133 est un multiple de 7. En effet, 133 = 7 × 19. Donc 133 n'est pas un nombre premier.

• La terminaison en 5 de 2 815 indique que 5 est un diviseur de ce nombre, qui n'est donc pas premier.

• 4 913 est un multiple de 17. En effet, 4 913 = 17 × 289.

9 •

390	5
78	2
39	3
13	13
1	

$390 = 5 \times 2 \times 3 \times 13 = \boxed{2 \times 3 \times 5 \times 13}$

Méthode

Écrivez le produit de nombres premiers en les classant du plus petit au plus grand.

•

4 725	5
945	5
189	3
63	3
21	3
7	7
1	

$4\,725 = 5 \times 5 \times 3 \times 3 \times 3 \times 7$

$= 3 \times 3 \times 3 \times 5 \times 5 \times 7$

$= \boxed{3^3 \times 5^2 \times 7}$

L'astuce du prof

Utilisez les puissances pour regrouper les multiplications d'un même nombre.

• $$\begin{array}{r|l} 7\,650 & 2 \\ 3\,825 & 5 \\ 765 & 5 \\ 153 & 3 \\ 51 & 3 \\ 17 & 17 \\ 1 & \end{array}$$

$$7\,650 = 2 \times 5 \times 5 \times 3 \times 3 \times 17 = 2 \times 3 \times 3 \times 5 \times 5 \times 17 = \boxed{2 \times 3^2 \times 5^2 \times 17}$$

10 • $$\begin{array}{r|l} 84 & 2 \\ 42 & 2 \\ 21 & 3 \\ 7 & 7 \\ 1 & \end{array} \qquad \begin{array}{r|l} 60 & 2 \\ 30 & 2 \\ 15 & 3 \\ 5 & 5 \\ 1 & \end{array}$$

$84 = 2 \times 2 \times 3 \times 7$ $\qquad 60 = 2 \times 2 \times 3 \times 5$

$$\frac{84}{60} = \frac{\cancel{2} \times \cancel{2} \times \cancel{3} \times 7}{\cancel{2} \times \cancel{2} \times \cancel{3} \times 5} = \boxed{\frac{7}{5}}$$

• $$\begin{array}{r|l} 504 & 2 \\ 252 & 2 \\ 126 & 2 \\ 63 & 3 \\ 21 & 3 \\ 7 & 7 \\ 1 & \end{array} \qquad \begin{array}{r|l} 612 & 2 \\ 306 & 2 \\ 153 & 3 \\ 51 & 3 \\ 17 & 17 \\ 1 & \end{array}$$

$504 = 2 \times 2 \times 2 \times 3 \times 3 \times 7$ $\qquad 612 = 2 \times 2 \times 3 \times 3 \times 17$

$$\frac{504}{612} = \frac{\cancel{2} \times \cancel{2} \times 2 \times \cancel{3} \times \cancel{3} \times 7}{\cancel{2} \times \cancel{2} \times \cancel{3} \times \cancel{3} \times 17} = \frac{2 \times 7}{17} = \boxed{\frac{14}{17}}$$

• $$\begin{array}{r|l} 6\,660 & 2 \\ 3\,330 & 2 \\ 1\,665 & 5 \\ 333 & 3 \\ 111 & 3 \\ 37 & 37 \\ 1 & \end{array} \qquad \begin{array}{r|l} 3\,420 & 2 \\ 1\,710 & 2 \\ 855 & 5 \\ 171 & 3 \\ 57 & 3 \\ 19 & 19 \\ 1 & \end{array}$$

$6\,660 = 2 \times 2 \times 5 \times 3 \times 3 \times 37$
$\quad = 2 \times 2 \times 3 \times 3 \times 5 \times 37$

$3\,420 = 2 \times 2 \times 5 \times 3 \times 3 \times 19$
$\quad = 2 \times 2 \times 3 \times 3 \times 5 \times 19$

$$\frac{6\,660}{3\,420}=\frac{\cancel{2}\times\cancel{2}\times\cancel{3}\times\cancel{3}\times\cancel{5}\times 37}{\cancel{2}\times\cancel{2}\times\cancel{3}\times\cancel{3}\times\cancel{5}\times 19}=\boxed{\frac{37}{19}}$$

Problèmes

11 **1.** • Chaque colis contient le même nombre de conserves de légumes et de viande : le nombre de colis est donc un diviseur commun de 1 370 et 822. L'association souhaitant préparer ainsi le maximum de colis, on en déduit que ce diviseur commun doit être le plus grand possible.

> **Méthode**
> Procédez en deux étapes : justifiez d'abord que le nombre de colis est un diviseur commun de 1 370 et 822, et ensuite que c'est le plus grand.

Le nombre de colis cherché est alors le plus grand des diviseurs communs à 1 370 et 822.

• Décomposons en produit de facteurs premiers 1 370 et 822 :

1 370	2
685	5
137	137
1	

822	2
411	3
137	137
1	

1 370 = 2 × 5 × 137 822 = 2 × 3 × 137

> **Conseil**
> Quand on a la décomposition en produit de facteurs premiers d'un nombre, on obtient la liste des diviseurs par combinaison de toutes les multiplications des facteurs premiers.

• Les diviseurs de 1 370 sont : {1 ; 2 ; 5 ; 10 ; 137 ; 274 ; 685 ; 1 370}.

Les diviseurs de 822 sont : {1 ; 2 ; 3 ; 6 ; 137 ; 274 ; 411 ; 822}.

Les diviseurs communs à 1 370 et 822 sont : {1 ; 2 ; 137 ; 274}.

Le plus grand des diviseurs communs à 1 370 et 822 est 274.

• **L'association peut préparer 274 colis.**

2. On calcule la composition d'un colis : $\frac{1\,370}{274}=5$ et $\frac{822}{274}=3$.

Un colis contiendra 5 conserves de légumes et 3 conserves de viande.

12 • 294 a pour diviseurs : {1 ; 2 ; 3 ; 6 ; 7 ; 14 ; 21 ; 42 ; 49 ; 98 ; 147 ; 294}.
La somme de ses diviseurs sauf lui-même vaut :
$1 + 2 + 3 + 6 + 7 + 14 + 21 + 42 + 49 + 98 + 147 = 390 \neq 294$
Donc **294 n'est pas un nombre parfait.**

• 496 a pour diviseurs : {1 ; 2 ; 4 ; 8 ; 16 ; 31 ; 62 ; 124 ; 248 ; 496}.
La somme de ses diviseurs sauf lui-même vaut :
$1 + 2 + 4 + 8 + 16 + 31 + 62 + 124 + 248 = 496$.
Donc **496 est un nombre parfait.**

> **Méthode**
> Pour trouver la liste des diviseurs d'un nombre, écrivez-le de toutes les façons possibles comme produit de deux entiers.

CORRIGÉS

CORRIGÉS

Vers le brevet

13 **1.** Les nombres 4 114 et 7 650 sont tous deux pairs (ils se terminent par 4 et 0) : ils sont donc tous deux divisibles par 2. La fraction $\frac{4\,114}{7\,650}$ peut donc être simplifiée.

> **À savoir**
> Quand on veut justifier qu'une fraction est simplifiable sans calcul, on utilise les critères de divisibilité.

2.

4 114	2
2 057	11
187	11
17	17
1	

7 650	2
3 825	5
765	5
153	3
51	3
17	17
1	

$4\,114 = \boxed{2 \times 11 \times 11 \times 17}$

$7\,650 = \boxed{2 \times 5 \times 5 \times 3 \times 3 \times 17}$

3. $\frac{4\,114}{7\,650} = \frac{\cancel{2} \times 11 \times 11 \times \cancel{17}}{\cancel{2} \times 5 \times 5 \times 3 \times 3 \times \cancel{17}}$

On simplifie le quotient au numérateur et au dénominateur par 2 × 17.

$\frac{4\,114}{7\,650} = \frac{11 \times 11}{5 \times 5 \times 3 \times 3} = \boxed{\frac{121}{225}}$

> **Conseil**
> Simplifiez le quotient par le produit des facteurs communs du numérateur et du dénominateur.

14 **1.** $2\,205 = 5 \times 441 = 5 \times 9 \times 49 = 5 \times 9 \times 7 \times 7 = 3^2 \times 5 \times 7^2$

$252 = 2 \times 126 = 2 \times 2 \times 63 = 2 \times 2 \times 7 \times 9 = 2 \times 2 \times 7 \times 3 \times 3 = 2^2 \times 3^2 \times 7$

$\frac{2205}{252} = \frac{\cancel{3^2} \times 5 \times 7^{\cancel{2}}}{2^2 \times \cancel{3^2} \times \cancel{7}} = \frac{5 \times 7}{2^2} = \boxed{\frac{35}{4}}$

2. $M = \frac{2205}{252} - \frac{3}{16}$

$M = \frac{35}{4} - \frac{3}{16} = \frac{35}{4} \times \frac{4}{4} - \frac{3}{16} = \frac{140}{16} - \frac{3}{16} = \boxed{\frac{137}{16}}$

3. À la calculatrice, on obtient $M = \frac{137}{16} = 8{,}5625$.

> **Gagnez des points !**
> La calculatrice permet de conclure quant à la nature du nombre *M*.

M est un nombre à partie décimale finie (avec 4 chiffres après la virgule).

***M* est un nombre décimal, donc rationnel.**

15 **1.** Les nombres premiers inférieurs à 15 sont : **{1 ; 2 ; 3 ; 5 ; 7 ; 11 ; 13}**.

2. • $A = \dfrac{18}{45} \times \dfrac{130}{16} \times \dfrac{28}{55}$

$= \dfrac{\cancel{2} \times \cancel{3} \times \cancel{3}}{\cancel{3} \times \cancel{3} \times \cancel{5}} \times \dfrac{\cancel{2} \times \cancel{5} \times 13}{\cancel{2} \times \cancel{2} \times \cancel{2} \times \cancel{2}} \times \dfrac{\cancel{2} \times \cancel{2} \times 7}{5 \times 11}$

$= \dfrac{7 \times 13}{5 \times 11} = \boxed{\dfrac{91}{55}}$

• $B = \dfrac{1}{90} + \dfrac{1}{130}$

$= \dfrac{1}{2 \times 3 \times 3 \times 5} + \dfrac{1}{2 \times 5 \times 13} = \dfrac{1}{2 \times 3 \times 3 \times 5} \times \dfrac{13}{13} + \dfrac{1}{2 \times 5 \times 13} \times \dfrac{3 \times 3}{3 \times 3}$

$= \dfrac{1 \times 13}{2 \times 3^2 \times 5 \times 13} + \dfrac{1 \times 3 \times 3}{2 \times 3^2 \times 5 \times 13}$

$= \dfrac{13 + 9}{2 \times 3^2 \times 5 \times 13}$

$= \dfrac{22}{2 \times 3^2 \times 5 \times 13}$

$= \dfrac{\cancel{2} \times 11}{\cancel{2} \times 3^2 \times 5 \times 13}$

$= \dfrac{11}{3^2 \times 5 \times 13}$

$= \boxed{\dfrac{11}{585}}$

Gagnez des points !
Pour additionner deux fractions, cherchez un dénominateur commun, le plus petit possible, ici : $2 \times 3^2 \times 5 \times 13$.

Exercices d'approfondissement

16 *a* et *b* sont tous deux décomposés en produits de nombres premiers (nombres admettant pour seuls diviseurs 1 et eux-mêmes).

$a = 2^3 \times 3^4 \times 5 \times 7^2$ et $b = 2^7 \times 3^2 \times 7 \times 11^3$.

On cherche dans *a* et *b* le plus grand multiple commun, puissance par puissance.

• Avec les puissances de 2 : la plus grande puissance commune entre 2^3 et 2^7 est 2^3.

• Avec les puissances de 3 : la plus grande puissance commune entre 3^4 et 3^2 est 3^2.

• 5 n'est pas un facteur commun à a et b, de même que 11.

• Avec les puissances de 7 : la plus grande puissance commune entre 7^2 et 7 est 7.

Finalement, **le plus grand diviseur commun de *a* et *b* est le produit $2^3 \times 3^2 \times 7$, soit 504.**

17 Le nombre de groupes possibles avec 84 filles et 60 garçons est un diviseur commun aux nombres 84 et 60. Aussi, on cherche la liste des diviseurs de ces nombres.

Diviseurs de 84 : {1 ; 2 ; 3 ; 4 ; 6 ; 7 ; 12 ; 14 ; 21 ; 28 ; 42 ; 84}.

Diviseurs de 60 : {1 ; 2 ; 3 ; 4 ; 5 ; 6 ; 10 ; 12 ; 15 ; 20 ; 30 ; 60}.

Les diviseurs communs à 84 et 60 sont {1 ; 2 ; 3 ; 4 ; 6 ; 12}.

Les élèves de 3e peuvent donc être répartis en 1, 2, 3, 4, 6 ou 12 groupes.

Nombre de groupes	Filles	Garçons
1	84	60
2	$\frac{84}{2} = 42$	$\frac{60}{2} = 30$
3	$\frac{84}{3} = 28$	$\frac{60}{3} = 20$
4	$\frac{84}{4} = 21$	$\frac{60}{4} = 15$
6	$\frac{84}{6} = 14$	$\frac{60}{6} = 10$
12	$\frac{84}{12} = 7$	$\frac{60}{12} = 5$

CHAPITRE 4

Égalités remarquables : développement, factorisation. Résolution de problèmes

DE QUOI S'AGIT-IL ?

Les égalités remarquables sont des « formules » qui permettent de faciliter les calculs de développement et de factorisation.

COURS

1 Développer une identité remarquable

Développer un produit, c'est le transformer en une somme ou une différence.

1 Carré d'une somme

$$(a+b)(a+b) = (a+b)^2 = \underbrace{a^2}_{\text{carré de } a} + \underbrace{2ab}_{\text{double produit de } a \text{ par } b} + \underbrace{b^2}_{\text{carré de } b}$$

Exemple

$(3x + 2)^2 = (3x)^2 + 2 \times 3x \times 2 + 2^2$

$= 9x^2 + 12x + 4.$

Remarque
Ici, $a = 3x$ donc
$a^2 = (3x)^2 = 9x^2$.

2 Carré d'une différence

$$(a-b)(a-b) = (a-b)^2 = \underbrace{a^2}_{\text{carré de } a} - \underbrace{2ab}_{\text{double produit de } a \text{ par } b} + \underbrace{b^2}_{\text{carré de } b}$$

Exemple

$(5x - 2)^2 = (5x)^2 - 2 \times 5x \times 2 + 2^2$

$= 25x^2 - 20x + 4.$

Bien comprendre

La différence avec l'égalité précédente est uniquement le signe devant le double produit.

3 Produit de la somme par la différence

$$(a+b)(a-b) = \underbrace{a^2}_{\text{carré de } a} - \underbrace{b^2}_{\text{carré de } b}$$

Exemple

$(3x - 5)(3x + 5) = (3x)^2 - 5^2$

$= 9x^2 - 25.$

Remarque
On peut inverser l'ordre des facteurs :
$(a + b)(a - b) = (a - b)(a + b)$.

2 Factoriser une identité remarquable

Factoriser, c'est transformer une somme (ou une différence) en un produit.

1 Factorisation de $a^2 + 2ab + b^2$

$$\underbrace{a^2}_{\text{carré de } a} + \underbrace{2ab}_{\substack{\text{double produit}\\ \text{de } a \text{ par } b}} + \underbrace{b^2}_{\text{carré de } b} = (a+b)^2$$

Exemple

$$4x^2 + 16x + 16 = \underbrace{(2x)^2}_{a^2} + \underbrace{2 \times 2x \times 4}_{2 \times a \times b} + \underbrace{4^2}_{b^2}$$
$$= (2x+4)^2.$$

Remarque

On identifie clairement a et b. Ici, $a = 2x$ et $b = 4$.

2 Factorisation de $a^2 - 2ab + b^2$

$$\underbrace{a^2}_{\text{carré de } a} - \underbrace{2ab}_{\substack{\text{double produit}\\ \text{de } a \text{ par } b}} + \underbrace{b^2}_{\text{carré de } b} = (a-b)^2$$

Exemple

$$9x^2 - 6x + 1 = \underbrace{(3x)^2}_{a^2} - \underbrace{2 \times 3x \times 1}_{2 \times a \times b} + \underbrace{1^2}_{b^2}$$
$$= (3x-1)^2.$$

Bien comprendre

Une expression doit comporter trois termes pour être factorisée par l'une des deux premières identités remarquables.

3 Factorisation de $a^2 - b^2$

$$\underbrace{a^2}_{\text{carré de } a} - \underbrace{b^2}_{\text{carré de } b} = (a+b)(a-b)$$

Exemple

$$16x^2 - 36 = (4x)^2 - 6^2$$
$$= (4x-6)(4x+6).$$

Remarque

Cette identité remarquable permet de factoriser une différence de deux carrés.

COURS

QCM

1 Des choix à faire

Corrigé p. 74

Cochez la (ou les) réponse(s) correcte(s).

1. $(x + 3)^2$ est égal à :

a) ☐ $x^2 + 9$ **b)** ☐ $x^2 + 3x + 9$ **c)** ☐ $x^2 + 6x + 9$

2. $(1 - 2x)^2$ est égal à :

a) ☐ $4x^2 - 4x + 1$ **b)** ☐ $1 - 2x + 4x^2$ **c)** ☐ $2x^2 - 4x + 1$

3. $(5x + 9)(5x - 9)$ est égal à :

a) ☐ $25x^2 + 81$ **b)** ☐ $5x^2 - 81$ **c)** ☐ $25x^2 - 81$

4. $9x^2 - 9$ est égal à :

a) ☐ $(3x - 3)^2$ **b)** ☐ $(3x + 3)^2$ **c)** ☐ $(3x - 3)(3x + 3)$

5. $(5x - 7)^2$ est égal à :

a) ☐ $(7 - 5x)^2$ **b)** ☐ $(5x + 7)^2$ **c)** ☐ $(5x + 7)(5x - 7)$

6. $9x^2 + 16$:

a) ☐ se factorise en $(3x + 4)(3x - 4)$ **b)** ☐ se factorise en $(3x + 4)^2$

c) ☐ ne se factorise pas

2 Vrai ou Faux ?

Corrigé p. 75

Cochez la bonne réponse.

1. $a^2 + b^2 + 2ab = (a - b)^2$. ☐ V ☐ F

2. $a^2 - 2ab + b^2$ est un nombre positif ou nul pour n'importe quelles valeurs de a et de b. ☐ V ☐ F

3. $x^2 - 9$ se factorise en $(x - 3)(x + 3)$. ☐ V ☐ F

4. $(2x + 5)(2x - 5) = (5 + 2x)(5 - 2x)$. ☐ V ☐ F

5. $\left(x + \frac{1}{2}\right)^2 = x^2 + \frac{1}{4}x + \frac{1}{4}$. ☐ V ☐ F

6. $(4 + 8x)^2 = 2(2 + 4x)^2$. ☐ V ☐ F

7. $(-x - 5)^2 = (x + 5)^2$. ☐ V ☐ F

Exercices d'entraînement

3 Le calcul mental

3 min Corrigé p. 76

Complétez :

- $2 \times x \times (-5) = ...$
- $-2 \times 3x \times 7 = ...$
- $2 \times x \times 5^2 = ...$
- $2 \times 2x \times 4 + 6^2 = ...$
- $5x - 2 \times 2x \times 4 = ...$
- $-6x - 2 \times 5x = ...$
- $3x \times 6x + (2x)^2 = ...$
- $5x - 2 \times 0{,}25x = ...$
- $x - 3 \times x \times 0{,}5 = ...$

4 Les identités pour développer

25 min Corrigé p. 76

Développez, en utilisant les égalités remarquables :

- $A = (4x - 1)^2$
- $B = (2 + 4x)^2$
- $C = (5 - 2x)^2$
- $D = (2x - 6)(2x + 6)$
- $E = 4 - (2x + 1)^2$
- $F = (2x + 6)^2 - (x - 1)^2$

Méthode

1. On repère dans l'expression le produit remarquable à développer qui est de la forme $(a + b)^2$, $(a - b)^2$ ou $(a + b)(a - b)$.

2. On écrit l'identité remarquable à développer en identifiant a et b. La forme développée est alors $a^2 + 2ab + b^2$ ou $a^2 - 2ab + b^2$ ou encore $a^2 - b^2$.

3. On applique les règles de priorités opératoires habituelles pour terminer le calcul.

5 Et maintenant pour factoriser

25 min Corrigé p. 77

Factorisez en utilisant les égalités remarquables :

- $A = x^2 + 4x + 4$
- $B = x^2 - 4$
- $C = 25x^2 + 20x + 4$
- $D = 4x^2 - 12x + 9$
- $E = (2x + 1)^2 - 9$
- $F = x^2 - 2x + 1$

Méthode

1. Après avoir vérifié qu'aucun facteur commun n'apparaît dans l'expression, on cherche à la factoriser à l'aide d'une forme développée d'identité remarquable.

2. Les trois formes développées des identités remarquables sont :

$a^2 + 2ab + b^2$ (n° 1) $a^2 - 2ab + b^2$ (n° 2) $a^2 - b^2$ (n° 3)

On identifie celle qui correspond à l'énoncé :
- si l'expression a deux termes avec un signe moins : c'est la n° 3 ;
- si l'expression a trois termes : c'est la n° 1 ou la n° 2. Les signes devant les termes permettent de les différencier.

3. On identifie a et b grâce à leurs carrés respectifs.
Pour la n° 1 et la n° 2, on vérifie que le double produit correspond.

4. On factorise l'expression sous la forme :

$(a+b)^2$ (n° 1) ou $(a-b)^2$ (n° 2) ou $(a+b)(a-b)$ (n° 3)

6 Avec un carré et un triangle

10 min Corrigé p. 78

Les deux questions sont indépendantes.

1. Calculez, en fonction de x, l'aire d'un carré de côté $2x + 1$ (résultat sous forme développée).

2. ABC est un triangle rectangle en A. $AB = x + 1$, $AC = x + 2$.
Calculez BC^2 en fonction de x sous forme développée.

7 Est-ce possible ?

15 min Corrigé p. 79

Un triangle ABC est tel que $AB = x + 5$, $AC = 2x + 2$ et $BC^2 = 5x^2 + 16x + 31$. Ce triangle peut-il être rectangle en A ? Justifiez.

8 Quand on augmente

15 min Corrigé p. 79

1. Le côté d'un carré mesure x cm. Un élève affirme que lorsqu'on augmente le côté de ce carré de 2 cm, son aire augmente de $4 \times x$ cm². A-t-il raison ?

2. Quand on augmente le côté d'un carré de 1 m, l'aire du carré augmente de 5 m². Quelle est la longueur du côté du carré au départ ?

9 Une conjecture puis une démonstration

10 min Corrigé p. 79

1. Vérifiez que $5^2 - 5 = 4^2 + 4$ et $7^2 - 7 = 6^2 + 6$.

2. À partir des exemples précédents, donnez une conjecture valable pour tout entier n, en complétant l'égalité :

$$n^2 - n = \ldots$$

Démontrez cette conjecture.

Problèmes

10 Un petit problème classique

15 min Corrigé p. 80

On considère l'expression $E = (2x - 1)^2 - (3x + 5)^2$.

1. Développez et réduisez E.

2. Calculez E pour $x = -1$, puis pour $\frac{1}{3}$.

3. Factorisez E.

Méthode

1. On développe en utilisant les égalités remarquables $(a + b)^2 = a^2 + 2ab + b^2$ et $(a - b)^2 = a^2 - 2ab + b^2$. Ne pas oublier les parenthèses autour du deuxième développement.

2. On remplace x par -1 puis par $\frac{1}{3}$ dans l'expression donnée. Il est inutile de développer avec les égalités remarquables. On calcule d'abord ce qu'il y a dans les parenthèses, puis on applique le carré.

3. On utilise la factorisation de la troisième identité remarquable : $a^2 - b^2 = (a - b)(a + b)$.

11 Avec un programme de calcul

★ 15 min Corrigé p. 81

Voici un programme de calcul.

- Choisir un nombre entier.
- Élever au carré l'entier qui est juste après et l'entier qui est juste avant.
- Calculer la différence de ces deux carrés.
- Retrancher 3 fois le nombre de départ à cette différence.
- Écrire le résultat.

1. Lorsque le nombre de départ choisi est 3, quel est le résultat final ?

2. Quel nombre obtient-on quand on choisit pour départ le nombre 10 ?

3. Quelle conjecture peut-on faire ? Prouvez-la.

12 Encore un programme

15 min Corrigé p. 81

Voici un programme de calcul :

- Choisir deux nombres a et b.
- Prendre le carré de la somme $(a + b)$. On note A ce nombre.
- Prendre le carré de la différence $(a - b)$. On note B ce nombre.
- Calculer la différence $A - B$.
- Prendre le quart de cette différence.

1. Qu'obtient-on comme résultat avec les nombres $a = 2$ et $b = 4$? Et avec les nombres $a = -5$ et $b = 3$?

2. Baptiste conjecture que le résultat final est le produit des deux nombres de départ. Démontrez sa conjecture.

Vers le brevet

13 Une petite démonstration

10 min Corrigé p. 82

1. Calculez $5^2 - 4^2$, $9^2 - 8^2$, $7^2 - 6^2$.

2. Juliette affirme que la différence des carrés de deux entiers positifs consécutifs est toujours un nombre impair.

Montrez que Juliette a raison.

14 Avec des carrés

20 min Corrigé p. 83

1. Sur la figure ci-dessous, *AEFG*, *AHIJ* et *ABCD* sont des carrés. Calculez *AH* en fonction de x ; déduisez-en l'aire de *AHIJ* puis précisez, dans la liste ci-dessous, la (ou les) expression(s) algébrique(s) qui correspond(ent) à l'aire de la partie bleue.

- $M = (4 - x)^2 - 2^2$
- $N = (4 - x) - 2^2$
- $P = 4^2 - x^2 - 2^2$

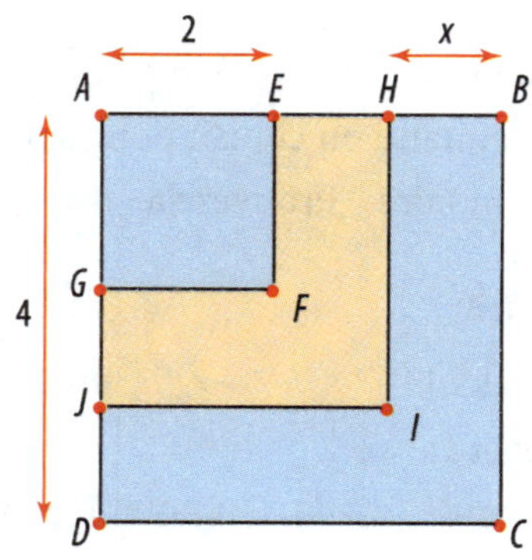

2. Développez et réduisez l'expression $Q = (4 - x)^2 - 4$.

3. Calculez Q pour $x = 2$. Que traduit ce résultat pour la figure ?

15 Et hop ! C'est parti sans la calculatrice

10 min Corrigé p. 83

1. Développez et réduisez $D = (a + 5)^2 - (a - 5)^2$.

2. On pose $D = 10\,005^2 - 9\,995^2$. Sans utiliser la calculatrice, en vous servant de la question **1.**, trouvez la valeur de D (indiquez les étapes du calcul).

16 L'intérêt du calcul littéral

15 min Corrigé p. 83

Soit $B = (x + 3)^2 - x(x + 6)$.

1. a) Calculez B lorsque $x = 1$.

b) Calculez B lorsque $x = 3$.

c) Calculez B lorsque $x = -4$.

2. À partir de ces trois calculs, on ne peut pas affirmer que quel que soit le nombre x, le résultat est toujours 9. Pourquoi ? Montrez que quel que soit le nombre x, $A = 9$.

17 Bizarre

10 min Corrigé p. 84

Voici un programme de calcul :

- Choisir un nombre entier positif.
- Ajouter 4.
- Prendre le carré de cette somme.
- Retrancher le carré du nombre de départ.

Célian effectue le programme de calcul et trouve 13. Qu'en pensez-vous ? Argumentez.

Exercice d'approfondissement

18 À la recherche d'un nombre

★★ 15 min Corrigé p. 84

Trois nombres positifs x, y et z vérifient l'égalité $x^2 + y^2 = z^2$. De plus, on sait que le carré de la somme des nombres x et y est égal à 41 et le carré de leur différence est égal à 9.

Quelle est la valeur de z ?

QCM

Conseil
Avant de développer, identifiez l'égalité remarquable que vous allez utiliser.

1 **1.** Le développement de $(x+3)^2$ se fait à l'aide de l'égalité remarquable $(a+b)^2 = a^2 + 2ab + b^2$ avec $a = x$ et $b = 3$.

$$(x+3)^2 = \underbrace{x^2}_{\text{carré de } x} + \underbrace{2 \times x \times 3}_{\text{double produit de } x \text{ par } 3} + \underbrace{3^2}_{\text{carré de } 3}$$

$$= x^2 + 6x + 9.$$

Réponse : **c)** $x^2 + 6x + 9$.

Piège à éviter
$b = 2x$ donc $b^2 = (2x)^2$.
N'oubliez pas les parenthèses !

2. Le développement de $(1-2x)^2$ se fait à l'aide de l'égalité remarquable $(a-b)^2 = a^2 - 2ab + b^2$ avec $a = 1$ et $b = 2x$.

$$(1-2x)^2 = \underbrace{1^2}_{\text{carré de } 1} - \underbrace{2 \times 1 \times 2x}_{\text{double produit de } 1 \text{ par } 2x} + \underbrace{(2x)^2}_{\text{carré de } 2x}$$

$$= 1 - 4x + 4x^2$$

$$= 4x^2 - 4x + 1.$$

Réponse : **a)** $4x^2 - 4x + 1$.

3. Le développement de $(5x+9)(5x-9)$ se fait avec l'égalité remarquable $(a+b)(a-b) = a^2 - b^2$ avec $a = 5x$ et $b = 9$.

$$(5x+9)(5x-9) = \underbrace{(5x)^2}_{\text{carré de } 5x} - \underbrace{9^2}_{\text{carré de } 9}$$

$$= 25x^2 - 81.$$

Réponse : **c)** $25x^2 - 81$.

Remarque
Ici, il s'agit de factoriser l'expression proposée.

4. $9x^2 - 9$ est une différence de deux carrés.
En effet, $9x^2 = (3x)^2$ et $9 = 3^2$.
On utilise l'égalité remarquable
$a^2 - b^2 = (a-b)(a+b)$ avec $a = 3x$ et $b = 3$.

$$9x^2 - 9 = \underbrace{(3x)^2}_{\text{carré de } 3x} - \underbrace{3^2}_{\text{carré de } 3}$$

$$= (3x-3)(3x+3).$$

Réponse : **c)** $(3x-3)(3x+3)$.

5. On développe $(5x - 7)^2$ et les résultats proposés.

- $(5x - 7)^2 = (5x)^2 - 2 \times 5x \times 7 + 7^2$
  $= 25x^2 - 70x + 49.$
- $(7 - 5x)^2 = 7^2 - 2 \times 7 \times 5x + (5x)^2 = 49 - 70x + 25x^2.$
- $(5x + 7)^2 = (5x)^2 + 2\ 5x \times 7 + 7^2 = 25x^2 + 70x + 49.$
- $(5x - 7)(5x + 7) = (5x)^2 - 7^2 = 25x^2 - 49.$

En utilisant l'astuce, le résultat est immédiat.

> **L'astuce du prof**
> Deux nombres opposés ont le même carré.
> L'opposé de $5x - 7$ est $-5x + 7$ soit $7 - 5x$.

Réponse : **a)** $(7 - 5x)^2$.

6. On développe les expressions proposées.

- $(3x - 4)(3x + 4) = (3x)^2 - 4^2 = 9x^2 - 16.$
- $(3x + 4)^2 = (3x)^2 + 2 \times 3x \times 4 + 4^2$
  $= 9x^2 + 24x + 16.$

> **Remarque**
> Une expression de la forme $a^2 + b^2$ ne se factorise pas (contrairement à une différence de deux carrés !).

Les deux réponses proposées sont incorrectes (les développements ne correspondent pas).

Réponse : **c)** ne se factorise pas.

2 **1. Faux →** Le développement de $(a - b)^2$ est $a^2 - 2ab + b^2$.

2. Vrai → $a^2 - 2ab + b^2$ est le développement de $(a - b)^2$.

On en déduit que quels que soient les nombres a et b, $a^2 - 2ab + b^2$ est un nombre positif ou nul.

> **Rappel**
> Le carré d'un nombre est un nombre positif ou nul.

3. Vrai → $x^2 - 9$ est une différence de deux carrés, car $x^2 - 9 = (x)^2 - (3)^2$. On utilise donc l'égalité remarquable $a^2 - b^2 = (a - b)(a + b)$ pour factoriser avec $a = x$ et $b = 3$.

On obtient $x^2 - 9 = (x - 3)(x + 3)$.

4. Faux → On développe séparément les deux calculs en utilisant l'égalité remarquable $(a - b)(a + b) = a^2 - b^2$.

- $(2x + 5)(2x - 5) = (2x)^2 - 5^2 = 4x^2 - 25.$
- $(5 + 2x)(5 - 2x) = 5^2 - (2x)^2 = 25 - 4x^2.$

On ne trouve pas le même résultat.

> **Remarque**
> $4x^2 - 25$ et $25 - 4x^2$ sont des nombres opposés.

CORRIGÉS

5. Faux → On développe $\left(x+\frac{1}{2}\right)^2$ en utilisant l'égalité remarquable $(a + b)^2 = a^2 + 2ab + b^2$ avec $a = x$ et $b = \frac{1}{2}$.

$$\left(x+\frac{1}{2}\right)^2 = x^2 + 2\times x\times\frac{1}{2} + \left(\frac{1}{2}\right)^2 = x^2 + x + \frac{1}{4}.$$

Rappel
$2\times\frac{1}{2}=\frac{2}{1}\times\frac{1}{2}=\frac{2\times1}{1\times2}=1.$

6. Faux → On développe séparément les deux calculs en utilisant l'égalité remarquable $(a + b)^2 = a^2 + 2ab + b^2$.

- $(4 + 8x)^2 = 4^2 + 2 \times 4 \times 8x + (8x)^2$
  $= 16 + 64x + 64x^2$
- $2(2 + 4x)^2 = 2(2^2 + 2 \times 2 \times 4x + (4x)^2)$
  $= 2(4 + 16x + 16x^2) = 8 + 32x + 32x^2$

On ne trouve pas le même résultat.

Remarque
$(4 + 8x)^2 = (2(2 + 4x))^2$
$= 2^2(2 + 4x)^2$
$= 4(2 + 4x)^2.$

7. Vrai → On développe séparément les deux calculs en utilisant les égalités remarquables $(a - b)^2 = a2 - 2ab + b^2$ et $(a + b)^2 = a^2 + 2ab + b^2$.

- $(\underbrace{-x}_{a} - \underbrace{5}_{b})^2 = (-x)^2 - 2\times(-x)\times5+5^2$
  $= x^2 + 10x + 25.$
- $(x + 5)^2 = x^2 + 2 \times x \times 5 + 5^2 = x^2 + 10x + 25$

On trouve le même résultat.

Rappel
Les nombres $(x + 5)$ et $(-x - 5)$ sont opposés et on sait que deux nombres opposés ont le même carré.

Exercices d'entraînement

3
- $2\times x\times(-5) =$ $-10x$
- $2\times 2x\times 4 + 6^2 =$ $16x + 36$
- $3x\times 6x + (2x)^2 =$ $22x^2$
- $-2 \times 3x \times 7 =$ $-42x$
- $5x - 2 \times 2x \times 4 =$ $-11x$
- $5x - 2 \times 0{,}25x =$ $4{,}5x$
- $2\times x\times 5^2 =$ $50x$
- $-6x - 2 \times 5x =$ $-16x$
- $x - 3\times x\times 0{,}5 =$ $-0{,}5x$

4
- $A = (4x - 1)^2$
  $= \underbrace{(4x)^2}_{\text{carré de } 4x} - \underbrace{2\times4x\times1}_{\text{double produit de } 4x \text{ par } 1} + \underbrace{1^2}_{\text{carré de } 1}$

$A = 4x^2 - 8x + 1$

Méthode
Utilisez l'égalité $(a - b)^2 = a^2 - 2ab + b^2$ avec $a = 4$ et $b = 1$.

- $B = (2 + 4x)^2$

$$= \underbrace{2^2}_{\text{carré de 2}} + \underbrace{2 \times 2 \times 4x}_{\text{double produit de 2 par } 4x} + \underbrace{(4x)^2}_{\text{carré de } 4x}$$

$$= 4 + 16x + 16x^2 = \boxed{16x^2 + 16x + 4}$$

Méthode
Utilisez l'égalité
$(a + b)^2 = a^2 + 2ab + b^2$
avec $a = 2$ et $b = 4x$.

- $C = (5 - 2x)^2$

$$= \underbrace{5^2}_{\text{carré de 5}} - \underbrace{2 \times 5 \times 2x}_{\text{double produit de 5 par } 2x} + \underbrace{(2x)^2}_{\text{carré de } 2x}$$

$$= 25 - 20x + 4x^2 = \boxed{4x^2 - 20x + 25}$$

Méthode
Utilisez l'égalité
$(a - b)^2 = a^2 - 2ab + b^2$
avec $a = 5$ et $b = 2x$.

- $D = (2x - 6)(2x + 6)$

$$= \underbrace{(2x)^2}_{\text{carré de } 2x} - \underbrace{6^2}_{\text{carré de 6}} = \boxed{4x^2 - 36}$$

Méthode
Utilisez l'égalité
$(a - b)(a + b) = a^2 - b^2$
avec $a = 2x$ et $b = 6$.

- $E = 4 - \underbrace{(2x + 1)^2}_{(a+b)^2}$

$$= 4 - (\underbrace{(2x)^2}_{\text{carré de 2}} + \underbrace{2 \times 2x \times 1}_{\text{double produit de } 2x \text{ par 1}} + \underbrace{1^2}_{\text{carré de 1}})$$

$$= 4 - (4x^2 + 4x + 1)$$

$$= 4 - 4x^2 - 4x - 1 = \boxed{-4x^2 - 4x + 3}$$

Rappel
La parenthèse est précédée d'un signe –, on change les signes.

- $F = \underbrace{(2x + 6)^2}_{(a+b)^2} - \underbrace{(x - 1)^2}_{(a-b)^2}$

$$= ((2x)^2 + 2 \times 2x \times 6 + 6^2) - (x^2 - 2 \times x \times 1 + 1^2)$$

$$= (4x^2 + 24x + 36) - (x^2 - 2x + 1)$$

$$= 4x^2 + 24x + 36 - x^2 + 2x - 1 = \boxed{3x^2 + 26x + 35}$$

Conseil
Développez d'abord les deux parenthèses, puis faites attention au signe – devant la 2e parenthèse.

5 • $A = x^2 + 4x + 4$

$$= \underbrace{x^2}_{a^2} + \underbrace{2 \times x \times 2}_{2 \times a \times b} + \underbrace{2^2}_{b^2}$$

$$= \boxed{\underbrace{(x + 2)^2}_{(a+b)^2}}$$

Méthode
Utilisez l'égalité
$a^2 + 2ab + b^2 = (a + b)^2$
avec $a = x$ et $b = 2$.

• $B = x^2 - 4 = \underbrace{x^2}_{a^2} - \underbrace{2^2}_{b^2}$

$= \boxed{\underbrace{(x-2)(x+2)}_{(a-b)(a+b)}}$

Méthode
Utilisez l'égalité
$a^2 - b^2 = (a-b)(a+b)$
avec $a = x$ et $b = 2$.

• $C = 25x^2 + 20x + 4$

$= \underbrace{(5x)^2}_{a^2} + \underbrace{2 \times 5x \times 2}_{2 \times a \times b} + \underbrace{2^2}_{b^2}$

$= \boxed{\underbrace{(5x+2)^2}_{(a+b)^2}}$

• $D = 4x^2 - 12x + 9$

$= \underbrace{(2x)^2}_{a^2} - \underbrace{2 \times 2x \times 3}_{2 \times a \times b} + \underbrace{3^2}_{b^2}$

$= \boxed{\underbrace{(2x-3)^2}_{(a-b)^2}}$

Méthode
Utilisez l'égalité
$a^2 - 2ab + b^2 = (a-b)^2$
avec $a = 2x$ et $b = 3$.

• $E = (2x+1)^2 - 9$

$= \underbrace{(2x+1)^2}_{a^2} - \underbrace{3^2}_{b^2}$

$= \underbrace{(2x+1+3)(2x+1-3)}_{(a+b)(a-b)}$

$= \boxed{(2x+4)(2x-2)}$

• $F = x^2 - 2x + 1$

$= \underbrace{x^2 - 2 \times x \times 1 + 1}_{a^2 - 2ab + b^2}$

$= \boxed{\underbrace{(x-1)^2}_{(a-b)^2}}$

6 **1.** Le côté mesure $2x + 1$, donc l'aire vaut $(2x+1)^2$.

$(2x+1)^2 = (2x)^2 + 2 \times 2x \times 1 + 1^2$

$= 4x^2 + 4x + 1$

L'aire, en fonction de x, est $= 4x^2 + 4x + 1$.

Rappel
L'aire d'un carré de côté c est c^2.

2. ABC est rectangle en A. D'après le théorème de Pythagore, on a :

$BC^2 = AB^2 + AC^2 = (x + 1)^2 + (x + 2)^2$

$= (x^2 + 2 \times x \times 1 + 1^2) + (x^2 + 2 \times x \times 2 + 2^2) = x^2 + 2x + 1 + x^2 + 4x + 4$

$= \boxed{2x^2 + 6x + 5}$

7 Si ABC est rectangle en A, alors on a l'égalité $BC^2 = AB^2 + AC^2$.

- $BC^2 = 5x^2 + 16x + 31$
- $AB^2 + AC^2 = (x + 5)^2 + (2x + 2)^2$

$= (x^2 + 2 \times x \times 5 + 5^2) + ((2x)^2 + 2 \times 2x \times 2 + 2^2)$

$= x^2 + 10x + 25 + 4x^2 + 8x + 4 = 5x^2 + 18x + 29$

ABC est rectangle en A si et seulement si

$5x^2 + 18x + 29 = 5x^2 + 16x + 31$.

On obtient $2x = 2$ soit $x = 1$.

Il existe une valeur de x pour laquelle ABC est rectangle en A, $x = 1$.

Rappel
En rassemblant les termes en x du même côté, vous obtenez une équation du premier degré.

8 **1.** En augmentant de 2 cm le côté du carré, il mesure alors $x + 2$ cm.

$(x + 2)^2 = x^2 + 2 \times x \times 2 + 2^2 = x^2 + 4x + 4$. Son aire est $x^2 + 4x + 4$ cm².

L'aire du carré initial est x^2 cm². On en déduit que l'aire augmente de $4x + 4$ cm² et non de $4x$ cm². **L'élève a donc tort.**

2. Soit x le côté du carré initial. Son aire est x^2 m². On augmente son côté de 1 m, donc il mesure $(x + 1)$ m.

La différence entre l'aire du carré initial et celle du carré modifié est 5 m².

D'où $(x + 1)^2 - x^2 = 5$ soit $x^2 + 2x + 1 - x^2 = 5$.

L'équation à résoudre est donc $2x + 1 = 5$ qui a pour solution $x = 2$.

La longueur du côté du carré initial est 2 m.

Méthode
Traduisez les données de l'énoncé par une équation. En la résolvant, vous trouvez la solution.

9 **1.**

$$\left.\begin{array}{l} \bullet\ 5^2 - 5 = 25 - 5 = 20 \\ \bullet\ 4^2 + 4 = 16 + 4 = 20 \end{array}\right\} \text{donc } \boxed{5^2 - 5 = 4^2 + 4}.$$

$$\left.\begin{array}{l} \bullet\ 7^2 - 7 = 49 - 7 = 42 \\ \bullet\ 6^2 + 6 = 36 + 6 = 42 \end{array}\right\} \text{donc } \boxed{7^2 - 7 = 6^2 + 6}.$$

Gagnez des points !
Pour vérifier ces égalités, faites deux calculs séparés.

CORRIGÉS

2. En utilisant les deux égalités précédentes, on peut conjecturer :

$$n^2 - n = (n-1)^2 + (n-1)$$

3. $(n-1)^2 + (n-1) = (n^2 - 2n + 1) + n - 1$

$= n^2 - 2n + \not{1} + n - \not{1}$

$= n^2 - n$

Méthode

Pour démontrer l'égalité, on part du membre de droite, on développe pour obtenir le membre de gauche. Ainsi, l'égalité est démontrée pour tous les entiers *n*.

Problèmes

Méthode

Utilisez les égalités :

- $(a-b)^2 = a^2 - 2ab + b^2$ (avec $a = 2x$ et $b = 1$) ;
- $(a+b)^2 = a^2 + 2ab + b^2$ (avec $a = 3x$ et $b = 5$).

10 **1.** $E = (2x-1)^2 - (3x+5)^2$

$= ((2x)^2 - 2 \times 2x \times 1 + 1^2)$

$- ((3x)^2 + 2 \times 3x \times 5 + 5^2)$

$= (4x^2 - 4x + 1) - (9x^2 + 30x + 25)$

$= 4x^2 - 4x + 1 - 9x^2 - 30x - 25 = \boxed{-5x^2 - 34x - 24}$

2. • Pour $x = -1$:

$E = (2 \times (-1) - 1)^2 - (3 \times (-1) + 5)^2$

$= (-2-1)^2 - (-3+5)^2$

$= (-3)^2 - 2^2 = 9 - 4 = \boxed{5}$

Remarque

Vous pourriez remplacer *x* par (–1) dans l'expression développée.

• Pour $x = \dfrac{1}{3}$:

$$E = \left(2 \times \frac{1}{3} - 1\right)^2 - \left(3 \times \frac{1}{3} + 5\right)^2$$

$$= \left(\frac{2}{3} - 1\right)^2 - (1+5)^2 = \left(\frac{2}{3} - \frac{3}{3}\right)^2 - 6^2$$

$$= \left(-\frac{1}{3}\right)^2 - 36 = \frac{1}{9} - \frac{324}{9} = \boxed{-\frac{323}{9}}$$

3. $E = (2x-1)^2 - (3x+5)^2$

$= \underbrace{(2x-1)^2}_{a^2} - \underbrace{(3x+5)^2}_{b^2}$

$= \underbrace{[(2x-1)+(3x+5)][(2x-1)-(3x+5)]}_{(a+b)(a-b)}$

$= (2x-1+3x+5)(2x-1-3x-5) = \boxed{(5x+4)(-x-6)}$

Méthode
Utilisez l'égalité :
$a^2 - b^2 = (a-b)(a+b)$
avec $a = 2x - 1$ et $b = 3x + 5$.

11 **1.** • Choisir un entier : 3.

• Élever au carré l'entier qui est juste après et l'entier qui est juste avant : $4^2 = 16$ et $2^2 = 4$.

• Calculer la différence de ces deux carrés : $16 - 4 = 12$.

• Retrancher trois fois le nombre de départ : $12 - 3 \times 3 = 3$.

• Écrire le résultat : $\boxed{3}$.

2. • Choisir un entier : 10.

• Élever au carré l'entier qui est juste après et l'entier qui est juste avant : $11^2 = 121$ et $9^2 = 81$.

• Calculer la différence de ces deux carrés : $121 - 81 = 40$.

• Retrancher trois fois le nombre de départ : $40 - 3 \times 10 = 10$.

• Écrire le résultat : $\boxed{10}$.

3. On conjecture que le nombre de départ et le nombre à l'arrivée sont identiques.

Méthode
Choisissez x comme nombre de départ et exprimez en fonction de x les différents résultats.

• Choisir un entier : x.

• Élever au carré l'entier qui est juste après et l'entier qui est juste avant : $(x+1)^2 = x^2 + 2x + 1$ et $(x-1)^2 = x^2 - 2x + 1$.

• Calculer la différence de ces deux carrés :

$(x^2 + 2x + 1) - (x^2 - 2x + 1) = \cancel{x^2} + 2x + \cancel{1} - \cancel{x^2} + 2x - \cancel{1} = 4x$.

• Retrancher trois fois le nombre de départ : $4x - 3 \times x = x$.

• Écrire le résultat : x. **Le résultat final est bien égal au nombre de départ : x.**

12 **1.** • Avec $a = 2$ et $b = 4$, on obtient :

$(a+b)^2 = (2+4)^2 = 6^2 = 36$, donc $A = 36$.

$(a-b)^2 = (2-4)^2 = (-2)^2 = 4$, donc $B = 4$.

$A - B = 36 - 4 = 32.$

$\frac{1}{4} \times 32 = \boxed{8}$

• Avec $a = -5$ et $b = 3$, on obtient :

$(a + b)^2 = (-5 + 3)^2 = (-2)^2 = 4$, donc $A = 4$.

$(a - b)^2 = (-5 - 3)^2 = (-8)^2 = 64$, donc $B = 64$.

$A - B = 4 - 64 = -60.$

$\frac{1}{4} \times (-60) = \boxed{-15}$

2. Pour démontrer cette conjecture, on utilise un calcul littéral.

On note les deux nombres choisis a et b. On obtient :

$(a + b)^2 = a^2 + 2ab + b^2$, donc $A = a^2 + 2ab + b^2$.

$(a - b)^2 = a^2 - 2ab + b^2$, donc $B = a^2 - 2ab + b^2$.

$$\begin{aligned} A - B &= (a^2 + 2ab + b^2) - (a^2 - 2ab + b^2) \\ &= a^2 + 2ab + b^2 - a^2 + 2ab - b^2 \\ &= 4ab \end{aligned}$$

$\frac{1}{4} \times 4ab = ab.$

On vient de prouver que le résultat final est bien le produit des deux nombres de départ.

Pensez-y !

Vérifiez les résultats obtenus dans la première question.
Le produit de a par b dans le premier exemple donne bien 8 et dans le deuxième, –15.

Vers le brevet

13 **1.** $5^2 - 4^2 = 25 - 16 = \boxed{9}$

$9^2 - 8^2 = 81 - 64 = \boxed{17}$

$7^2 - 6^2 = 49 - 36 = \boxed{13}$

2. On choisit deux entiers positifs consécutifs quelconques : n et $n + 1$.
On calcule la différence de leur carré :

$$\begin{aligned} (n+1)^2 - n^2 &= (n^2 + 2n + 1) - n^2 \\ &= n^2 + 2n + 1 - n^2 \\ &= 2n + 1 \end{aligned}$$

$2n + 1$ est bien l'écriture d'un nombre impair.

Pensez-y !

Vérifiez que Juliette a raison en utilisant les trois exemples donnés.

14 **1.** • $AH = AB - HB = 4 - x$.

• L'aire du carré $AHIJ$ est donc $(4 - x)^2$.

• L'aire de la partie bleue est l'aire de $AHIJ$ moins l'aire de $AEFG$, soit :

$\underbrace{(4-x)^2}_{\text{Aire AHIJ}} - \underbrace{2^2}_{\text{Aire AEFG}}$. **C'est donc l'expression M qui donne l'aire de la partie bleue.**

L'astuce du prof
Le résultat trouvé dans la question **1.** est cohérent avec la suite de l'exercice, car $M = Q$.

Méthode
Pour factoriser, reprenez l'expression de départ et non celle développée.

2. $Q = (4 - x)^2 - 4 = 4^2 - 2 \times 4 \times x + x^2 - 4$

$= 16 - 8x + x^2 - 4 = \boxed{x^2 - 8x + 12}$

3. Pour $x = 2$, on obtient $Q = (4 - 2)^2 - 4 = 2^2 - 4 = \boxed{0}$. Lorsque $x = 2$, il n'y a plus de partie bleue sur la figure. Comme Q donne l'aire de la partie bleue, il est normal de trouver $Q = 0$.

15 **1.** $D = (a + 5)^2 - (a - 5)^2 = (a^2 + 2 \times a \times 5 + 5^2) - (a^2 - 2 \times a \times 5 + 5^2)$

$= (a^2 + 10a + 25) - (a^2 - 10a + 25) = \cancel{a^2} + 10a + \cancel{25} - \cancel{a^2} + 10a - \cancel{25}$

$= \boxed{20a}$

2. En posant $a = 10\,000$, on obtient $a + 5 = 10\,005$ et $a - 5 = 9\,995$.

D'où, $D = \underbrace{(10\,000 + 5)^2}_{(a+5)^2} - \underbrace{(10\,000 - 5)^2}_{(a-5)^2} = 10\,005^2 - 9\,995^2$

$= \underbrace{20 \times 10\,000}_{20a} = \boxed{200\,000}$

16 **1. a)** Pour $x = 1$: $B = (1 + 3)^2 - 1(1 + 6) = 4^2 - 1 \times 7 = \boxed{9}$.

b) Pour $x = 3$: $B = (3 + 3)^2 - 3(3 + 6) = 6^2 - 3 \times 9 = \boxed{9}$.

c) Pour $x = 1$: $B = (-4 + 3)^2 - (-4)(-4 + 6) = (-1)^2 + 4 \times 2 = \boxed{9}$.

2. On ne peut pas affirmer que quel que soit le nombre x, $B = 9$, car ce résultat a été simplement testé sur trois exemples. Qu'en est-il de toutes les autres valeurs de x ? Est-ce encore vrai si $x = 5{,}25$ par exemple ?

Seul le calcul littéral permet de calculer B pour toutes les valeurs de x.

3. $B = (x+3)^2 - x(x+6) = (x^2 + 6x + 9) - x^2 - 6x$

$= \cancel{x^2} + \cancel{6x} + 9 - \cancel{x^2} - \cancel{6x}$

$= 9$

Pensez-y !
Vous devez penser à développer B pour obtenir le résultat conjecturé.

On en déduit que **quel que soit le nombre x, B est toujours égal à 9.**

17 Le résultat trouvé par Célian est faux ! En effet, si on choisit a comme nombre entier positif au départ, on obtient successivement :

- $a + 4$.
- $(a + 4)^2 = a^2 + 8a + 16$.
- $a^2 + 8a + 16 - a^2 = 8a + 16$.

On cherche le nombre a choisi par Célian pour avoir comme résultat 13. Pour cela, on résout l'équation $8a + 16 = 13$.

$8a = 13 - 16 = -3$

$a = -\dfrac{3}{8}$.

Autre méthode

$8a + 16$ est un nombre pair. Célian a trouvé un nombre impair, il s'est donc trompé.

Pour obtenir 13 comme résultat final, il faut choisir $a = -\dfrac{3}{8}$. Or le nombre choisi au départ doit être entier. En respectant les consignes, **on ne peut pas trouver 13 comme résultat final.**

Exercice d'approfondissement

18 Le carré de la somme des nombres x et y est $(x + y)^2$. Or ce nombre est égal à 41, donc $(x + y)^2 = 41$. Le carré de la différence des nombres x et y est $(x - y)^2$. Or ce nombre est égal à 9, donc $(x - y)^2 = 9$.

On en déduit le système $\begin{cases}(x+y)^2 = 41\\(x-y)^2 = 9\end{cases}$

En développant, on obtient $\begin{cases}x^2 + 2xy + y^2 = 41\\x^2 - 2xy + y^2 = 9\end{cases}$

En ajoutant membre à membre ces deux équations, on obtient :

$x^2 + 2xy + y^2 + x^2 - 2xy + y^2 = 41 + 9$, soit $2x^2 + 2y^2 = 50$.

En divisant par 2, on a $x^2 + y^2 = 25$. Or, on cherche le nombre z tel que $x^2 + y^2 = z^2$, d'où z est solution de l'équation $z^2 = 25$.

Cette équation a deux solutions : 5 et 5. Mais le nombre z cherché est positif (voir énoncé), donc $\boxed{z = 5}$.

Remarque

Il y a deux nombres dont le carré vaut 25 : $\sqrt{5} = 5$ et $-\sqrt{25} = -5$.

CHAPITRE 5

Équations et problèmes

DE QUOI S'AGIT-IL ?

Les équations se retrouvent dans toutes les branches des mathématiques. Elles sont essentielles dans la résolution de nombreux problèmes. Les techniques de résolution varient selon leur nature.

1 Définition et propriétés

1 Définition

Une **équation à une inconnue** est une égalité dans laquelle se trouve un nombre inconnu. Ce nombre est souvent désigné par la lettre x.

Bien comprendre

Résoudre une équation, c'est trouver toutes les valeurs possibles que peut prendre l'inconnue pour que l'égalité soit vérifiée. Ces valeurs sont les **solutions** de l'équation.

2 Propriétés

- On ne change pas une égalité lorsqu'on ajoute le même nombre à chacun des deux membres.

$$\text{SI } a = b \text{ ALORS } \underbrace{a + c}_{\text{On ajoute } c} = \underbrace{b + c}_{\text{On ajoute } c}$$

$$\text{SI } a = b \text{ ALORS } \underbrace{a - c}_{\text{On retranche } c} = \underbrace{b - c}_{\text{On retranche } c}$$

Remarque
Ces différentes propriétés permettent de résoudre les équations.

- On ne change pas une égalité lorsqu'on multiplie (ou divise) par le même nombre (non nul) chacun des deux membres.

$$\text{SI } a = b \text{ ALORS } \underbrace{a \times c}_{\text{On multiplie par } c} = \underbrace{b \times c}_{\text{On multiplie par } c}$$

$$\text{SI } a = b \text{ ALORS } \underbrace{\frac{a}{c}}_{\text{On divise par } c} = \underbrace{\frac{b}{c}}_{\text{On divise par } c}$$

Remarque
c doit absolument être différent de 0 (la division par 0 n'existe pas).

Exemple

$2x + 3 = 5$

$2x + 3 - 3 = 5 - 3$ On retranche 3 à chacun des deux membres.

$2x = 2$

$\frac{2x}{2} = \frac{2}{2}$ On divise par 2 chaque membre.

$x = 1$ La solution de cette équation est 1.

2 Les différentes équations

1 Les deux équations de base

- L'équation $x + a = b$ a pour solution $x = b - a$.
- L'équation $ax = b$ a pour solution $x = \frac{b}{a}$.

Bien comprendre

Ces deux équations sont des équations du premier degré. Elles permettent notamment de résoudre les équations du type $ax + b = cx + d$.

Exemple

$5x + 3 = 2x - 2$

$5x + 3 - 2x = \cancel{2x} - 2 - \cancel{2x}$ (on retranche $2x$ dans chaque membre)

$3x + 3 = -2$

$3x + \cancel{3} - \cancel{3} = -2 - 3$ (on retranche 3 dans chaque membre)

$3x = -5$

$\frac{3x}{3} = -\frac{5}{3}$ (on divise par 3 dans chaque membre)

$x = \frac{-5}{3}$

Cette équation a une solution : $\frac{-5}{3}$.

2 Équation produit nul

Comme son nom l'indique, l'équation produit nul est une équation dont le premier membre est un produit et le second membre est nul.

$$\underbrace{(ax + b)(cx + d)}_{\text{Produit de 2 facteurs}} = \underbrace{0}_{\text{Nul}}$$

Règle

Un produit de facteurs est nul si et seulement si l'un au moins de ses facteurs est nul.

Exemple : $(3x - 5)(4 - x) = 0$

$3x - 5 = 0$ ou $4 - x = 0$

$x = \frac{5}{3}$ ou $x = 4$.

Cette équation a deux solutions : $\frac{5}{3}$ et 4.

Remarque

On est amené à résoudre deux équations du premier degré pour trouver les solutions de cette équation.

COURS

QCM

1 Des choix à faire

Corrigé p. 93

Cochez la (ou les) réponse(s) correcte(s).

1. 0 est solution de l'équation :

a) ☐ $(3x + 4)(x - 5) = 0$ **b)** ☐ $2x(2x + 1) = 0$ **c)** ☐ $3x = 3$

2. –1 est solution de l'équation :

a) ☐ $4x + 1 = 3(2x + 2)$ **b)** ☐ $x^2 = -1$ **c)** ☐ $(3x + 3)(x - 5) = 0$

3. $5x = 0$ a pour solution :

a) ☐ –5 **b)** ☐ 0 **c)** ☐ 5

4. L'équation $\frac{3}{x} = 1$ a pour solution :

a) ☐ $\frac{1}{3}$ **b)** ☐ 3 **c)** ☐ –3

5. L'équation $\frac{2}{3}x = 0$ a pour solution :

a) ☐ $\frac{3}{2}$ **b)** ☐ $\frac{2}{3}$ **c)** ☐ 0

2 Vrai ou Faux ?

Corrigé p. 94

Cochez la bonne réponse.

1. L'équation $3x + 1 = 2(x + 6)$ a pour solution 11. ☐ V ☐ F

2. L'équation $-x - 4 = 4$ a pour solution 0. ☐ V ☐ F

3. L'équation $\frac{x}{3}(x + 1) = 0$ a deux solutions. ☐ V ☐ F

4. $2(3x + 5) + 6(4x + 3) = 0$ est une équation produit nul. ☐ V ☐ F

5. Si $\frac{x}{3} + 1 = 0$, alors $x = \frac{1}{3}$. ☐ V ☐ F

6. 3 est une solution de l'équation $x^2 - 4x + 3 = 0$. ☐ V ☐ F

Exercices d'entraînement

3 Du calcul mental

3 min Corrigé p. 95

Complétez :

- $5 + x = 0$
  $x = ...$
- $4 - x = 0$
  $x = ...$
- $2x = 0$
  $x = ...$
- $5x = 1$
  $x = ...$
- $-8x = 16$
  $x = ...$
- $2x + 4 = 0$
  $x = ...$
- $3x + 4 = 7$
  $x = ...$
- $5 - 2x = 9$
  $x = ...$
- $4x + 2 = 3x$
  $x = ...$
- $7 - x = x$
  $x = ...$
- $3x + 1 = 2x + 1$
  $x = ...$
- $5 - 4x = 2x + 4$
  $x = ...$

4 Avec des équations du premier degré

20 min Corrigé p. 95

Résolvez les équations suivantes :

- $5x + 2 = 2x + 6$
- $x + 3 = 2x + 1$
- $2(3x + 3) = -2(x - 7)$
- $2x - 3 = -5x + 1$
- $-3(4x + 3) = 2x + 6$
- $\dfrac{3 - 4x}{5} = 2x + 1$

Méthode

1. On reconnaît une équation du premier degré.
2. Si l'équation comporte des produits, on développe.
   Si elle est sous la forme d'une égalité de quotients, on peut effectuer les produits en croix.
3. On regroupe les « termes en *x* » dans le membre de gauche et les termes sans *x* dans le membre de droite.
4. Quand l'équation est sous la forme $ax = b$, on divise les deux membres par a pour obtenir la solution.
5. On écrit la solution de l'équation à l'aide d'une phrase.

5 Il faut la reconnaître avant de la résoudre

20 min Corrigé p. 96

Pour chacune des équations suivantes, indiquez quel est son type (n° 1 : premier degré, n° 2 : équation produit nul), puis résolvez-la.

- $(2x + 3)(x - 5) = 0$
- $3x + 2(x + 1) = 0$
- $2x = 0$
- $(2x - 9)(4 - 5x) = 0$
- $-2(3 - 2x) - (2x + 6) = 0$
- $3(1 - 4x) = 6$

6 Une aide précieuse pour résoudre une équation

5 min Corrigé p. 97

Les deux questions suivantes sont liées.

1. Développez $(3x - 5)(x + 3)$.

2. Résolvez l'équation $3x^2 + 4x - 15 = 0$.

7 Une histoire de baguettes

15 min Corrigé p. 98

Un boulanger vend les deux tiers de ses baguettes le matin. L'après-midi, il en vend encore 90. Le soir, il lui reste 20 baguettes.

Combien avait-il cuit de baguettes pour la journée ?

Méthode

1. On choisit une inconnue. Il s'agit souvent du nombre cherché.

2. On met le problème en équation. On traduit mathématiquement de deux façons différentes une même quantité. Cela permet d'obtenir une égalité.

3. On résout l'équation.

4. On termine en écrivant une phrase de conclusion.

8 L'équipe de France de rugby

10 min Corrigé p. 98

Au rugby, un essai transformé permet d'augmenter le score de l'équipe de 7 points, un essai non transformé augmente le score de 5 points et une pénalité augmente le score de 3 points.

Si, par exemple, au cours d'un match, l'équipe de France marque 4 essais transformés, 2 essais non transformés et 3 pénalités, le nombre de points marqués par la France est : $4 \times 7 + 2 \times 5 + 3 \times 3 = 47$.

Lors d'un match, l'équipe de France a marqué 6 essais et 3 pénalités. Le résultat final est de 49 à 20 pour l'équipe de France.

On note x le nombre d'essais transformés.

1. Exprimez en fonction de x le nombre d'essais non transformés par l'équipe de France.

2. En résolvant une équation, déterminez le nombre d'essais transformés et le nombre d'essais non transformés de l'équipe de France au cours de ce match.

Problèmes

9 Recherche d'un nombre

15 min Corrigé p. 99

Voici un programme de calcul.

- Choisir un nombre.
- Ajouter 1, puis élever la somme au carré.
- Ajouter 4 fois le nombre de départ.
- Écrire le résultat.

Déterminez le nombre que l'on doit choisir pour obtenir le carré de ce nombre comme résultat.

10 Une équation bien compliquée…

15 min Corrigé p. 99

On considère l'équation (E) : $\dfrac{105-6x}{3}=x^2$.

1. a) Calculez $\dfrac{105-6\times(-7)}{3}$ puis $(-7)^2$.

b) Que peut-on en déduire pour l'équation (E) ?

2. a) Développez $(3x-15)(x+7)$.

b) Expliquez pourquoi résoudre l'équation $\dfrac{105-6x}{3}=x^2$ revient à résoudre l'équation $(3x-15)(x+7)=0$.

3. Déterminez les solutions de (E).

11 Autour d'une autre équation

20 min Corrigé p. 100

On considère l'équation (E) : $\dfrac{2x^2-3}{5}=x$

1. Calculez $\dfrac{2\times 3^2-3}{5}$. Que peut-on en déduire pour l'équation (E) ?

2. a) Développez $(x-3)(2x+1)$.

b) Expliquez pourquoi résoudre l'équation $\dfrac{2x^2-3}{5}=x$ revient à résoudre l'équation $(x-3)(2x+1)=0$.

3. Déterminez les solutions de (E).

Vers le brevet

12 On construit et on cherche

15 min Corrigé p. 101

$[AB]$ est un segment de longueur 10 et M est un point de $[AB]$.

Du même côté du segment $[AB]$, on trace le triangle équilatéral MBH et le rectangle $AMFD$ de telle façon que $AD = 2 \times AM$.

On pose $AM = x$.

1. Dans cette question, $x = 2$.

a) Réalisez une figure.

b) Déterminez le périmètre du triangle MHB et le périmètre du rectangle $AMFD$.

2. Déterminez la valeur exacte de x pour que le périmètre du triangle MBH soit égal à celui du rectangle $AMFD$.

13 Un soupçon de géométrie

★★ 15 min Corrigé p. 102

$ABCD$ est un carré de côté 6 cm. E est un point du segment $[AB]$; on pose $EB = x$.

1. Exprimez en fonction de x la longueur AE puis l'aire du triangle ADE.

2. Déterminez x pour que l'aire du carré $ABCD$ soit le triple de l'aire du triangle ADE.

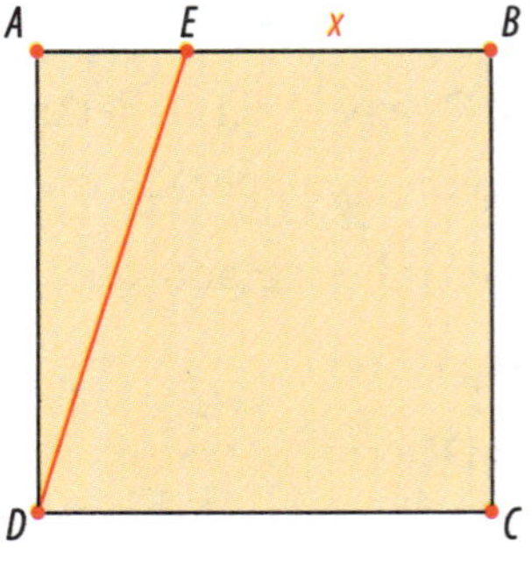

Exercice d'approfondissement

14 Comment les retrouver ?

★★ 15 min Corrigé p. 102

Recherchez trois entiers consécutifs positifs dont la somme des carrés vaut 302.

CORRIGÉS

QCM

1 **1.** On remplace x par 0 dans le premier membre de l'équation (et on regarde si on obtient le second membre).

- $(3x + 4)(x - 5) = (3 \times 0 + 4)(0 - 5) = 4 \times (-5) = -20 \neq 0$.

0 n'est pas solution de $(3x + 4)(x - 5) = 0$.

- $2x(2x + 1) = 2 \times 0(2 \times 0 + 1) = 0 \times 1 = 0$.

0 est solution de $2x(2x + 1) = 0$.

- $3x = 3 \times 0 = 0 \neq 3$.

0 n'est pas solution de $3x = 3$.

L'astuce du prof
Il est inutile de résoudre les équations proposées pour savoir si 0 est solution.

Réponse : **b)** $2x(x + 1) = 0$.

2. Pour $x = -1$,

- $4x + 1 = 4 \times (-1) + 1 = -4 + 1 = -3$

et $3(2x + 2) = 3(2 \times (-1) + 2) = 3 \times (-2 + 2) = 3 \times 0 = 0$.

On ne trouve pas le même résultat ($-3 \neq 0$), donc -1 n'est pas solution de $4x + 1 = 3(2x + 2)$.

- $x^2 = (-1)^2 = 1 \neq -1$

-1 n'est pas solution de $x^2 = -1$.

Rappel
N'oubliez pas les parenthèses autour de (–1), car c'est (–1) qui doit être au carré.

- $(3x + 3)(x - 5) = (3 \times (-1) + 3)((-1) - 5) = (-3 + 3)(-6) = 0$.

-1 est solution de l'équation $(3x + 3)(x - 5) = 0$.

Réponse : **c)** $(3x + 3)(x - 5) = 0$.

3. $5x = 0$

En divisant par 5 chacun des deux membres, on obtient :

$$\frac{5x}{5} = \frac{0}{5}$$

$x = 0$

La solution est 0.

Réponse : **b)** 0.

4. L'équation $\frac{3}{x} = 1$ s'écrit $\frac{3}{x} = \frac{1}{1}$ et par produit en croix, on obtient $x = 3$.

Réponse : **b)** 3.

5. L'équation $\frac{2}{3}x = 0$ a pour solution $x = 0 \div \frac{2}{3} = 0$.

Réponse : **c)** 0.

L'astuce du prof
On cherche le nombre qui, multiplié par $\frac{2}{3}$, donne 0. C'est 0 !

2 **1. Vrai** ➜ On remplace x par 11 dans chacun des membres de l'équation.

- $3x + 1 = 3 \times 11 + 1 = 34$
- $2(x + 6) = 2(11 + 6) = 2 \times 17 = 34$

11 est bien solution de l'équation.

Remarque
Vous pouvez aussi résoudre cette équation.

2. Faux ➜ En remplaçant x par 0 dans le premier membre, on obtient $-0 - 4 = -4 \neq 4$. Donc 0 n'est pas solution de l'équation.

3. Vrai ➜ $\frac{x}{3}(x + 1) = 0$ est une équation produit nul.

Un produit de deux facteurs est nul si et seulement si un des deux facteurs est nul :

$\frac{x}{3} = 0$ ou $x + 1 = 0$

$x = 0$ ou $x = -1$

L'équation a donc bien deux solutions : 0 et –1.

Rappel
Une équation produit nul est une équation du type $A \times B = 0$.

4. Faux ➜ $2(3x + 5) + 6(4x + 3)$ n'est pas un produit mais la somme de deux termes : $2(3x + 5)$ et $6(4x + 3)$. Il ne s'agit donc pas d'une équation produit nul.

5. Faux ➜ Quand $x = \frac{1}{3}$:

$$\frac{x}{3} + 1 = \frac{\frac{1}{3}}{3} + 1 = \frac{1}{3} \div 3 + 1 = \frac{1}{3} \times \frac{1}{3} + 1 = \frac{1}{9} + 1$$

$$= \frac{1}{9} + \frac{9}{9} = \frac{10}{9} \neq 0$$

Remarque
La solution de cette équation est –3.

6. Vrai ➜ Pour $x = 3$, $x^2 - 4x + 3 = 3^2 - 4 \times 3 + 3 = 9 - 12 + 3 = 0$.

On en déduit que 3 est solution de l'équation.

CORRIGÉS

Exercices d'entraînement

3

- $5 + x = 0$

  $x = -5$

- $-8x = 16$

  $x = -2$

- $4x + 2 = 3x$

  $x = -2$

- $4 - x = 0$

  $x = 4$

- $2x + 4 = 0$

  $x = -2$

- $7 - x = x$

  $x = \frac{7}{2}$

- $2x = 0$

  $x = 0$

- $3x + 4 = 7$

  $x = 1$

- $3x + 1 = 2x + 1$

  $x = 0$

- $5x = 1$

  $x = \frac{1}{5}$

- $5 - 2x = 9$

  $x = -2$

- $5 - 4x = 2x + 4$

  $x = \frac{1}{6}$

4

- $5x + 2 = 2x + 6$

$5x - 2x = 6 - 2$

$3x = 4$

$x = \frac{4}{3}$

La solution de l'équation est $\frac{4}{3}$.

- $-3(4x + 3) = 2x + 6$

$-3 \times 4x - 3 \times 3 = 2x + 6$

$-12x - 9 = 2x + 6$

$-12x - 2x = 6 + 9$

$-14x = 15$

$x = -\frac{15}{14}$

La solution de l'équation est $-\frac{15}{14}$.

- $2(3x + 3) = -2(x - 7)$

$2 \times 3x + 2 \times 3 = -2 \times x + 2 \times 7$

$6x + 6 = -2x + 14$

$6x + 2x = 14 - 6$

$8x = 8$

$x = \frac{8}{8} = 1$

La solution de l'équation est 1.

Rappel

On se ramène toujours à une équation du type $ax = b$.

- $x + 3 = 2x + 1$

$x - 2x = 1 - 3$

$-x = -2$

$x = 2$

La solution de l'équation est 2.

$2x - 3 = -5x + 1$

$2x + 5x = 1 + 3$

$7x = 4$

$x = \frac{4}{7}$

La solution de l'équation est $\frac{4}{7}$.

$\frac{3 - 4x}{5} = 2x + 1$

$3 - 4x = 10x + 5$

$-4x - 10x = 5 - 3$

$-14x = 2$

$x = \frac{2}{-14}$

$x = -\frac{1}{7}$

La solution de l'équation est $-\frac{1}{7}$.

Conseil

Pour les équations du type $\frac{A}{B} = \frac{C}{D}$, vous pouvez effectuer des produits en croix.

5

À savoir

Avant de résoudre une équation, il est important de savoir quelle est sa forme. En fonction de cela, on peut adopter la bonne méthode de résolution. Il y a trois types d'équation à reconnaître : équation du premier degré, équation produit nul et équation du type « $x^2 = a$ ».

• $\underbrace{(2x + 3)(x - 5)}_{\text{Produit}} = \underbrace{0}_{\text{Nul}}$

est une équation de type n° 2 : produit nul.

$2x + 3 = 0$ ou $x - 5 = 0$

$2x + 3 = 0$ ou $x = 5$

$x = \frac{-3}{2}$ ou $x = 5$

L'équation a deux solutions : $-\frac{3}{2}$ et 5.

Méthode

Un produit de deux facteurs est nul si et seulement si l'un au moins des deux facteurs est nul.

Méthode

Isolez le carré en écrivant l'équation sous la forme $x^2 = a$.

• $2x = 0$ est une équation de type 1 : premier degré.

$2x = 0$

$\frac{2x}{2} = \frac{0}{2}$

$x = 0$

L'équation a une solution : 0.

• $-2(3 - 2x) - (2x + 6) = 0$ est une équation de type n° 1 : premier degré.

$$-2(3 - 2x) - (2x + 6) = 0$$
$$-6 + 4x - 2x - 6 = 0$$
$$2x - 12 = 0$$
$$2x = 12$$
$$x = \frac{12}{2}$$
$$\boxed{x = 6}$$

La solution de l'équation est 6.

Méthode

Développez les produits et ramenez-vous à une équation du type $ax = b$.

• $3x + 2(x + 1) = 0$ est une équation de type n° 1 : premier degré.

$$3x + 2(x + 1) = 0$$
$$3x + 2x + 2 = 0$$
$$5x + 2 = 0$$
$$5x = -2$$
$$\boxed{x = \frac{-2}{5}}$$

La solution de l'équation est $\frac{-2}{5}$.

• $(2x - 9)(4 - 5x) = 0$ est une équation du type n° 2 : équation produit nul.

$2x - 9 = 0$ ou $4 - 5x = 0$

$2x = 0$ ou $-5x = -4$

$x = \frac{9}{2}$ ou $x = \frac{-4}{-5}$

$\boxed{x = \frac{9}{2}}$ ou $\boxed{x = \frac{4}{5}}$

Les solutions de l'équation sont $\frac{4}{5}$ et $\frac{9}{2}$.

• $3(1 - 4x) = 6$ est une équation du type n° 1 : premier degré.

$$3(1 - 4x) = 6$$
$$3 - 12x = 6$$
$$-12x = 6 - 3$$
$$-12x = 3$$
$$x = \frac{3}{-12} = \boxed{-\frac{1}{4}}$$

La solution de l'équation est $-\frac{1}{4}$.

6 **1.** $(3x - 5)(x + 3) = 3x \times x + 3x \times 3 - 5 \times x - 5 \times 3$

$= 3x^2 + 9x - 5x - 15$

$= \boxed{3x^2 + 4x - 15}$ (forme développée)

L'astuce du prof

Les questions étant dépendantes, il faut absolument trouver le lien entre elles.

2. On remarque que le développement précédent correspond au premier membre de l'équation.

On en déduit que résoudre l'équation $3x^2 + 4x - 15 = 0$ revient à résoudre l'équation $(3x - 5)(x + 3) = 0$.

$3x - 5 = 0$ ou $x + 3 = 0$

$3x = 5$ ou $x = -3$

$x = \frac{5}{3}$ ou $x = -3$

Les solutions de l'équation sont $\frac{5}{3}$ et -3.

Remarque
La première question permet de transformer l'équation en une équation produit nul.

Remarque
L'équation $3x^2 + 4x - 15 = 0$ est une équation que l'on ne peut pas résoudre directement.

7 **1. Choix de l'inconnue**

Soit x le nombre de baguettes fabriquées.

2. Mise en équation

Le boulanger vend les $\frac{2}{3}$ de ses baguettes le matin, soit $\frac{2}{3}x$: il lui en reste

$x - \frac{2}{3}x = \frac{3}{3}x - \frac{2}{3}x = \frac{1}{3}x$.

L'après-midi, il en vend 90. Il lui en reste $\frac{1}{3}x - 90$.

Or, il lui reste 20 baguettes le soir. On en déduit l'équation :

$$\frac{1}{3}x - 90 = 20$$

3. Résolution de l'équation

$\frac{1}{3}x - 90 = 20$

$\frac{1}{3}x = 20 + 90$

$\frac{1}{3}x = 110$

$x = 110 \times 3$

$x = 330$

Méthode
Il s'agit d'une équation du premier degré, on se ramène à une équation du type $ax = b$.

4. Conclusion

Le boulanger avait fabriqué 330 baguettes pour la journée.

8 **1.** Si x est le nombre d'essais transformés, alors **$(6 - x)$ est le nombre d'essais non transformés.**

2. La France a marqué 49 points.

Par conséquent, $\underbrace{7\times x}_{\text{Nombre de points avec essais transformés}} + \underbrace{5(6-x)}_{\text{Nombre de points avec essais non transformés}} + \underbrace{3\times 3}_{\text{Nombre de points de pénalités}} = 49$

$7x + 5(6 - x) + 3 \times 3 = 49$

$7x + 30 - 5x + 9 = 49$

$2x + 39 = 49$

$2x = 49 - 39$

$x = \dfrac{10}{2}$

$x = 5$

La France a marqué 5 essais transformés et 1 essai non transformé.

Problèmes

9 • Choisir un nombre : soit x ce nombre.

• Ajouter 1, puis élever la somme au carré : $(x + 1)^2$.

• Ajouter 4 fois le nombre de départ : $(x + 1)^2 + 4x$.

• Écrire le résultat : $(x + 1)^2 + 4x$.

Le résultat en fonction de x est $(x + 1)^2 + 4x$.

Le résultat doit être le carré du nombre initial, soit x^2.

On obtient donc l'équation :

$(x + 1)^2 + 4x = x^2$

$(x + 1)^2 + 4x = x^2$

$x^2 + 2x + 1 + 4x = x^2$

$x^2 - x^2 + 6x = -1$

$x = \dfrac{-1}{6}$

Conseil
Développez pour résoudre l'équation.

Le nombre que l'on doit choisir pour obtenir son carré comme résultat est $\dfrac{-1}{6}$.

10 **1. a)** $\dfrac{105-6\times(-7)}{3} = \dfrac{105+42}{3} = \dfrac{147}{3} = \boxed{49}$ et $(-7)^2 = \boxed{49}$.

b) On en déduit que –7 est solution de l'équation.

2. a) $(3x - 15)(x + 7) = 3x^2 + 21x - 15x - 105 = \boxed{3x^2 + 6x - 105}$.

b) En mutipliant par 3, on obtient $105 - 6x = 3 \times x^2$ soit $3x^2 + 6x - 105 = 0$, ce qui revient, en utilisant le résultat précédent, à : $(3x - 15)(x + 7) = 0$.

3. Il s'agit d'une équation produit nul. Un produit de deux facteurs est nul si et seulement si l'un au moins des facteurs est nul :

$$3x - 15 = 0 \quad \text{ou} \quad x + 7 = 0$$
$$3x = 15 \quad \text{ou} \quad x = -7$$
$$\boxed{x = 5} \quad \text{ou} \quad \boxed{x = -7}$$

Cette équation a deux solutions : 5 et –7.

11 **1.** $\dfrac{2 \times 3^2 - 3}{5} = \dfrac{2 \times 9 - 3}{5} = \dfrac{15}{5} = 3$

Pour $x = 3$, l'égalité est vérifiée, on en déduit que 3 est solution de l'équation (E).

Rappel
Une solution d'une équation est un nombre qui vérifie l'égalité.

2. a) $(x - 3)(2x + 1) = x \times 2x + x \times 1 - 3 \times 2x - 3 \times 1$
$= 2x^2 + x - 6x - 3$
$= \boxed{2x^2 - 5x - 3}$ (forme développée)

b) Par produit en croix, l'équation $\dfrac{2x^2 - 3}{5} = x$ s'écrit $2x^2 - 3 = 5 \times x$, soit $2x^2 - 5x - 3 = 0$.
On retrouve le développement précédent. On en déduit que résoudre $\dfrac{2x^2 - 3}{5} = x$ revient à résoudre $(x - 3)(2x + 1) = 0$.

L'astuce du prof
Quand il y a des quotients, pensez aux produits en croix.

3. Il s'agit d'une équation produit nul :

$$x - 3 = 0 \quad \text{ou} \quad 2x + 1 = 0$$
$$x = 3 \quad \text{ou} \quad 2x = -1$$
$$\boxed{x = 3} \quad \text{ou} \quad \boxed{x = \frac{-1}{2}}$$

Les solutions de l'équation (E) sont 3 et $\dfrac{-1}{2}$.

Vers le brevet

12 **1. a)**

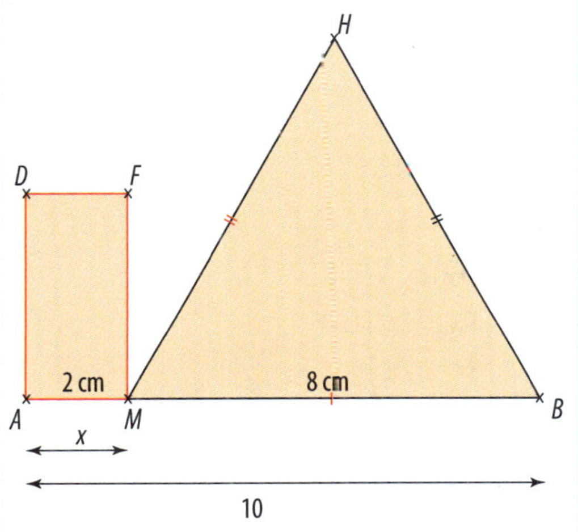

> **Remarque**
> N'oubliez pas que le rectangle et le triangle doivent se situer du même côté du segment [AB].

b) Lorsque $x = 2$, le périmètre du rectangle $AMFD$ est :

$2 \times AM + 2 \times AD = 2 \times 2 + 2 \times 4 =$ **12 cm**.

Celui du triangle MBH est : $3 \times MB = 3 \times (10 - 2) = 3 \times 8 =$ **24 cm**.

2. On cherche x de façon que le rectangle et le triangle aient le même périmètre.

- Le périmètre du rectangle $AMFD$ est :

$$2 \times AM + 2 \times AD = 2 \times x + 2 \times 2x = 6x$$

- Le périmètre du triangle MBH est :

$$3 \times MB = 3 \times (10 - x)$$

> **Remarque**
> $AB = 10$, donc $MB = 10 - x$.

Le nombre x cherché est donc solution de l'équation :

$$6x = 3 \times (10 - x)$$

$$6x = 30 - 3x$$

$$6x + 3x = 30$$

$$9x = 30$$

$$\boxed{x = \frac{30}{9}}$$

La valeur exacte de x pour que le rectangle et le triangle aient le même périmètre est $\frac{30}{9}$.

13 **1.** • D'après la figure, $AE = AB - EB = \boxed{6 - x}$.

• L'aire du triangle ADE est $\dfrac{AE \times AD}{2} = \dfrac{(6 - x) \times 6}{2} = \boxed{3(6 - x)}$.

2. L'aire du carré $ABCD$ est $6^2 = 36$ cm^2.

On cherche x tel que $\underbrace{3 \times 3(6 - x)}_{\text{Triple de l'aire de ADE}} = \underbrace{36}_{\text{Aire du carré}}$

$$9(6 - x) = 36$$
$$54 - 9x = 36$$
$$-9x = 36 - 54$$
$$x = \frac{-18}{-9} = \boxed{2}$$

Pour que l'aire du carré $ABCD$ soit le triple de l'aire de ADE, il faut que $x = 2$.

Exercice d'approfondissement

14 Soit $n - 1$, n et $n + 1$ trois entiers consécutifs.
On cherche n tel que :

$$(n - 1)^2 + n^2 + (n + 1)^2 = 302$$
$$(n^2 - 2 \times n \times 1 + 1^2) + n^2 + (n^2 + 2 \times n \times 1 + 1^2) = 302$$
$$(n^2 - 2n + 1) + n^2 + (n^2 + 2n + 1) = 302$$
$$n^2 - 2n + 1 + n^2 + n^2 + 2n + 1 = 302$$
$$3n^2 + 2 = 302$$
$$3n^2 = 300$$
$$n^2 = 100$$
$$n = \sqrt{100} \text{ car } n \text{ est un entier positif}$$
$$\boxed{n = 10}$$

Les entiers positifs cherchés sont 9, 10 et 11.

L'astuce du prof
Notez les nombres $n - 1$, n et $n + 1$ plutôt que n, $n + 1$ et $n + 2$.

Méthode
En développant, l'équation devient une équation dans laquelle on isole le carré.

CHAPITRE 6

Inéquations et problèmes

DE QUOI S'AGIT-IL ?

Comme les équations, les inéquations constituent un outil permettant la résolution de problèmes. Elles apparaissent également lors de comparaisons de nombres ou d'expressions littérales.

COURS

1 Ordre et opérations

① Ordre et addition

On ne change pas une inégalité lorsqu'on ajoute (ou retranche) le même nombre à chacun des deux membres.

SI $a < b$ **ALORS** $\underbrace{a+c}_{\text{On ajoute } c} < \underbrace{b+c}_{\text{On ajoute } c}$

Remarque
Les nombres a et b sont rangés dans le même ordre que les nombres $a + c$ et $b + c$.

Exemple

Si $a < 2$ alors $a + 5 < 2 + 5$ soit $a + 5 < 7$.

② Ordre et multiplication

Lorsqu'on multiplie (ou divise) par le même nombre (non nul) chacun des deux membres d'une inégalité, on conserve l'ordre lorsque le nombre est positif et on change l'ordre lorsque le nombre est négatif.

- Avec $c > 0$,

SI $a < b$ **ALORS** $\underbrace{a \times c}_{\text{On multiplie par } c} < \underbrace{b \times c}_{\text{On multiplie par } c}$

Remarque
Les nombres a et b sont rangés dans le même ordre que les nombres ac et bc.

- Avec $c < 0$,

SI $a <$ b **ALORS** $\underbrace{a \times c}_{\text{On multiplie par } c} > \underbrace{b \times c}_{\text{On multiplie par } c}$

Remarque
Les nombres a et b sont rangés dans l'ordre inverse des nombres ac et bc.

→ Bien comprendre

- Quand on ajoute ou soustrait un même nombre, on conserve le sens de l'inégalité.
- Quand on multiplie ou divise par un nombre strictement positif, on conserve le sens de l'inégalité.
- Quand on multiplie ou divise par un nombre strictement négatif, on change le sens de l'inégalité.

Exemple

- Si $a < 4$ alors $a \times 3 < 4 \times 3$ soit $3a < 12$.
- Si $a < 4$ alors $a\,(-3) > 4\,(-3)$ soit $-3a > -12$.

2 Inéquation du premier degré

1 Définition

Une **inéquation à une inconnue** est une inégalité dans laquelle se trouve un nombre inconnu. Ce nombre est souvent désigné par la lettre x.

Bien comprendre

Résoudre une inéquation, c'est trouver toutes les valeurs possibles que peut prendre l'inconnue pour que l'inégalité soit vérifiée. Ces valeurs sont les solutions de l'inéquation.

2 Exemples d'inéquations

- $3x - 2 < 1$

$3x - 2 + 2 < 1 + 2$ On ajoute 2 à chacun des deux membres.

$3x < 3$

$\frac{3x}{3} < \frac{3}{3}$ On divise par $3 > 0$ (positif) chaque membre. On ne change donc pas l'ordre.

$x < 1$ Les solutions de cette inéquation sont tous les nombres strictement inférieurs à 1.

On représente les solutions sur une droite graduée de la façon suivante.

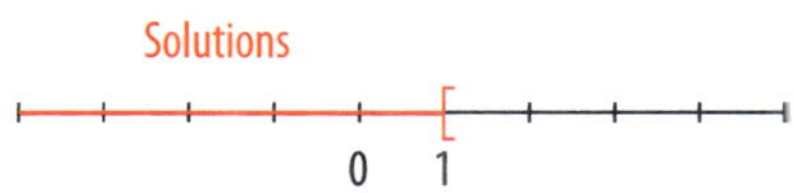

- $4 - 2x \geqslant 3$

$4 - 2x - 4 \geqslant 3 - 4$ On retranche 4 à chacun des deux membres.

$-2x \geqslant -1$

$\frac{-2x}{-2} \leqslant \frac{-1}{-2}$ On divise par $-2 < 0$ (négatif) chaque membre. On change donc l'ordre.

$x \leqslant \frac{1}{2}$ Les solutions de cette inéquation sont tous les nombres inférieurs ou égaux à $\frac{1}{2}$.

On représente les solutions sur une droite graduée de la façon suivante.

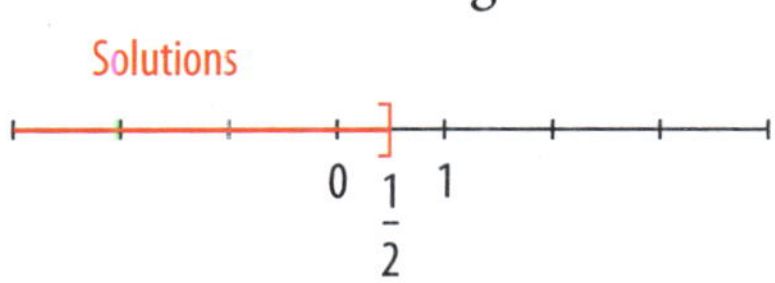

QCM

1 Des choix à faire

➔ Corrigé p. 110

Cochez la (ou les) réponse(s) correcte(s).

1. 0 est solution de l'inéquation :

a) ☐ $3x + 4 < x - 5$ **b)** ☐ $2x(2x + 1) > 1$ **c)** ☐ $3x(1 - x) > -1$

2. -1 est solution de l'inéquation :

a) ☐ $4x + 1 > 3(2x + 2)$ **b)** ☐ $x^2 < -2$ **c)** ☐ $(3x + 3)(x - 5) \leqslant 0$

3. Si $\frac{a}{2} < \frac{b}{2}$, alors :

a) ☐ $a > b$ **b)** ☐ $4a > 4b$ **c)** ☐ $-a > -b$

4. Si $x > 3$, alors :

a) ☐ $x > 4$ **b)** ☐ $x > 0$ **c)** ☐ $x < -3$

5. $-4x > 0$ a pour solutions :

a) ☐

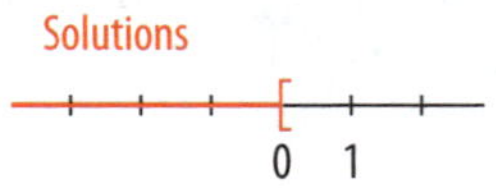

b) ☐

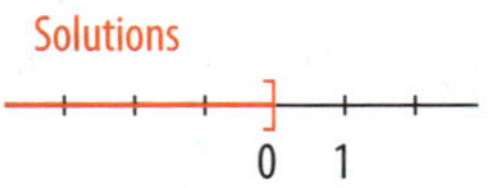

c) ☐

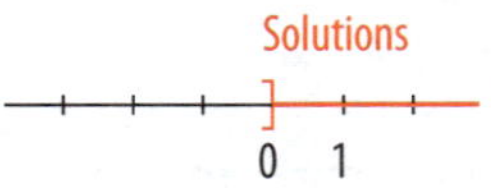

2 Vrai ou Faux ?

➔ Corrigé p. 111

Cochez la bonne réponse.

1. Dans une inégalité, on peut diviser par 100 les deux membres sans changer le sens de l'inégalité. ☐ V ☐ F

2. Dans une inégalité, quand on retranche 100 aux deux membres, on change le sens de l'inégalité. ☐ V ☐ F

3. Si $-x < 0$, alors $x > 0$. ☐ V ☐ F

4. 0 est solution de l'inéquation $x^2 - 1 < -2$. ☐ V ☐ F

5. Quel que soit le nombre x, on a $x^2 + 1 > 0$. ☐ V ☐ F

6. L'inéquation $x^2 < 0$ n'a pas de solution. ☐ V ☐ F

7. Tous les nombres positifs sont solutions de l'inéquation $x + 1 \geqslant 0$. ☐ V ☐ F

Exercices d'entraînement

3 Il faut savoir les résoudre !

20 min ➔ Corrigé p. 112

Résolvez les inéquations suivantes et représentez les solutions sur une droite graduée.

- $2x + 2 \geqslant 4x + 6$
- $2(3x + 3) > 5(2x + 3)$
- $3(2x - 6) < 2x + 6$
- $\dfrac{x+3}{3} \geqslant 2$
- $\dfrac{2x-3}{3} \leqslant -5$
- $\dfrac{3-4x}{5} > 1$

Méthode

1. On reconnaît une inéquation du premier degré.
2. Si l'inéquation comporte un quotient, on multiplie les deux membres par un même nombre qui permet d'écrire l'inéquation sans dénominateur.
3. On regroupe les « termes en *x* » dans le membre de gauche et les termes sans *x* dans le membre de droite.
4. Quand l'inéquation est sous la forme $ax < b$ (ou $ax > b$), on divise les deux membres par a pour obtenir la solution.
5. On écrit les solutions de l'inéquation à l'aide d'une phrase.
6. On représente les solutions sur une droite graduée.

4 On encadre

10 min ➔ Corrigé p. 113

À partir de l'encadrement de $\sqrt{2}$, $1{,}4 < \sqrt{2} < 1{,}5$ encadrez :

- $\sqrt{2} - 5$
- $\dfrac{\sqrt{2}}{4}$
- $-2\sqrt{2} + 6$

5 Autour d'une inéquation

10 min ➔ Corrigé p. 114

On considère l'inéquation :

$$x^2 + 3x \geqslant (x - 1)(x + 2)$$

1. Justifiez que 0 est solution de cette inéquation.

2. $-\dfrac{1}{2}$ est-il solution de cette inéquation ?

3. Après avoir développé le second membre, résolvez l'inéquation.

Problèmes

6 Le problème électrique

★ 15 min ➔ Corrigé p. 115

Sur une facture d'électricité, l'abonnement est de 5,27 € par mois. Le prix du kilowattheure consommé est de 0,079 3 €. Thierry ne veut pas dépasser 74 € de facture pour trois mois. Quelle peut être sa consommation ?

➔ Méthode

1. On choisit une inconnue. Il s'agit souvent du nombre cherché.

2. On met le problème en inéquation. Elle doit traduire en langage mathématique les phrases de l'énoncé.

3. On résout l'inéquation.

4. On conclut par une phrase.

7 Dans les aires

★ 15 min ➔ Corrigé p. 115

Existe-t-il des valeurs de x telles que l'aire du triangle EFG soit plus grande que celle du rectangle $ABCD$? Si oui, quelles sont-elles ?

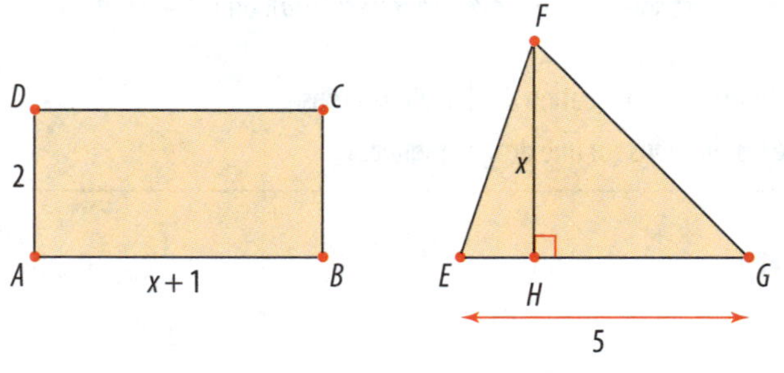

Vers le brevet

8 Vive l'été !

15 min ➔ Corrigé p. 116

1. a) 60 est-il solution de l'inéquation $2{,}5x - 75 > 76$?

b) Résolvez l'inéquation et représentez les solutions sur un axe.

Faites apparaître clairement les solutions.

2. Pendant la période estivale, un marchand de glaces a remarqué qu'il dépensait 75 € par semaine pour faire, en moyenne, 150 glaces.

Sachant qu'une glace est vendue 2,50 €, combien doit-il vendre de glaces, au minimum, dans la semaine pour avoir un bénéfice supérieur à 76 € ?
On expliquera la démarche.

9 Ça vaut le coup de bosser…

★ 15 min ➔ Corrigé p. 117

Un examen comporte les deux épreuves suivantes :
- une épreuve orale (coefficient 4) ;
- une épreuve écrite (coefficient 6).

Chacune des épreuves est notée de 0 à 20.

Un candidat, pour être reçu à l'examen, doit obtenir au minimum 10 de moyenne. Le calcul de la moyenne m est donné par la formule suivante.
$m = \dfrac{4x + 6y}{10}$ où x est la note obtenue à l'oral et y la note obtenue à l'écrit.

1. Caroline qui a obtenu 13 à l'oral et 7 à l'écrit sera-t-elle reçue à l'examen ? Justifiez.

2. Étienne a obtenu 7 à l'oral.

a) Quelle note doit avoir Étienne à l'écrit pour obtenir exactement 10 de moyenne ? Justifiez.

b) Les parents d'Étienne lui ont promis un ordinateur s'il obtenait à son examen une moyenne supérieure ou égale à 13.

Quelle note minimale doit-il obtenir à l'écrit pour avoir son ordinateur ?

Exercices d'approfondissement

10 On recherche des nombres

★★ 10 min ➔ Corrigé p. 118

La somme de cinq entiers consécutifs est supérieure strictement à 100. Le plus grand d'entre eux est inférieur ou égal à 25.

Déterminez les valeurs possibles du plus petit des cinq nombres.

11 Des comparaisons délicates

★★ 15 min ➔ Corrigé p. 118

On sait que :
- deux nombres positifs sont rangés dans le même ordre que leurs carrés ;
- deux nombres négatifs sont rangés dans l'ordre inverse de leurs carrés.

On considère $f(x) = -3x^2 + 3$.

Comparez $f(a)$ et $f(b)$ dans les deux cas suivants.

1. $0 \leqslant a < b$. **2.** $a < b \leqslant 0$.

QCM

1 **1.** • Dans la première inéquation, pour $x = 0$, on a :

$3x + 4 = 3 \times 0 + 4 = 4$.

$x - 5 = 0 - 5 = -5$.

Or $4 > -5$ donc 0 n'est pas solution de $3x + 4 < x - 5$.

• Dans la deuxième inéquation, pour $x = 0$, on a :

$2x(2x + 1) = 2 \times 0\ (2 \times 0 + 1) = 0$.

Or $0 < 1$ donc 0 n'est pas solution de $2x(2x + 1) > 1$.

• Dans la troisième inéquation, pour $x = 0$, on a :

$3x(1 - x) = 3 \times 0(1 - 0) = 0$ et $0 > -1$.

Donc 0 est solution de l'inéquation $3x\ (1 - x) > -1$.

Réponse : **c)** $3x(1 - x) > -1$.

> **L'astuce du prof**
> Il est inutile de résoudre les inéquations proposées pour savoir si 0 est solution.

> **Méthode**
> Pour vérifier si un nombre est solution d'une inéquation, remplacez x par ce nombre dans chacun des deux membres et regardez si l'inégalité est vérifiée.

2. • Dans la première inéquation, pour $x = -1$, on a :

$4x + 1 = 4 \times (-1) + 1 = -4 + 1 = -3$.

$3(2x + 2) = 3(2 \times (-1) + 2) = 3 \times 0 = 0$.

Or $-3 < 0$, donc -1 n'est pas solution de l'inéquation.

• Dans la deuxième inéquation, pour $x = -1$, on a :

$x^2 = (-1)^2 = 1 > -2$. Donc -1 n'est pas solution de l'inéquation $x^2 < -2$.

• Dans la troisième inéquation, pour $x = -1$, on a :

$(3x + 3)(x - 5) = (3 \times (-1) + 3)(-1 - 5)$

$= 0 \times (-6) = 0$ et $0 \leqslant 0$.

Réponse : **c)** $(3x + 3)(x - 5) \leqslant 0$.

> **L'astuce du prof**
> 0 est bien inférieur ou égal à 0. Dans « inférieur ou égal », il y a « égal ».

3. $\dfrac{a}{2} < \dfrac{b}{2}$,

• en multipliant par 2 les deux membres, on obtient $a > b$;

• en multipliant par 8 les deux membres, on obtient $8 \times \dfrac{a}{2} < 8 \times \dfrac{b}{2}$, soit $4a < 4b$;

> **Rappel**
> On ne change pas le sens de l'inégalité sauf quand on la multiplie ou divise par un nombre négatif.

• en multipliant par –2 les deux membres, on obtient $-2 \times \frac{a}{2} > -2 \times \frac{b}{2}$, soit $-a > -b$.

Réponse : **c)** $-a > -b$.

4. • Si $x > 3$, alors x n'est pas forcément supérieur à 4. En effet, 3,5 est bien supérieur à 3, mais pas à 4.

• On a $x > 3 > 0$, donc si $x > 3$, alors $x > 0$.

• Si $x > 3$, alors x ne peut pas être plus petit que –3.

Réponse : **b)** $x > 0$.

5. En divisant par –4 les deux membres, on obtient :

$\frac{-4x}{-4} < \frac{0}{-4}$ soit $x < 0$.

0 n'est pas solution de l'inéquation, le crochet doit exclure 0.

Méthode
Quand on divise par un nombre négatif, on change le sens de l'inégalité.

Réponse : **a)**

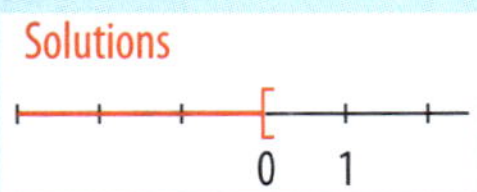

Pensez-y !
0 n'est pas solution, donc le crochet est tourné à l'extérieur des solutions.

2 **1. Vrai →** 100 est un nombre positif. Donc on ne change pas le sens de l'inégalité lorsqu'on divise par 100.

2. Faux → On ne change pas le sens de l'inégalité quand on ajoute ou retranche le même nombre dans les deux membres de l'inégalité.

3. Vrai → En multipliant par (–1) les deux membres de l'inéquation $-x < 0$, on obtient :

$(-1) \times (-x) > 0\ (-1)$ soit $x > 0$.

Remarque
$-x$ est un nombre strictement négatif lorsque x est strictement positif.

4. Faux → Pour $x = 0$, $x^2 - 1 = 0^2 - 1 = -1$ et $-1 > -2$. Donc 0 n'est pas solution de l'inéquation.

5. Vrai → Le carré de n'importe quel nombre donne toujours un nombre positif. Donc pour tous les nombres x, $x^2 \geqslant 0$. On en déduit que $x^2 + 1 \geqslant 0 + 1$, soit $x^2 + 1 \geqslant 1 > 0$.

6. Vrai → Le carré de n'importe quel nombre donne toujours un nombre positif. Donc pour tous les nombres x, $x^2 \geqslant 0$.

7. Vrai → Les solutions de cette inéquation sont les nombres x qui vérifient $x \geqslant -1$. En particulier, les nombres positifs sont solutions car $x \geqslant -1 \geqslant 0$.

Exercices d'entraînement

3 • $2x + 2 \geqslant 4x + 6$

$$2x - 4x \geqslant 6 - 2$$
$$-2x \geqslant 4$$
$$x \leqslant \frac{4}{-2}$$
$$\boxed{x \leqslant -2}$$

> **Méthode**
> Isolez x dans le membre de gauche.

> **Rappel**
> On divise par –2, donc on change le sens de l'inégalité.

Les solutions sont les nombres inférieurs ou égaux à –2.

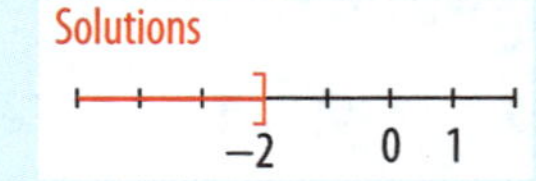

• $2(3x + 3) > 5(2x + 3)$

$$6x + 6 > 10x + 15$$
$$6x - 10x > 15 - 6$$
$$-4x > 9$$
$$\frac{-4x}{-4} < \frac{9}{-4}$$
$$\boxed{x < -\frac{9}{4}}$$

> **Méthode**
> Développez les produits avant d'isoler x.

> **Méthode**
> On divise par –4, on change le sens de l'inégalité.

Les solutions sont les nombres inférieurs strictement à $-\frac{9}{4}$.

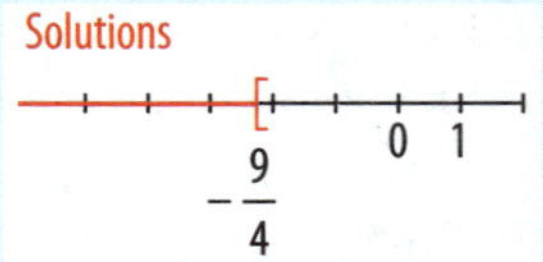

• $3(2x - 6) < 2x + 6$

$$6x - 18 < 2x + 6$$
$$6x - 2x < 6 + 18$$
$$4x < 24$$
$$x < \frac{24}{4}$$
$$\boxed{x < 6}$$

Les solutions sont les nombres inférieurs strictement à 6.

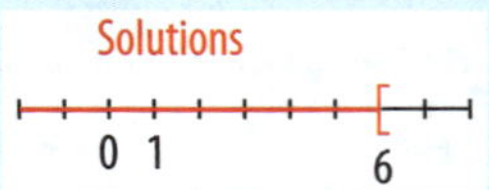

- $\dfrac{x+3}{3} \geqslant 2$

$3 \times \dfrac{x+3}{3} \geqslant 2 \times 3$

$x + 3 \geqslant 6$

$x \geqslant 6 - 3$

$\boxed{x \geqslant 3}$

> **Méthode**
> Multipliez les deux membres par 3 pour ne plus avoir de quotient.

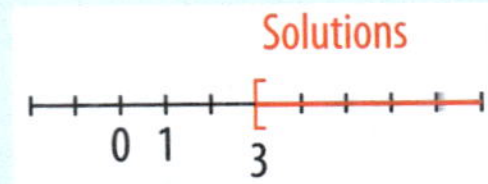

Les solutions sont les nombres supérieurs ou égaux à 3.

- $\dfrac{2x-3}{3} \leqslant -5$

$3 \times \dfrac{2x-3}{3} \leqslant -5 \times 3$

$2x - 3 \leqslant -15$

$2x \leqslant -15 + 3$

$x \leqslant -\dfrac{12}{2}$

$\boxed{x \leqslant -6}$

Les solutions sont les nombres inférieurs ou égaux à −6.

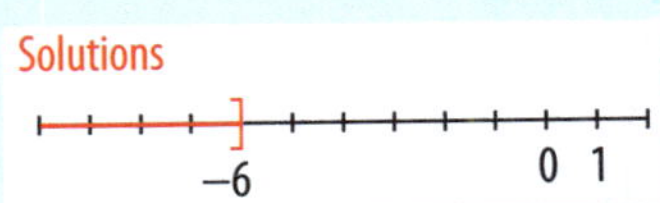

- $\dfrac{3-4x}{5} > 1$

$5 \times \dfrac{3-4x}{5} > 1 \times 5$

$3 - 4x > 5$

$-4x > 5 - 3$

$x < -\dfrac{2}{4}$

$\boxed{x < -\dfrac{1}{2}}$

Les solutions sont les nombres inférieurs strictement à $-\dfrac{1}{2}$.

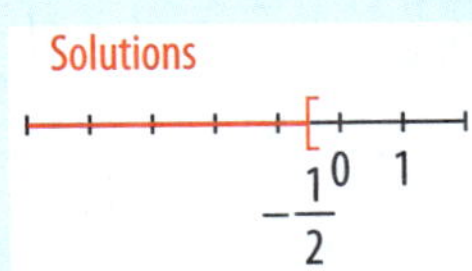

4 • $1{,}4 < \sqrt{2} < 1{,}5$

$1{,}4 - 5 < \sqrt{2} - 5 < 1{,}5 - 5$

$\boxed{-3{,}6 < \sqrt{2} - 5 < -3{,}5}$

> **Méthode**
> On retranche 5 (on ne change pas le sens de l'inéquation).

- $1,4 < \sqrt{2} < 1,5$

$$\frac{1,4}{4} < \frac{\sqrt{2}}{4} < \frac{1,5}{4}$$

$$0,35 < \frac{\sqrt{2}}{4} < 0,375$$

Méthode
On divise par 4 (on ne change pas le sens).

- $1,4 < \sqrt{2} < 1,5$

$$-2 \times 1,4 > -2\sqrt{2} > -2 \times 1,5$$

$$-2,8 > -2\sqrt{2} > -3$$

$$-2,8 + 6 > -2\sqrt{2} + 6 > -3 + 6$$

$$3,2 > -2\sqrt{2} + 6 > 3$$

$$3 < -2\sqrt{2} + 6 < 3,2$$

Méthode
On multiplie d'abord par -2 (donc on change le sens de l'inéquation), puis on ajoute 6.

5 **1.** Pour $x = 0$,

- $x^2 + 3x = 0^2 + 3 \times 0 = 0$
- $(x - 1)(x + 2) = (0 - 1)(0 + 2) = -1 \times 2 = -2$

On a $0 \geqslant -2$, on en déduit que **0 est solution de l'inéquation.**

Méthode
Faites deux calculs séparés et regardez si l'inégalité est vérifiée ou non.

2. On procède de la même façon que précédemment.

Pour $x = -\frac{1}{2}$:

- $x^2 + 3x = \left(-\frac{1}{2}\right)^2 + 3 \times \left(-\frac{1}{2}\right) = \frac{1}{4} - \frac{3}{2} = \frac{1}{4} - \frac{6}{4} = -\frac{5}{4}$
- $(x - 1)(x + 2) = \left(-\frac{1}{2} - 1\right)\left(-\frac{1}{2} + 2\right) = \left(-\frac{1}{2} - \frac{2}{2}\right)\left(-\frac{1}{2} + \frac{4}{2}\right) = -\frac{3}{2} \times \frac{3}{2} = -\frac{9}{4}$

On a $-\frac{5}{4} \geqslant -\frac{9}{4}$. L'inégalité est respectée, on en déduit que $-\frac{1}{2}$ **est solution de l'inéquation.**

3. On développe $(x - 1)(x + 2)$.

$(x - 1)(x + 2) = x \times x + x \times 2 - 1 \times x - 1 \times 2 = x^2 + 2x - x - 2 = x^2 + x - 2$

L'inéquation $x^2 + 3x \geqslant (x - 1)(x + 2)$ s'écrit $x^2 + 3x \geqslant x^2 + x - 2$.

$$x^2 + 3x \geqslant x^2 + x - 2$$
$$x^2 - x^2 + 3x - x \geqslant -2$$
$$2x \geqslant -2$$
$$x \geqslant \frac{-2}{2}$$
$$\boxed{x \geqslant -1}$$

L'astuce du prof

En développant le second membre, vous constatez que les x^2 se simplifient. Ainsi, vous êtes amené à résoudre une inéquation du premier degré.

Les solutions de l'inéquation sont les nombres supérieurs ou égaux à –1.

Problèmes

6 **1. Choix de l'inconnue**

Soit x le nombre de kilowattheures consommés durant les trois mois.

2. Mise en inéquation

Le prix payé par Thierry pour les trois mois est composé de l'abonnement et de sa consommation, soit :

$$\underbrace{3 \times 5{,}27}_{\text{Abonnement pour 3 mois}} + \underbrace{0{,}079\,3 \times x}_{\text{Consommation de } x \text{ kWH}}$$

Ce prix ne doit pas dépasser 74 €. On est donc amené à résoudre l'inéquation :

$$3 \times 5{,}27 + 0{,}079\,3 \times x \leqslant 74$$
$$15{,}81 + 0{,}079\,3x \leqslant 74$$
$$0{,}079\,3x \leqslant 74 - 15{,}81$$
$$0{,}079\,3x \leqslant 58{,}19$$
$$x \leqslant \frac{58{,}19}{0{,}079\,3} \approx 733{,}8$$

Conclusion. La consommation de Thierry doit être inférieure à 733 kilowattheures pour les trois mois.

7 • L'aire du rectangle $ABCD$ est $2 \times (x + 1)$.

• L'aire du triangle EFG est $\frac{EG \times HF}{2}$, soit $\frac{5 \times x}{2}$.

On cherche x pour que l'aire du triangle soit plus grande que l'aire du rectangle, soit :

Rappel

• L'aire du rectangle est :

longueur × largeur

• L'aire du triangle est :

$\frac{\text{base} \times \text{hauteur}}{2}$

$$\frac{5x}{2} > 2(x+1)$$

$$2 \times \frac{5x}{2} > 2(x+1) \times 2$$

$$5x > 4x + 4$$

$$5x - 4x > 4$$

$$x > 4$$

Méthode

En multipliant par 2 les deux membres, l'inéquation s'écrit sans dénominateur.

Quand x est strictement supérieur à 4, l'aire du triangle est plus grande que celle du rectangle.

Vers le brevet

8 **1. a)** Pour $x = 60$, $2{,}5x - 75 = 2{,}5 \times 60 - 75 = 75$.

Or $75 < 76$. On en déduit que **60 n'est pas solution de l'inéquation.**

b) $2{,}5x - 75 > 76$

$$2{,}5x > 76 + 75$$

$$2{,}5x > 151$$

$$x > \frac{151}{2{,}5}$$

$$\boxed{x > 60{,}4}$$

Méthode

On divise par $2{,}5 > 0$, donc on ne change pas le sens de l'inégalité.

Représentation graphique des solutions sur un axe :

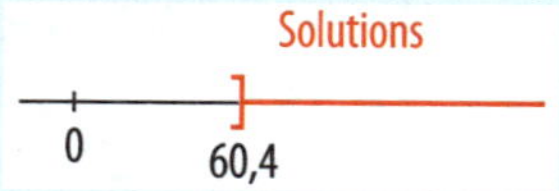

2. Il s'agit d'un problème de mise en inéquation.

Méthode

Procédez en 4 étapes : choix de l'inconnue, mise en inéquation, résolution puis conclusion.

• Soit x le nombre minimum de glaces que le marchand de glaces doit vendre.

• Une glace est vendue 2,50 €. Donc la vente de x glaces lui rapporte $2{,}50x$ €.

• Il dépense 75 € pour réaliser les glaces, donc il lui reste un bénéfice de $2{,}50x - 75$ €.

• Le bénéfice doit être supérieur à 76 €, donc on cherche x tel que :

$2{,}50x - 75 > 76$.

Cette inéquation a déjà été résolue à la question **1. b).**

On a trouvé $x > 60{,}4$. Comme x est un nombre entier, **le commerçant doit vendre au moins 61 glaces pour obtenir un bénéfice supérieur à 76 €.**

9 **1.** Calculons m pour $x = 13$ et $y = 7$, $m = \dfrac{4 \times 13 + 6 \times 7}{10} = \dfrac{52 + 42}{10} = 9{,}4$.

Or, $9{,}4 < 10$, on en déduit que **Caroline ne sera pas reçue à l'examen.**

2. a) Cherchons y lorsque $x = 7$ et $m = 10$.

On résout l'équation $\dfrac{4 \times 7 + 6y}{10} = 10$:

$$\frac{4 \times 7 + 6y}{10} = 10$$
$$28 + 6y = 100$$
$$6y = 100 - 28$$
$$y = \frac{72}{6}$$
$$y = 12$$

Méthode
Pour résoudre cette équation, utilisez un produit en croix.

Étienne doit obtenir 12 à l'écrit pour obtenir exactement 10 de moyenne et être ainsi reçu à l'examen.

b) On cherche y tel que m soit supérieure à 13 lorsque $x = 7$.

On résout l'inéquation $\dfrac{4 \times 7 + 6y}{10} \geqslant 13$.

Conseil
Pas de produit en croix pour résoudre des inéquations !

$$\frac{28 + 6y}{10} \geqslant 13$$
$$10 \times \frac{28 + 6y}{10} \geqslant 13 \times 10$$
$$28 + 6y \geqslant 130$$
$$6y \geqslant 102$$
$$y \geqslant \frac{102}{6}$$
$$y \geqslant 17$$

Méthode
Multipliez par $10 > 0$ les deux membres pour ne plus avoir de dénominateur.

Étienne doit obtenir au moins 17 à l'écrit pour obtenir une moyenne supérieure ou égale à 13 et avoir son ordinateur.

Exercices d'approfondissement

10 Soit n le plus petit entier cherché. Les suivants sont $n + 1$, $n + 2$, $n + 3$ et $n + 4$.
La somme de ces cinq nombres doit être supérieure strictement à 100. Cela se traduit par $n + (n + 1) + (n + 2) + (n + 3) + (n + 4) > 100$.

Le plus grand de ces cinq nombres doit être inférieur à 25. Cela se traduit par $n + 4 < 25$.

On cherche donc les valeurs de n vérifiant simultanément les deux inéquations.
$n + (n + 1) + (n + 2) + (n + 3) + (n + 4) > 100$
et $n + 4 \leqslant 25$.

Remarque
Il s'agit ici de résoudre un système de deux inéquations.

On résout chacune des deux inéquations.

• $n + (n + 1) + (n + 2) + (n + 3) + (n + 4) > 100$

$$5n + 10 > 100$$
$$5n > 90$$
$$n > \frac{90}{5}$$
$$n > 18$$

• $n + 4 \leqslant 25$

$$n \leqslant 21$$

Le nombre n cherché vérifie $n > 18$ et $n \leqslant 21$. Trois nombres vérifient ces deux inégalités : 19, 20 et 21. **Il y a donc trois valeurs possibles pour le plus petit nombre solution : 19, 20 ou 21.**

11 **1.** $0 \leqslant a < b$

$0^2 \leqslant a^2 < b^2$

$0 \leqslant -3a^2 > -3b^2$

$0 \leqslant -3a^2 + 3 > -3b^2 + 3$

$0 \leqslant f(a) > f(b)$

Lorsque $0 \leqslant a < b$, on a $f(a) > f(b)$.

Méthode
Les nombres a et b sont positifs, donc on ne change pas le sens de l'inégalité quand on élève au carré.

Méthode
On multiplie par $-3 < 0$, donc on change le sens de l'inégalité.

2. $a < b \leqslant 0$

$a^2 > b^2 \geqslant 0^2$

$-3a^2 < -3b^2 \leqslant 0$

$0 \leqslant -3a^2 + 3 < -3b^2 + 3$

$0 \leqslant f(a) < f(b)$

Lorsque $a < b \leqslant 0$, on a $f(a) < f(b)$.

Méthode
Les nombres a et b sont négatifs, donc on change le sens de l'inégalité quand on élève au carré.

Méthode
On multiplie par $-3 < 0$, donc on change le sens de l'inégalité.

CHAPITRE 7

Notions de fonctions

DE QUOI S'AGIT-IL ?

Les fonctions interviennent dans les domaines dans lesquels on doit établir une correspondance entre deux quantités. Il existe différentes façons de créer ce lien : elles sont étudiées dans ce chapitre.

1 Définir une fonction

1 Qu'est-ce qu'une fonction ?

Une fonction est un processus (une machine) qui, à un nombre, associe un unique autre nombre.

Exemple

Le processus « élever un nombre au carré » définit une fonction. On peut schématiser la situation ainsi :

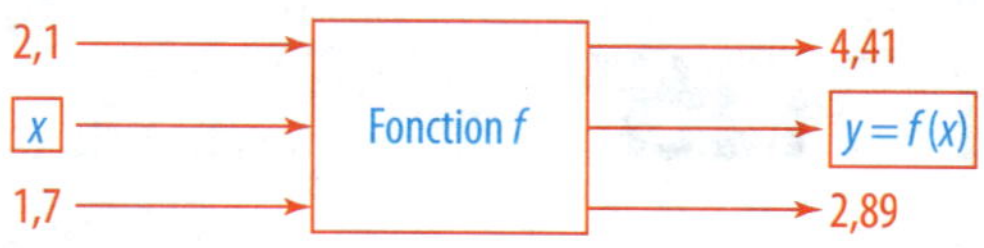

Remarque

Quand on rentre un nombre x dans cette fonction, il ressort *toujours* le même nombre y que l'on note $f(x)$.

- Au nombre 3, cette fonction associe le nombre $3^2 = 9$.
- Au nombre -4, cette fonction associe le nombre $(-4)^2 = 16$.
- Au nombre x, cette fonction associe le nombre x^2. Ainsi, $f(x) = x^2$.
- À chaque nombre, cette fonction associe un unique autre nombre.

2 Notations et vocabulaire

- Pour une fonction f donnée, on note : $x \mapsto f(x)$ (lire : « Au nombre x, on associe f de x »).
- Le nombre $f(x)$ est **l'image** de x par la fonction f.
- Le nombre x est **un antécédent** de $f(x)$ par la fonction f.

Exemple

On considère la fonction f telle que $f(5) = 9$. On peut écrire :

$$f : \underbrace{5}_{\text{Antécédent}} \mapsto \underbrace{9}_{\text{Image}}$$

- L'image de 5 est 9. On peut dire aussi que 9 est l'image de 5.
- 5 est un antécédent de 9. On peut dire aussi qu'un antécédent de 9 est 5.

→ Bien comprendre

Un nombre ne possède qu'une seule image par une fonction f.
En revanche, un nombre peut avoir un, plusieurs ou aucun antécédent par une fonction f.

2 Les différentes façons de définir une fonction

1 Avec une formule

Soit f la fonction définie par $f(x) = 2x - 6$. Le procédé permettant d'obtenir l'image d'un nombre x est donné par la formule $2x - 6$. Pour chaque valeur de x, on peut calculer son image $f(x)$ à l'aide de cette formule.

2 Avec une courbe

Soit f la fonction définie par la courbe ci-dessous. Le procédé permettant d'obtenir l'image d'un nombre x est donné par la courbe. On peut lire l'image d'un nombre a et les antécédents d'un nombre b graphiquement.

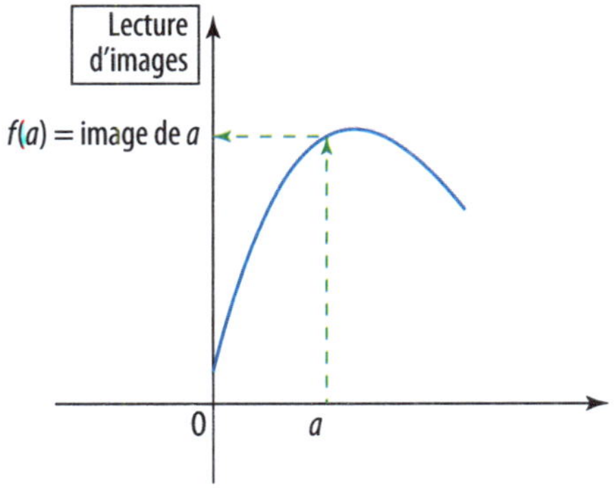

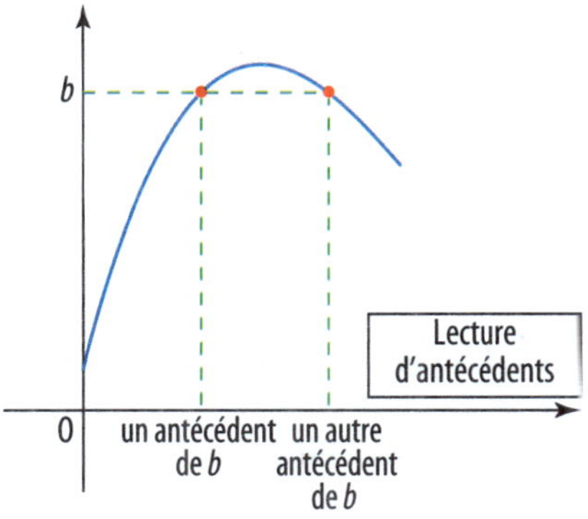

- Sur l'axe des ordonnées, on lit les images.
- Sur l'axe des abscisses, on lit les antécédents.

3 Avec un tableau

Enfin, on peut définir une fonction à l'aide d'un tableau :

x	–1	0	0,5	0,75	1,25	1,5
$f(x)$	3	–2	5	1	2	3

(f)

Le procédé est le suivant : à chaque nombre de la première ligne, on associe un nombre de la deuxième ligne.

Bien comprendre

Pour définir une fonction f, il faut connaître le procédé (formule, courbe ou tableau) qui, à chaque valeur de x, associe un nombre $f(x)$ unique.

QCM

1 Des choix à faire

Corrigé p. 130

Cochez la (ou les) réponse(s) correcte(s).

On considère la fonction f définie par $f(x) = x^2 + 2$.

1. L'image de 3 est :

a) ☐ 9 **b)** ☐ 11 **c)** ☐ –7

2. $f(-1)$ est égale à :

a) ☐ 1 **b)** ☐ 4 **c)** ☐ 3

3. $f\left(\frac{-2}{3}\right)$ est égale à :

a) ☐ $\frac{22}{9}$ **b)** ☐ $\frac{14}{9}$ **c)** ☐ $-\frac{14}{9}$

4. Un antécédent de 6 est :

a) ☐ 38 **b)** ☐ 4 **c)** ☐ –2

5. Le nombre d'antécédents de 0 est :

a) ☐ 0 **b)** ☐ 1 **c)** ☐ 2

2 Vrai ou Faux ?

Corrigé p. 131

Cochez la bonne réponse.

f est la fonction définie par la courbe $\mathcal{C}_f$ ci-dessous.

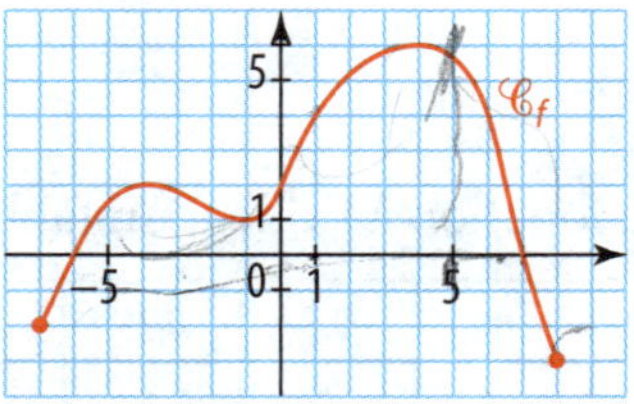

1. L'image de 1 est 4. V F

2. $f(0) = -6$. V F

3. $5 \leqslant f(5) \leqslant 6$. V F

4. 1 est un antécédent de 1. V F

5. 0 a deux antécédents. V F

6. 6 n'a pas d'antécédent. V F

Exercices d'entraînement

3 Calcul mental

10 min Corrigé p. 131

Cet exercice est fait pour être traité sans la calculatrice.

Soit f la fonction définie par $f(x) = 2x^2 - 1$.

1. Quelle est l'image par f de : 0 ? –1 ?

2. Combien vaut $f(-2)$? $f(3)$?

3. Quel sont les antécédents éventuels par f de : –1 ? 7 ? –3 ?

4 Fonction ou non ?

5 min Corrigé p. 132

Les correspondances suivantes entre les valeurs x et y permettent-elles de définir une fonction ?

1. À un nombre x, on associe son carré y.

2. À un entier x, on associe un de ses diviseurs.

3. À un entier x, on associe son opposé y.

4. Au côté x d'un carré, on associe son périmètre y.

5. À la largeur x d'un rectangle, on associe son aire y.

5 Fonction définie par une formule

15 min Corrigé p. 133

1. Pour chacune des fonctions f, g et h, calculez l'image de 3, de –1, puis de $\frac{-2}{3}$.

a) $f(x) = 6x - 5$ **b)** $g(x) = x^2 + 2x - 1$ **c)** $h(x) = \frac{1 - 3x}{5}$

2. Pour chacune des fonctions f, g et h, calculez l'antécédent de –2 :

a) $f(x) = 4 - 3x$ **b)** $g(x) = \frac{3}{2}x - 1$ **c)** $h(x) = \frac{4 - 5x}{3}$

Méthode

• **Pour calculer une image :** dans l'expression de $f(x)$, on remplace x par la valeur dont on souhaite calculer l'image.

• **Pour déterminer les antécédents :** on cherche le(s) éventuel(s) x tel(s) que $f(x)$ soit égale au nombre proposé. Autrement dit, on résout l'équation $f(x)$ = le nombre proposé. Cette équation admet (ou non) une (ou des) solution(s) qui sera (seront) le (ou les) antécédent(s) cherché(s).

6 On traduit

10 min Corrigé p. 135

Voici deux renseignements concernant une fonction f :

$$f(0) = 3 \quad \text{et} \quad f(3) = 5$$

Complétez les phrases suivantes :

.... de 0 par f est 3.

Un antécédent de 3 est .... par la fonction f.

3 est .... de 5 par la fonction f.

5 est l'image de .... par la fonction f.

Le point A(... ; ...) est sur la courbe de la fonction f.

Le point B(... ; ...) est sur la courbe de la fonction f.

7 Dix questions sur un graphique

10 min Corrigé p. 135

Ci-dessous est représentée graphiquement une fonction g pour x compris entre 0 et 23.

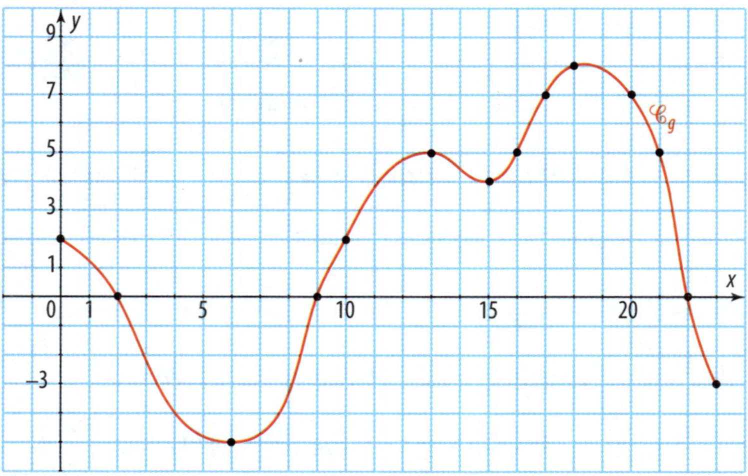

Par lecture graphique, déterminez :

1. l'image de 10 par g puis l'image de 2 par g.

2. $g(20)$, $g(15)$, $g(0)$, $g(22)$.

3. les antécédents de 5.

4. les antécédents de 0.

5. les antécédents de 7.

6. les antécédents de 9.

7. un nombre qui a 4 antécédents.

8. deux nombres qui ont un unique antécédent.

9. le signe de $g(1{,}9)$.

10. le signe de $g(22{,}5)$.

Méthode

• **Pour lire une image :** on se place sur l'axe des abscisses à la valeur de x demandée. Avec des pointillés verticaux, on « rejoint » le point de la courbe qui a cette même abscisse. Puis avec des pointillés horizontaux, on intercepte l'axe des ordonnées pour lire l'ordonnée correspondante qui est l'image.

• **Pour lire les antécédents :** on se place sur l'axe vertical à la valeur de y demandée. Avec des pointillés horizontaux, on « rejoint » le(s) point(s) de la courbe qui a (ont) cette même ordonnée, s'il y en a. Puis avec des pointillés verticaux, on intercepte l'axe des abscisses pour lire le(s) x correspondant(s).

8 Avec un tableau

10 min Corrigé p. 136

Soit f une fonction. On considère le tableau de valeurs suivant :

x	0	1	2	3	4	5
$f(x)$	–3	–2	1	5	2	–3

1. Quelle est l'image de 1 par la fonction f ? Quelle est celle de 5 ?

2. Donnez deux antécédents de –3.

3. Peut-on affirmer que $f(3{,}5)$ est comprise entre 2 et 5 ?

Problèmes

9 Un exercice complet

★ 15 min Corrigé p. 137

Soit f la fonction définie par $f(x)=\dfrac{1}{1+x^2}$ pour x compris entre –3 et 3.

1. Déterminez l'image de $\dfrac{1}{3}$ par la fonction f (donnez le résultat sous forme de fraction irréductible).

2. Montrez qu'un antécédent de 0,8 est $\dfrac{1}{2}$.

3. Quelle est l'ordonnée du point A d'abscisse 3 qui se trouve sur la courbe représentant f ?

4. On donne la représentation graphique de la fonction f :

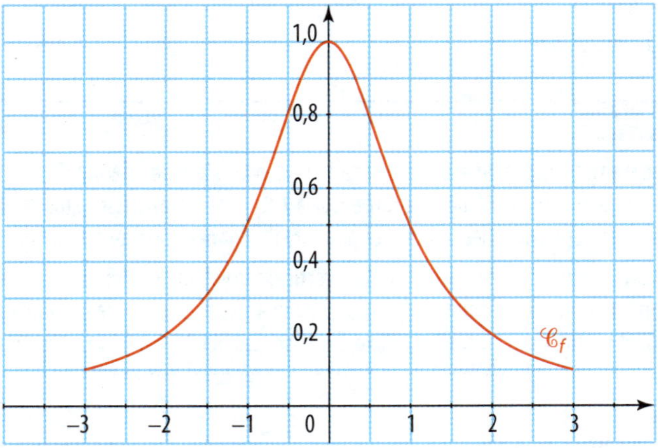

Répondez aux questions suivantes en utilisant le graphique.

a) Lisez l'image de –2 (laissez les traces graphiques nécessaires pour la lecture).

b) Déterminez les antécédents de 0,3 (laissez les traces graphiques nécessaires pour la lecture).

c) Expliquez pourquoi 0 n'a pas d'antécédent par f.

10 Demandez le programme !

★ 15 min ➔ Corrigé p. 138

On considère le programme de calcul suivant.

- Choisir un entier positif n.
- Lui ajouter 6.
- Multiplier la somme obtenue par le nombre choisi au départ.
- Ajouter 9 au résultat.
- Écrire le résultat $f(n)$.

1. Justifiez que l'on définit bien une fonction avec ce programme.

2. Complétez le tableau de valeurs suivant :

n	0	1	2	3	4	5	6
$f(n)$							

3. En observant le tableau précédent, conjecturez une expression de $f(n)$ en fonction de n.

4. Démontrez cette conjecture.

Méthode

1. On se reporte à la définition d'une fonction.

2. On remplace *n* par les différentes valeurs dans le programme.

3. À partir de l'observation des valeurs de $f(n)$ dans le tableau, on cherche la relation qui lie *n* et $f(n)$. On vérifie cette relation pour des valeurs de *n*.

4. On démontre la conjecture par un calcul littéral (avec des lettres).

11 Encore une fonction décrite par une formule

★★ 20 min

Corrigé p. 139

On considère la fonction *f* définie par la formule :

$$f(t) = (t + 1)^2 + 3$$

1. Calculez $f(-2)$, puis $f\left(\dfrac{2}{3}\right)$.

2. Expliquez pourquoi 0 ne peut pas avoir d'antécédent par *f*.

3. Justifiez que 2 est un antécédent de 12 par *f*.

4. a) Écrivez $f(t)$ sous forme développée.

b) Montrez que résoudre l'équation $f(t) = 12$ revient à résoudre l'équation $(t - 2)(t + 4) = 0$.

c) Résolvez cette équation.

d) 12 a-t-il un autre antécédent par *f* ?

Vers le brevet

12 Fonctions et tableur

20 min Corrigé p. 140

Soient trois fonctions *f*, *g* et *h* telles que $g(x) = -4x$ et $h(x) = -2x^2 - 2x + 4$.

À l'aide d'un tableur, Fanny a construit un tableau de valeurs de ces fonctions. Puis elle a étiré vers la droite les formules qu'elle avait saisies dans les cellules.

B2		fx = (1/2)*B1 + 3								
	A	B	C	D	E	F	G	H	I	J
1	x	–6	–5	–4	–3	–2	–1	0	1	2
2	$f(x) =$	0	0,5	1	1,5	2	2,5	3	3,5	4
3	$g(x) = -4x$	24	20	16	12	8	4	0	–4	–8
4	$h(x) = -2x^2 - 2x + 4$	–56		–20	–8	0	4	4	0	–8

1. Utilisez le tableur pour déterminer $f(-1)$.

2. a) Quelle est l'image de 0 par la fonction f ?

b) Quel est l'antécédent de 2 par la fonction f ?

3. Donnez l'expression de $f(x)$.

4. Calculez la valeur manquante dans la case verte.

5. Faites une phrase avec le mot « antécédent », puis une autre avec le mot « image » traduisant l'égalité $g(-2) = 8$.

6. Quelle formule Fanny a-t-elle saisie dans la cellule B4 ?

7. Déduisez du tableau les solutions de l'équation $g(x) = h(x)$.

13 De fonction à bénéfice

20 min Corrigé p. 140

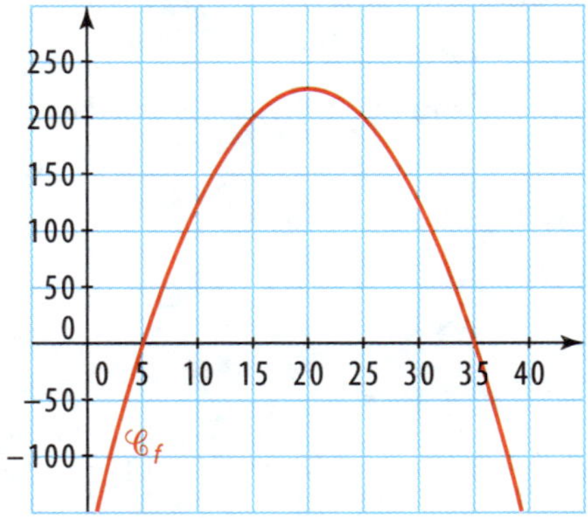

Pour cet exercice, on utilise uniquement la courbe donnée ci-dessus représentant une fonction f.

1. Donnez une valeur approchée de $f(10)$.

2. Donnez le (ou les) antécédent(s) de 200 par la fonction f.

3. Placez sur la courbe de la fonction un point S qui semble avoir la plus grande ordonnée. Vous en lirez par valeurs approchées ses coordonnées.

4. Cette courbe représente le bénéfice quotidien en euros d'une petite entreprise de maroquinerie en fonction du nombre de sacs à main en cuir vendus.

a) Quel est le bénéfice correspondant à la vente de 15 sacs ? de 35 sacs ?

b) Pour quelle quantité de sacs vendus le bénéfice est-il maximum ?

c) Combien de sacs la société doit-elle vendre pour être rentable ?

Exercices d'approfondissement

14 Des valeurs interdites

★★ 10 min ➔ Corrigé p. 141

On considère la fonction f définie par :

$$f(x) = \frac{4x - 1}{(6 - 2x)(3x + 1)}$$

On sait qu'un dénominateur ne peut pas s'annuler.

Déterminez les valeurs de x dont on peut calculer les images par cette fonction f.

15 Sans calculatrice, évidemment…

★★ 10 min ➔ Corrigé p. 142

Voici les graphiques des fonctions f et g définies par :

$$f(x) = \frac{-11x^2 + 22x + 33}{21} \quad \text{et} \quad g(x) = \frac{-23x + 92}{52}$$

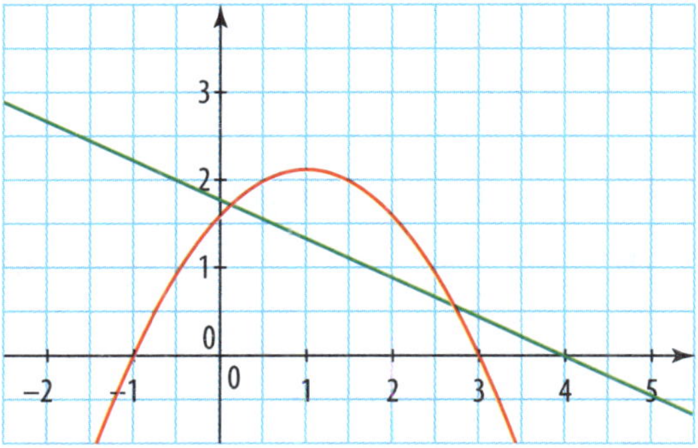

En utilisant ce graphique :

1. comparez $\frac{23}{13}$ et $\frac{33}{21}$.

2. résolvez l'équation $f(x) \times g(x) = 0$.

QCM

1 **1.** Pour calculer l'image de 3 par la fonction f, on calcule $f(3)$.

$f(3) = 3^2 + 2 = 9 + 2 = 11$.

L'image de 3 par la fonction f est 11.

> **Méthode**
> Pour calculer l'image de 3, remplacez x par 3 dans $f(x)$.

Réponse **b)** : 11.

2. $f(-1) = (-1)^2 + 2 = 1 + 2 = 3$.

> **Piège à éviter**
> Il ne faut pas oublier les parenthèses autour de -1.

Réponse **c)** : 3.

3. $f\left(\frac{-2}{3}\right) = \left(\frac{-2}{3}\right)^2 + 2 = \frac{(-2)^2}{3^2} + 2 = \frac{4}{9} + \frac{18}{9} = \frac{22}{9}$

Réponse **a)** : $\frac{22}{9}$.

4. On calcule les images des nombres proposés :

- $f(38) = 38^2 + 2 = 1\,444 + 2 = 1\,446 \neq 6$.
- $f(4) = 4^2 + 2 = 18 \neq 6$.
- $f(-2) = (-2)^2 + 2 = 4 + 2 = 6$.

> **Rappel**
> Les antécédents de 6 sont les nombres qui ont pour image 6 par f.

Réponse **c)** : -2.

5. Pour déterminer les antécédents de 0, on résout l'équation $f(x) = 0$.

$$x^2 + 2 = 0$$

$$x^2 = -2$$

> **Méthode**
> Isolez x^2 dans le membre de gauche.

Cette équation n'a pas de solution. Donc 0 n'a pas d'antécédent par f.

> **Rappel**
> Le carré d'un nombre n'est jamais négatif.

Réponse **a)** : 0.

2

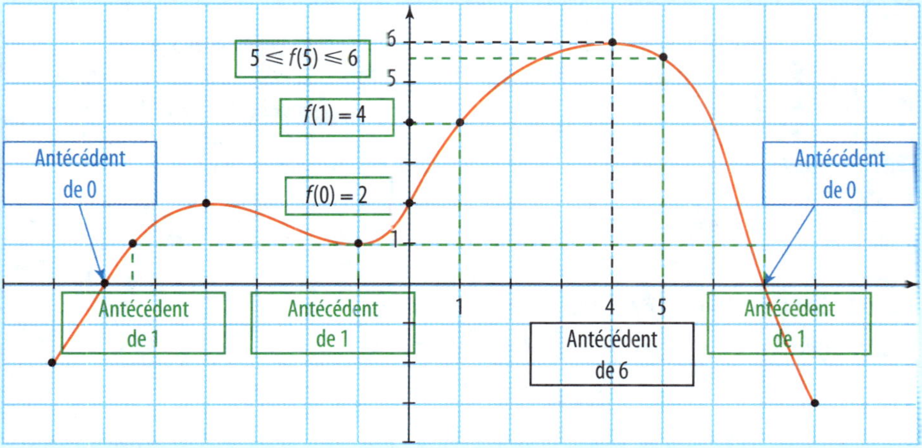

1. Vrai ➜ On lit l'image de 1 sur l'axe des ordonnées. Soit $f(1) = 4$.

2. Faux ➜ L'image de 0 par f est 2.

3. Vrai ➜ Sur le graphique, on peut lire une valeur approchée de $f(5)$.

Par lecture graphique, $f(5) \approx 5{,}6$. On en déduit que $5 \leqslant f(5) \leqslant 6$.

Piège à éviter
Ne confondez pas image et antécédent : –6 est un antécédent de 0.

4. Faux ➜ On lit les antécédents sur l'axe des abscisses.

1 a trois antécédents : $\approx -5{,}5$; -1 et $\approx 6{,}7$.

5. Vrai ➜ La courbe coupe deux fois l'axe des abscisses : en –6 et en 7. On en déduit que 0 a deux antécédents : –6 et 7.

6. Faux ➜ 6 a un antécédent : 4.

Exercices d'entraînement

3 **1.** L'image par f de 0 est : $f(0) = 2 \times 0^2 - 1 = 2 \times 0 - 1 = 0 - 1 = \boxed{-1}$.

L'image par f de –1 est :

$f(-1) = 2 \times (-1)^2 - 1 = 2 \times 1 - 1 = 2 - 1 = \boxed{1}$.

2. $f(-2) = 2 \times (-2)^2 - 1 = 2 \times 4 - 1 = 8 - 1 = \boxed{7}$

$f(3) = 2 \times 3^2 - 1 = 2 \times 9 - 1 = 18 - 1 = \boxed{17}$

Méthode
Respectez les priorités opératoires en calculant d'abord le carré, puis la multiplication par 2 et enfin la soustraction.

3. • L'antécédent x de –1 par f vérifie l'équation $f(x) = -1$.

$$2x^2 - 1 = -1$$
$$2x^2 = -1 + 1$$
$$2x^2 = 0$$
$$x^2 = \frac{0}{2}$$
$$x^2 = 0$$
$$x = 0$$

L'antécédent de –1 par f est 0.

L'astuce du prof

Une fois la valeur de l'antécédent x trouvée, vous pouvez la remplacer dans $f(x)$ pour vérifier que votre solution est juste.

$$2 \times 0^2 - 1 = -1.$$

• L'antécédent x de 7 par f vérifie l'équation $f(x) = 7$.

$$2x^2 - 1 = 7$$
$$2x^2 = 7 + 1$$
$$2x^2 = 8$$
$$x^2 = \frac{8}{2}$$
$$x^2 = 4$$
$$x = 2 \text{ ou } x = -2$$

Les antécédents de 7 par f sont 2 et –2.

Rappel

Un nombre (2) et son opposé (–2) ont le même carré.

• L'antécédent x de –3 par f vérifie l'équation $f(x) = -3$.

$$2x^2 - 1 = -3$$
$$2x^2 = -3 + 1$$
$$2x^2 = -2$$
$$x^2 = -\frac{2}{2}$$
$$x^2 = -1$$

Cette équation n'a pas de solution.

Le nombre –3 n'a pas d'antécédent par f.

Attention !

Il n'existe aucun nombre dont le carré est négatif.

4 **1.** $x \mapsto y$ = carré de $x = x^2$.

À un nombre x, on associe un nombre unique $y = x^2$, car le carré d'un nombre est unique. **On définit bien une fonction.**

Rappel

Une fonction est un processus (une machine) qui à un nombre associe un autre nombre unique.

2. $x \mapsto y$ **= un diviseur de** x **ne définit pas une fonction**, car un diviseur de x peut ne pas être unique. Par exemple, au nombre 6, on peut associer 1, 2, 3 ou 6, ce qui est impossible pour une fonction.

3. $x \mapsto y$ = opposé de $x = -x$. À chaque nombre x, on associe un nombre $y = -x$ unique, car l'opposé d'un nombre est unique. **On définit bien une fonction**.

4. $x \mapsto y$ = périmètre du carré de côté $x = 4x$. À chaque nombre x, on associe un nombre unique, $y = 4x$. **On définit bien une fonction.**

5. $x \mapsto y$ **= aire d'un rectangle de largeur** x **ne définit pas une fonction**, car un rectangle de largeur x peut avoir plusieurs aires différentes et ne pas être unique. En effet, l'aire dépend également de la longueur du rectangle.

5 **1. a)** • $f(3) = 6 \times 3 - 5 = 18 - 5 = \boxed{13}$

L'image de 3 est 13 par f.

• $f(-1) = 6 \times (-1) - 5 = -6 - 5 = \boxed{-11}$

L'image de -1 est -11 par f.

• $f\left(\frac{-2}{3}\right) = 6 \times \left(\frac{-2}{3}\right) - 5$

$= \frac{\cancel{3} \times 2 \times (-2)}{\cancel{3}} - 5$

$= -4 - 5$

$= \boxed{-9}$

L'image de $\frac{-2}{3}$ est -9 par f.

L'astuce du prof

Avant de multiplier des fractions, simplifiez-les si possible.

b) • $g(3) = 3^2 + 2 \times 3 - 1 = 9 + 6 - 1 = \boxed{14}$

L'image de 3 est 14 par g.

• $g(-1) = (-1)^2 + 2 \times (-1) - 1 = \cancel{1} - 2 - \cancel{1} = \boxed{-2}$

L'image de -1 est -2.

Piège à éviter

Il ne faut pas oublier les parenthèses autour de -1, car c'est (-1) qui est au carré.

• $g\left(\frac{-2}{3}\right) = \left(\frac{-2}{3}\right)^2 + 2 \times \left(\frac{-2}{3}\right) - 1$

$= \frac{4}{9} - \frac{4}{3} - 1$

$= \frac{4}{9} - \frac{12}{9} - \frac{9}{9} = \boxed{\frac{-17}{9}}$

Pensez-y !

$\left(\frac{a}{b}\right)^2 = \frac{a^2}{b^2}$

L'image de $\frac{-2}{3}$ est $\frac{-17}{9}$ par g.

c) • $h(3) = \frac{1 - 3 \times 3}{5}$

$= \frac{1-9}{5} = \boxed{\frac{-8}{5}}$

L'image de 3 est $\frac{-8}{5}$ par h.

• $h(-1) = \frac{1 - 3 \times (-1)}{5}$

$= \frac{1+3}{5} = \boxed{\frac{4}{5}}$

L'image de −1 est $\frac{4}{5}$ par h.

• $h\left(\frac{-2}{3}\right) = \frac{1 - \cancel{3} \times \frac{-2}{\cancel{3}}}{5}$

$= \frac{1+2}{5} = \boxed{\frac{3}{5}}$

L'image de $\frac{-2}{3}$ est $\frac{3}{5}$ par g.

Remarque

$-3 \times \frac{-2}{3} = \frac{\cancel{3} \times 2}{\cancel{3}} = 2$

2. a) Les antécédents de −2 par f sont les solutions de l'équation : $f(x) = -2$.

$4 - 3x = -2$

$-3x = -2 - 4 = -6$

$x = \frac{-6}{-3} = \boxed{2}$

−2 a pour antécédent 2 par f.

Méthode

Il s'agit à chaque fois de résoudre une équation du premier degré.

b) Les antécédents de −2 par g sont les solutions de l'équation : $g(x) = -2$.

$\frac{3}{2}x - 1 = -2$

$\frac{3}{2}x = -2 + 1 = -1$

$x = -1 \times \frac{2}{3} = \boxed{-\frac{2}{3}}$

−2 a pour antécédent $\frac{-2}{3}$ par g.

Méthode

Diviser par $\frac{3}{2}$ revient à multiplier par l'inverse, soit $\frac{2}{3}$.

c) Les antécédents de –2 par h sont les solutions de l'équation : $h(x) = -2$.

$$\frac{4-5x}{3} = -2$$

$$4 - 5x = 3 \times (-2)$$

$$-5x = -6 - 4$$

$$x = \frac{-10}{-5} = \boxed{2}$$

–2 a pour antécédent 2 par h.

Méthode
Utilisez un produit en croix pour résoudre cette équation.

6 **L'image** de 0 par f est 3.

Un antécédent de 3 est **0** par la fonction f.

3 est **un antécédent** de 5 par la fonction f.

5 est l'image de **3** par la fonction f.

Le point A(**0 ; 3**) est sur la courbe de la fonction f.

Le point B(**3 ; 5**) est sur la courbe de la fonction f.

Méthode
Quand $f(a) = b$, b est l'image de a et a est un antécédent de b.

Méthode
Quand $f(a) = b$, le point M de coordonnées (a ; b) est sur la courbe de f.

7

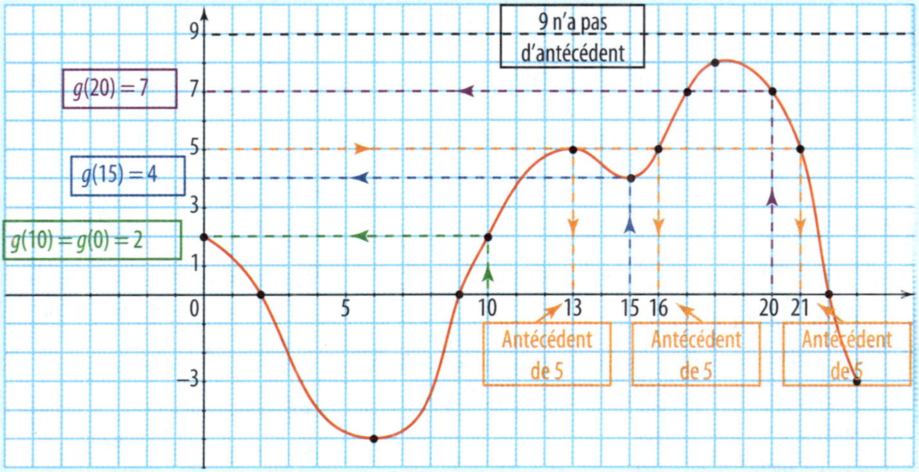

1. • **L'image de 10 est 2 par g.**

• **L'image de 2 est 0 par g.**

2. $g(20) = \boxed{7}$; $g(15) = \boxed{4}$; $g(0) = \boxed{2}$; $g(22) = \boxed{0}$.

Rappel
Lire l'image de 20 ou lire $g(20)$ est la même chose.

3. On lit les antécédents de 5 sur l'axe des abscisses. Ce sont les nombres qui ont pour image 5 par g. **5 a trois antécédents par g : 13, 16 et 21.**

> **Rappel**
> Les antécédents de 5 sont les abscisses des points de la courbe d'ordonnée 5.

4. On lit les antécédents de 0 sur l'axe des abscisses. Ce sont les abscisses des points d'intersection de la courbe avec l'axe des abscisses. **0 a trois antécédents : 2, 9 et 22.**

5. Les antécédents de 7 sont les abscisses des points de la courbe d'ordonnée 7. **7 a deux antécédents : 17 et 20.**

6. Les antécédents de 9 sont les abscisses des points de la courbe d'ordonnée 9. Il n'y en a pas ! **9 n'a pas d'antécédent par g.**

7. On cherche 4 points sur la courbe qui ont la même ordonnée et des abscisses différentes. On remarque qu'une droite horizontale telle que $y = 4{,}5$ par exemple coupe la courbe 4 fois. On en déduit que **4,5 a 4 antécédents par g.**

> **Remarque**
> Tous les nombres compris strictement entre 4 et 5 ont quatre antécédents par g.

8. Il n'y a que deux nombres qui n'ont qu'un seul antécédent par g : **–5 et 8.**

9. La courbe coupe l'axe des abscisses en 2. Avant 2, la courbe est au-dessus de l'axe des abscisses, donc les images sont positives. On en déduit $\mathbf{g(1{,}9) > 0}$ ($g(1{,}9)$ est un nombre strictement positif).

> **L'astuce du prof**
> Quand la courbe se situe au-dessus de l'axe des abscisses, on dit que la fonction est positive.

10. La courbe coupe l'axe des abscisses en 22. Au-delà, la courbe passe en dessous de l'axe des abscisses. Les images sont donc négatives. On en déduit que $\mathbf{g(22{,}5) < 0}$. ($g(22{,}5)$ est un nombre strictement négatif.)

8 **1.** • **L'image de 1** (lecture sur la première ligne) **est –2** (lecture sur la deuxième ligne).

• **L'image de 5 est –3.**

> **Rappel**
> Dans un tableau, les images se lisent sur la deuxième ligne, les antécédents sur la première.

2. D'après le tableau, –3 (lecture sur la deuxième ligne) a au moins deux antécédents : **0 et 5** (lecture sur la première ligne).

3. D'après le tableau, $f(3) = 5$ et $f(4) = 2$. Effectivement, 3,5 est compris entre 3 et 4, mais on ne peut rien dire de son image $f(3{,}5)$. Le tableau ne fournit pas assez d'informations.

> **Remarque**
> Un tableau ne donne que des renseignements partiels sur la fonction. Par exemple, on ne sait pas si –3 a d'autres antécédents.

Problèmes

9 **1.** L'image de $\frac{1}{3}$ est donnée par $f\left(\frac{1}{3}\right)$.

$$f\left(\frac{1}{3}\right)=\frac{1}{1+\left(\frac{1}{3}\right)^2}=\frac{1}{1+\frac{1}{9}}=\frac{1}{\frac{10}{9}}=\boxed{\frac{9}{10}}$$

2. Montrer qu'un antécédent de 0,8 est $\frac{1}{2}$ revient à montrer que $f\left(\frac{1}{2}\right)=0,8$.

$$f\left(\frac{1}{2}\right)=\frac{1}{1+\left(\frac{1}{2}\right)^2}=\frac{1}{1+\frac{1}{4}}=\frac{1}{\frac{5}{4}}=\frac{4}{5}=0,8$$

Un antécédent de 0,8 est bien $\frac{1}{2}$.

3. L'ordonnée du point A d'abscisse 3 est donnée par $f(3)$.

$$f(3)=\frac{1}{1+3^2}=\frac{1}{10}=0,1$$

L'ordonnée du point A est 0,1.

4.

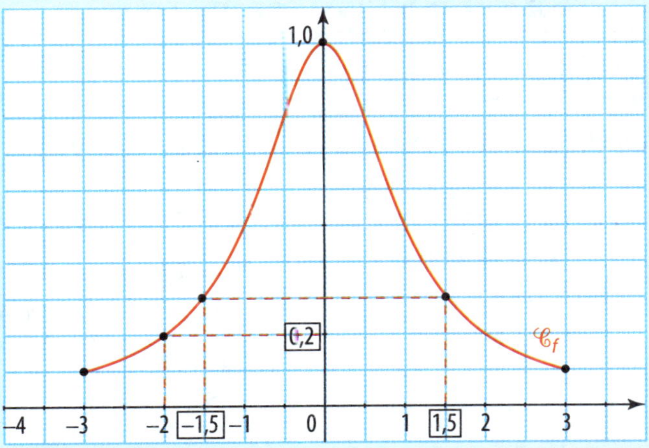

a) **L'image de –2 est 0,2.**

b) **Les antécédents de 0,3 sont –1,5 et 1,5.**

c) **0 n'a pas d'antécédent**, car la courbe ne coupe pas l'axe des abscisses.

Remarque

Il est important de laisser des traces sur le graphique. Ce sont elles qui prouvent que vous avez lu au bon endroit.

10 **1.** Pour chaque entier n, on associe un nombre unique. On en déduit que ce programme de calcul définit bien une fonction sur l'ensemble des entiers n.

2.

n	0	1	2	3	4	5	6
$f(n)$	9	16	25	36	49	64	81

Remarque
Les calculs peuvent se faire sans calculatrice en suivant l'exemple qui suit.

Exemple de calcul pour $n = 5$

- Choisir un entier positif n. • $n = 5$
- Lui ajouter 6. • $5 + 6 = 11$
- Multiplier la somme obtenue par le nombre choisi au départ. • $11 \times 5 = 55$
- Ajouter 9 au résultat. • $55 + 9 = 64$
- Écrire le résultat $f(n)$. • $f(5) = 64$

3. Les nombres sur la deuxième ligne du tableau font penser aux carrés parfaits : $9 = 3^2$, $16 = 4^2$, $25 = 5^2$…

On obtient le tableau suivant :

n	0	1	2	3	4	5	6	…	n
$f(n)$	9	16	25	36	49	64	81	…	$(n+6)\times n+9$
$f(n)$	$(0+3)^2$	$(1+3)^2$	$(2+3)^2$	$(3+3)^2$	$(4+3)^2$	$(5+3)^2$	$(6+3)^2$	…	$(n+3)^2$

On conjecture donc que $f(n) = (n + 3)^2$.

4. Le résultat obtenu quand on choisit comme nombre de départ le nombre n est : $(n + 6) \times n + 9$.

Il faut donc démontrer l'égalité entre $(n + 3)^2$ et $(n + 6) \times n + 9$.

Pour cela, on développe $(n + 3)^2$ d'une part, et $(n + 6) \times n + 9$ d'autre part.

- $(n + 3)^2 = n^2 + 2 \times n \times 3 + 3^2 = n^2 + 6\,n + 9$.
- $(n + 6) \times n + 9 = n \times n + 6 \times n + 9$
  $= n^2 + 6\,n + 9$.

Méthode
La méthode consiste ici à transformer l'un des deux membres pour obtenir l'autre membre.

On constate qu'en développant, on obtient le même résultat. On en déduit $(n + 3)^2 = (n + 6) \times n + 9$.

La conjecture est donc vérifiée. On peut maintenant affirmer que pour tous les entiers n, $f(n) = (n + 3)^2 = (n + 6) \times n + 9$.

11 **1.** • $f(-2) = (-2+1)^2 + 3$

$= (-1)^2 + 3$

$= 1 + 3$

$= \boxed{4}$

• $f\left(\frac{2}{3}\right) = \left(\frac{2}{3}+1\right)^2 + 3$

$= \left(\frac{5}{3}\right)^2 + 3$

$= \frac{25}{9} + \frac{27}{9} = \boxed{\frac{52}{9}}$

2. Pour rechercher les antécédents éventuels de 0, il faut résoudre l'équation $(t+1)^2 + 3 = 0$. Or cette équation s'écrit $(t+1)^2 = -3$.

Cette équation n'a pas de solution. Donc 0 n'a pas d'antécédent par f.

Rappel

Il n'existe pas de nombre dont le carré donne un nombre négatif.

3. 2 est un antécédent de 12 par f, si l'image de 2 par f est 12.

$f(2) = (2+1)^2 + 3 = 3^2 + 3 = 12$.

L'image de 2 est 12, donc 2 est bien un antécédent de 12.

L'astuce du prof

Il est inutile de résoudre une équation pour justifier que 2 est un antécédent. Il suffit de calculer une image.

4. a) $f(t) = (t+1)^2 + 3$

$= t^2 + 2 \times t \times 1 + 1^2 + 3$

$= t^2 + 2t + 1 + 3$

$\boxed{f(t) = t^2 + 2t + 4}$ (forme développée).

Méthode

Utilisez l'égalité remarquable :

$(a+b)^2 = a^2 + 2ab + b^2$.

b) L'équation $f(t) = 12$ s'écrit, en utilisant la forme développée précédente. $t^2 + 2t + 4 = 12$ soit $t^2 + 2t - 8 = 0$.

On développe $(t-2)(t+4)$:

$(t-2)(t+4) = t \times t + 4 \times t - 2 \times t - 2 \times 4$

$= t^2 + 4t - 2t - 8$

$= \boxed{t^2 + 2t - 8}$

On reconnaît le premier membre de l'équation. On en déduit que résoudre l'équation $f(t) = 12$ revient à résoudre $(t-2)(t+4) = 0$.

c) $t - 2 = 0$ ou $t + 4 = 0$

$\boxed{t = 2}$ ou $\boxed{t = -4}$

Méthode

Il s'agit d'une équation produit nul.

Les solutions de l'équation sont : 2 et –4.

d) Les antécédents de 12 sont les solutions de l'équation $f(t) = 12$. D'après la question précédente, cette équation a deux solutions : 2 et –4. On en déduit que **12 a un autre antécédent que 2 : –4.**

Vers le brevet

12 **1.** Dans le tableau de valeurs, on lit pour $x = -1$, $f(x) = 2{,}5$. Soit $f(-1) = 2{,}5$.

2. a) L'image de 0 par la fonction f est $f(0) = 3$.

b) L'antécédent de 2 par la fonction f est **le nombre –2.**

3. À partir de l'expression figurant dans la ligne d'écriture = (1/2)*B1 + 3, on déduit $f(x) = \frac{1}{2}x + 3$.

4. Le contenu de la cellule verte correspond à l'image de –5 par la fonction h.

$h(-5) = -2 \times (-5)^2 - 2 \times (-5) + 4 = -2 \times 25 + 10 + 4 = -50 + 10 + 4 = -36$

5. $g(-2) = 8$

L'image du nombre –2 par la fonction g est 8.

Un antécédent du nombre 8 par la fonction g est –2.

6. Dans la cellule B4 figure le calcul de $g(x) = -2x^2 - 2x + 4$ associé à la valeur de x contenue dans la case B1.

Ainsi en B4, Fanny a entré : = -2*B1^2–2*B1 + 4

L'astuce du prof
Écrivez le calcul fait en B4 à partir de la case B1.

7. Pour $x = -1$: $g(x) = h(x) = 4$.

De même, pour $x = 2$: $g(x) = h(x) = -8$.

Les solutions de l'équation $g(x) = h(x)$ sont les nombres –1 et 2.

Méthode
Cherchez dans le tableau les valeurs de x pour lesquelles $g(x)$ et $h(x)$ sont égales.

13 **1.** $f(10) \approx 125$ (voir pointillés rouges).

2. Par lecture graphique, on obtient les antécédents de 200 : **15 et 25** (voir pointillés verts).

3. Le point S a pour coordonnées **(20 ; 225)** (voir pointillés bleus).

L'astuce du prof
Laissez des pointillés pour justifier vos lectures graphiques.

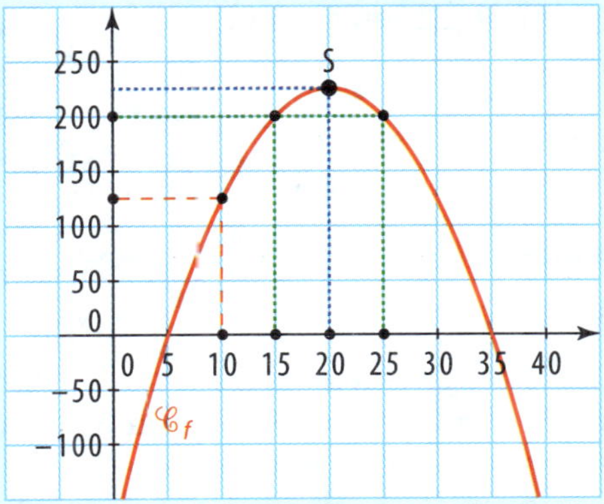

4. a) • Pour 15 sacs produits, le bénéfice s'élève à **200 €** (voir pointillés rouges).

• Pour 35 sacs vendus, on trouve un bénéfice de **0 €** (voir point entouré).

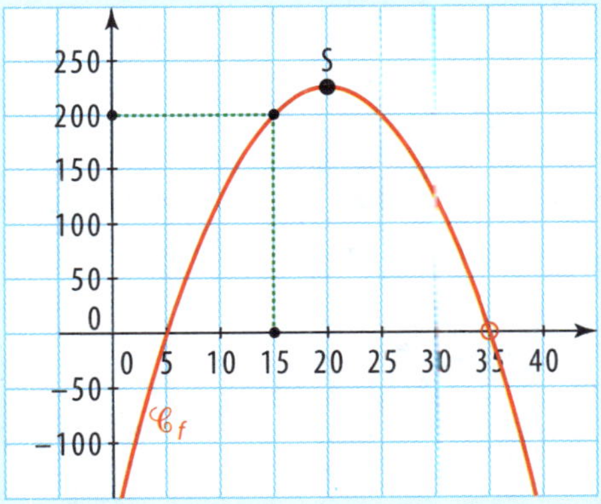

Remarque

Il s'agit de déterminer pour quelles valeurs de x le bénéfice est positif.

b) Le bénéfice est maximum au point le plus haut de la courbe, (ce qui correspond au point S étudié précédemment), soit **pour 20 sacs vendus**.

c) On remarque qu'en dessous de 5 sacs vendus et au-delà de 35 sacs, l'entreprise réalise un bénéfice négatif (et nul pour 5 et 35 sacs vendus). **La société est donc rentable si elle vend entre 6 et 34 sacs à main.**

Exercices d'approfondissement

14 Le dénominateur d'un quotient ne peut pas s'annuler. Il faut donc rechercher les valeurs de x pour lesquelles le dénominateur $(6 - 2x)(3x + 12)$ est nul.

Il s'agit donc de résoudre l'équation produit :

$(6 - 2x)(3x + 12) = 0$

> **Méthode**
> $A \times B = 0$ revient à résoudre $A = 0$ ou $B = 0$.

Soit $6 - 2x = 0$ ou $3x + 12 = 0$

$-2x = -6$ | $3x = -12$

$x = \dfrac{-6}{-2}$ | $x = \dfrac{-12}{3}$

$x = 3$ | $x = -4$

On en déduit que si $x = 3$ ou $x = -4$, alors le dénominateur du quotient vaut 0. Par conséquent, **tous les nombres sauf 3 et –4 ont une image calculable par cette fonction**.

15 **1.** • Dans un premier temps, il s'agit de reconnaître le graphique représentant f et celui représentant g.

On repère une droite. Il s'agit de la représentation graphique d'une fonction affine.

$$g(x) = \frac{-23x + 92}{52} = \frac{-23}{52}x + \frac{92}{52}$$

g est de la forme $g(x) = ax + b$ avec $a = \dfrac{-23}{52}$ et $b = \dfrac{92}{52}$. Donc g est la fonction affine représentée par la droite sur le graphique. Et f la fonction représentée par la courbe.

• On remarque que $f(0) = f(0) = \dfrac{33}{21}$ et $g(0) = \dfrac{92}{52} = \dfrac{\cancel{4} \times 23}{\cancel{4} \times 13} = \dfrac{23}{13}$.

Graphiquement, ces nombres correspondent « aux intersections » des courbes f et g avec l'axe des ordonnées.

La droite coupe l'axe des ordonnées plus haut que la courbe. On en déduit que $g(0)$ est plus grand que $f(0)$. Finalement :

$$\boxed{\frac{23}{13} > \frac{33}{21}}$$

2. L'équation $f(x) \times g(x) = 0$ est une équation produit nul.

Les solutions de cette équation sont les solutions de chacune des équations $f(x) = 0$ et $g(x) = 0$.

Graphiquement, résoudre $f(x) = 0$ revient à déterminer les antécédents de 0 par f.

0 a deux antécédents par f : –1 et 3. On en déduit que l'équation $f(x) = 0$ a deux solutions : –1 et 3.

De même, résoudre $g(x) = 0$ revient à déterminer les antécédents de 0 par g.

0 a un antécédent par g : 4. On en déduit que l'équation $g(x) = 0$ a une solution : 4.

L'équation $f(x) \times g(x) = 0$ a trois solutions : –1, 3 et 4.

CHAPITRE 8

Fonctions linéaires. Proportionnalité. Pourcentages

DE QUOI S'AGIT-IL ?

Une fonction linéaire est un cas particulier de fonction affine, ayant une expression et une représentation graphique caractéristiques.
À toute situation de proportionnalité et dans tout calcul de pourcentage, on peut associer une fonction linéaire.

1 Fonctions linéaires

1 Définitions

Soit a un nombre réel.

- On appelle **fonction linéaire** une fonction qui, à tout nombre x, associe le nombre $a \times x$, noté ax.
- Le nombre a est appelé **coefficient** de la fonction linéaire.

Remarque
Une fonction linéaire est un cas particulier de fonction affine.

Exemple

f est la fonction linéaire de **coefficient** –5, alors :

x	–1	0	2	4,5
$f(x)$	5	0	–10	–22,5

Bien comprendre

Les images $f(x)$ sont proportionnelles aux antécédents (les x).

2 Représentation graphique

- Dans un repère, la représentation graphique d'une fonction linéaire est une **droite passant par l'origine**.
- Le nombre a est appelé **coefficient directeur** de la droite : il donne la direction de la droite.

Si $a > 0$	Si $a < 0$	Si $a = 0$
La droite « monte ».	La droite « descend ».	La droite est horizontale.

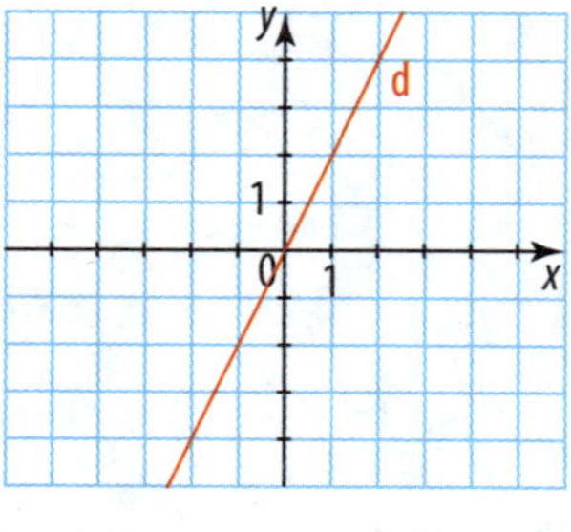

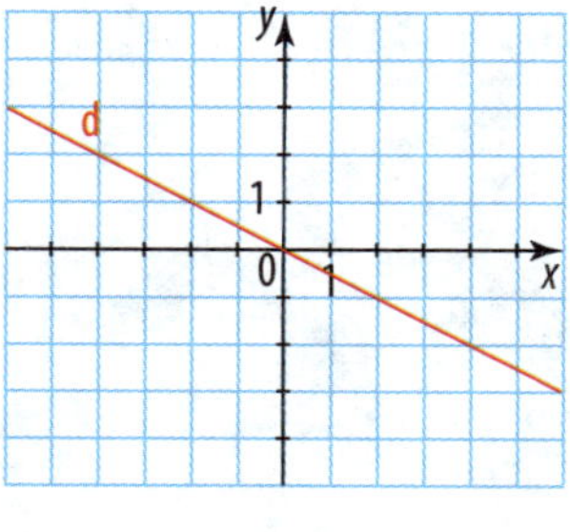

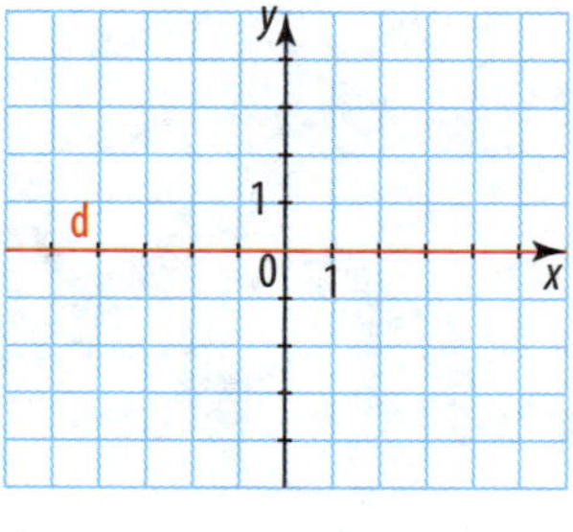

COURS

2 Fonction linéaire, proportionnalité et pourcentages

1 Proportionnalité

- Un tableau décrit une situation de proportionnalité quand, en multipliant par un même nombre a les valeurs de la première ligne, on retrouve celles de la deuxième ligne. Ce nombre a est appelé **coefficient de proportionnalité**.

Exemple

4,5	8
10,8	19,2

$\times 2,4$

Dans ce tableau, $a = 2,4$.

Bien comprendre

Dans un tableau de proportionnalité,
- les quotients sont égaux ;
- les produits en croix sont égaux.

- À toute situation de proportionnalité, on peut associer une fonction linéaire.

Exemple : La fonction linéaire associée au tableau ci-dessus est $f(x) = 2,4\,x$.

2 Pourcentages

- Prendre t % d'un nombre, c'est le multiplier par $\frac{t}{100}$.
- Augmenter un nombre de t %, c'est le multiplier par $\left(1 + \frac{t}{100}\right)$.
- Diminuer un nombre de t %, c'est le multiplier par $\left(1 - \frac{t}{100}\right)$.

Remarque

Les nombres $1 + \frac{t}{100}$ et $1 - \frac{t}{100}$ sont appelés coefficients multiplicateurs et notés CM.

Bien comprendre

- Une augmentation en pourcentage se traduit par une multiplication par un nombre plus grand que 1.
- Une baisse en pourcentage se traduit par une multiplication par un nombre plus petit que 1.

Exemple : La fonction linéaire associée à une augmentation de 15 % est la fonction définie par $f(x) = \left(1 + \frac{15}{100}\right)x = 1,15\,x$.

QCM

1 Des choix à faire

Corrigé p. 153

Cochez la (ou les) réponse(s) correcte(s).

1. On définit une fonction linéaire quand, à un nombre x, on associe :

a) ☐ le triple de x.

b) ☐ la division de x par 5.

c) ☐ son carré.

Soit f la fonction définie par $f(x) = -2x$.

2. L'image de –1 par f est :

a) ☒ –2 **b)** ☐ 2 **c)** ☐ 0

3. Un antécédent de 4 par f est :

a) ☐ –8 **b)** ☐ –2 **c)** ☒ 2

4. La droite D_g représentant la fonction $g : x \mapsto \frac{5}{9}x$ passe par le point de coordonnées :

a) ☐ (0 ; 0) **b)** ☐ (5 ; 9) **c)** ☐ (9 ; 5)

5. Ce tableau est un tableau de proportionnalité lorsque :

a	2
b	5

a) ☐ $a = 7$ et $b = 17{,}5$.

b) ☐ $a = 2{,}2$ et $b = 6$.

c) ☐ $a = 0{,}5$ et $b = 1{,}25$.

6. Augmenter un nombre de 20 %, c'est le multiplier par :

a) ☐ 1,2 **b)** ☐ 1,02 **c)** ☐ 0,2

2 Vrai ou Faux ?

Corrigé p. 154

Cochez la bonne réponse.

1. Toutes les courbes passant par l'origine O du repère représentent une fonction linéaire. ☐ V ☐ F

2. Si f est une fonction linéaire, alors $f(0) = 0$. ☐ V ☐ F

3. Prendre 30 % d'un nombre, c'est le multiplier par 0,7. ☐ V ☐ F

4. Diminuer un nombre de 40 %, c'est le multiplier par 0,6. ☐ V ☐ F

5. Le poids d'un individu est proportionnel à sa taille. ☐ V ☐ F

6. La distance parcourue par un véhicule est proportionnelle à sa vitesse. ☐ V ☐ F

Exercices d'entraînement

3 Calcul mental

5 min ➔ Corrigé p. 154

Cet exercice doit être fait sans calculatrice.

1. Complétez avec un nombre entier ou décimal :

- $\frac{4\times 7}{4} =$ 7
- $\frac{6\times 7}{3} =$ 14
- $\frac{9\times 0,5}{2} =$ 20, 25
- $\frac{9\times 8}{4} =$ 18
- $\frac{5\times 7}{2} =$ 17,5
- $\frac{8\times 40}{10} =$ 32

2. Complétez avec un nombre décimal :

- $\frac{2}{5} =$ 0,4
- $\frac{4}{10} =$ 0,4
- $\frac{6}{5} =$ 1,2
- $\frac{5}{4} =$ ....
- $\frac{1}{3} \simeq$ 0,33
- $\frac{9}{4} =$ 2,25

3. Complétez avec un nombre entier ou décimal :

- 0,26 = 26 %
- 0,02 = 2 %
- 0,0203 = 2,03 %
- 0,47 = 47 %
- 0,05 = 5 %
- 0,006 = 0,6 %

4. Complétez avec un nombre entier ou décimal :

- 5 % de 200 = ...
- 50 % de 64 = ...
- 10 % de 32 = ...
- 10 % de 35 = ...
- 25 % de 400 = ...
- 30 % de 50 = ...

4 Linéaire or not linéaire ? Acte 1

5 min ➔ Corrigé p. 155

Parmi ces fonctions, déterminez en justifiant celles qui définissent une fonction linéaire. Vous préciserez alors le coefficient de proportionnalité.

- $f_1(x) = -2x^2$
- $f_2(x) = -\frac{4}{3}x$
- $f_3(x) = \frac{1}{2x}$
- $f_4(x) = x$

5 Linéaire or not linéaire ? Acte 2

5 min Corrigé p. 155

On donne ci-contre les représentations graphiques $\mathscr{C}_1$, $\mathscr{C}_2$, $\mathscr{C}_3$ et $\mathscr{C}_4$ de quatre fonctions. Indiquez en justifiant celles qui représentent des fonctions linéaires.

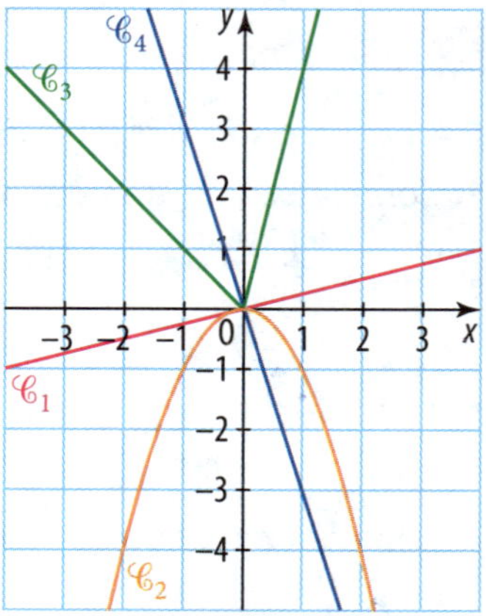

6 Linéaire or not linéaire ? Acte 3

5 min Corrigé p. 155

Ce tableau de valeurs correspond-il à celui d'une fonction linéaire ?

1.

x	3	0,15
f(x)	7	0,4

2.

x	18,7	55
f(x)	33,66	99

7 Savoir représenter une fonction linéaire

10 min Corrigé p. 155

Représentez dans un repère les trois fonctions linéaires définies par :

- $f_1(x) = 3x$
- $f_2(x) = -\dfrac{1}{2}x$
- $f_3(x) = \dfrac{3}{7}x$

Méthode

1. Une fonction linéaire est représentée par une droite $\mathscr{D}$ passant par l'origine du repère.
2. On choisit une valeur de *x* dont on calcule l'image : on obtient un second point de $\mathscr{D}$.
3. On construit $\mathscr{D}$ en reliant *O* au second point.

8 À la recherche d'une fonction linéaire

5 min Corrigé p. 156

Déterminez l'expression de la fonction linéaire f qui vérifie $f(6) = 10$.

Méthode

1. La fonction linéaire cherchée est une fonction qui s'écrit sous la forme $(x) = ax$.
2. On recherche la valeur de a en utilisant l'image donnée.
3. On conclut en écrivant l'expression de $f(x)$.

9 À la recherche d'une fonction linéaire (bis)

10 min Corrigé p. 156

On donne les représentations graphiques $\mathcal{D}_1$, $\mathcal{D}_2$ et $\mathcal{D}_3$ de trois fonctions linéaires f_1, f_2 et f_3. Donnez les expressions de f_1, f_2 et f_3.

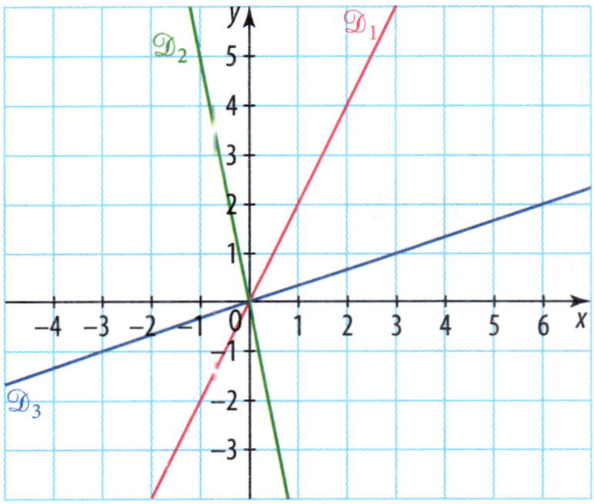

Méthode

1. On choisit un nombre et on recherche graphiquement son image par la fonction. On utilise, dans la mesure du possible, des nombres entiers.

2. On calcule *a* grâce à la méthode précédente.

3. On conclut en écrivant l'expression de $f(x)$.

10 Image et antécédents

10 min Corrigé p. 157

Soit f la fonction définie par $f(x) = \frac{5}{2}x$.

1. Calculez l'image par f de -4 ; 0 et $\frac{1}{2}$.

2. Déterminez les antécédents par f des nombres -1 et 8.

11 Des pourcentages, en veux-tu ? En voilà !

10 min Corrigé p. 157

1. Au collège Victor Hugo, 92 % des élèves ont eu leur brevet, soit 345 élèves. Combien d'élèves de troisième compte ce collège ?

2. Dans une boutique, un blouson est affiché à 59 €. Avec sa carte de fidélité, Nina bénéficie d'une remise de 15 %. Combien paiera-t-elle le blouson ?

3. En février, Gilles a réglé une facture d'électricité d'un montant de 60 €. Sachant qu'il a payé 25 % de plus que le mois précédent, à combien s'élevait la facture de janvier ?

Problèmes

12 Il y a de l'électricité dans l'air

★ 20 min Corrigé p. 158

Lors d'un TP de sciences physiques, Célian relève aux bornes d'un dipôle D la tension U en fonction du courant I qui le traverse.

Il obtient les résultats suivants.

U (en volts)	1,2	3,6	8,4
I (en ampères)	0,2	0,6	1,4

1. Ce tableau est-il un tableau de proportionnalité ? Justifiez par le calcul.

2. Placez les points dans un repère en prenant 1 cm pour 0,2 en abscisse et 1 cm pour 1 en ordonnée. Que remarquez-vous ?

3. Le professeur indique au tableau la formule $U = R \times I$ où R est la valeur de la résistance en ohms du dipôle. Quelle est la valeur de R ?

4. Déduisez-en :

a) la tension aux bornes de D avec un courant de 5 A.

b) l'intensité du courant qui traverse D pour une tension de 12 V.

13 À la banque

★★ 20 min Corrigé p. 158

Cathy dispose de 3 400 €. Elle les place pour un an à la banque avec un taux d'intérêt de 4 %.

1. De quelle somme d'argent Cathy disposera-t-elle au bout d'un an ?

2. Dans la suite du problème, on note x la somme déposée.

On appelle f la fonction qui à x associe le capital correspondant au bout d'un an.

Déterminez l'expression de $f(x)$.

3. Combien Cathy aurait-elle dû déposer pour obtenir un bénéfice de 200 € ?

Vers le brevet

14 La vie est chère

★ 10 min Corrigé p. 159

Un commerçant augmente le prix de tous ses articles de 8 %.

Un objet coûte x euros.

Après avoir subi cette augmentation, il coûte y euros.

1. Exprimez y en fonction de x.

2. Un lecteur de DVD coûte, avant augmentation, 329 euros. Combien coûtera-t-il après ?

3. Un téléviseur coûte, après augmentation, 540 euros. Combien coûtait-il avant ?

15 Très théorique

★ 10 min Corrigé p. 159

On considère le tableau de proportionnalité ci-contre.

20	30
70	b

$\times a$

1. Calculez b.

2. On appelle a le coefficient de proportionnalité. Calculez a.

3. On considère la fonction linéaire f définie par $f : x \mapsto 3{,}5\,x$.

Tracez la droite D_f représentant la fonction f.

16 Dispute autour d'un écran

20 min Corrigé p. 160

- Le format d'un écran est le rapport de la longueur de l'écran sur sa largeur.
- La diagonale d'un écran se mesure en pouces. Un pouce est égal à 2,54 cm.

Louise et Juliette discutent de leurs cadeaux de Noël et se rendent compte qu'elles ont eu toutes les deux une tablette.

Louise a eu une tablette 10 pouces et Juliette une tablette 10,5 pouces. Cette dernière se réjouit donc d'avoir un plus grand écran que son amie.

Mais Louise affirme le contraire, arguant que son écran est au format 4/3, alors que celui de Juliette est au format 16/9.

Pouvez-vous aider les deux amies à déterminer qui a raison ?

Exercices d'approfondissement

17 Histoire de robots

★★ 5 min Corrigé p. 161

5 robots fabriquent 5 jouets en 5 heures.
Combien 10 robots fabriquent-ils de jouets en 10 heures ?

18 Évolutions successives

★★ 10 min Corrigé p. 162

Un prix a augmenté de 10 %, puis de 20 %.
De quel pourcentage a-t-il augmenté au total ?

CORRIGÉS

QCM

1 **1.** Une fonction linéaire a une expression de la forme ax.

- Le triple de x s'écrit $3 \times x = 3x$. (Ici $a = 3$.)
- La division de x par 5 s'écrit $\frac{x}{5} = \frac{1}{5}x$. (Ici $a = \frac{1}{5}$.)
- Le carré de x s'écrit x^2. Cette expression n'est pas de la forme ax.

Réponses : **a)** le triple de x et **b)** la division de x par 5.

2. L'image de -1 par f est $f(-1) = -2(-1) = 2$.

Réponse : **b)** 2.

> **Méthode**
> Dans l'expression de $f(x)$, on remplace x par -1.

3. L'antécédent de 4 par f est le nombre x tel que $f(x) = 4$.

On résout $-2\,x = 4$, soit $x = \frac{4}{-2} = -2$.

Réponse : **b)** -2.

> **Méthode**
> Déterminer un antécédent, c'est résoudre une équation.

4. • $g : x \mapsto \frac{5}{9}x$ est une fonction linéaire, car elle est de la forme ax avec $a = \frac{5}{9}$.

Sa représentation graphique D_g passe donc par l'origine O (0 ; 0) du repère.

• $g(5) = \frac{5}{9} \times 5 = \frac{25}{9} \neq 9$.

Donc le point de coordonnées (5 ; 9) n'est pas sur D_g.

• $g(9) = \frac{5}{\cancel{9}} \times \cancel{9} = 5$.

Donc le point de coordonnées (9 ; 5) est sur D_g.

> **Rappel**
> Les points situés sur D_g ont des coordonnées de la forme $\left(x\,;\frac{5}{9}x\right)$.

Réponses : **a)** (0 ; 0) et **c)** (9 ; 5).

5. • $7 \times 5 = 35$ et $2 \times 17{,}5 = 35$. Il y a proportionnalité.

• $2{,}2 \times 5 = 11$ et $2 \times 6 = 12$.

Il n'y a pas égalité, donc pas proportionnalité.

• $0{,}5 \times 5 = 2{,}5$ et $2 \times 1{,}25 = 2{,}5$. Il y a proportionnalité.

> **Méthode**
> Pour les valeurs de a et b proposées, on teste l'égalité des produits en croix.

Réponses : **a)** $a = 7$ et $b = 17{,}5$ et **c)** $a = 0{,}5$ et $b = 1{,}25$.

6. Augmenter un nombre de 20 %, c'est le multiplier par $1 + \frac{20}{100} = 1{,}2$.

Réponse : **a)** 1,2.

2 **1. Faux** → Seules les droites passant par O représentent une fonction linéaire.

Piège à éviter
Une courbe n'est pas forcément une droite.

2. Vrai → Une fonction linéaire s'écrit $f(x) = ax$. On a bien $f(0) = a \times 0 = 0$.

3. Faux → Quand on prend 30 % d'un nombre, on le multiplie par $\frac{30}{100} = 0{,}3$.

4. Vrai → Quand un nombre diminue de 40 %, il est multiplié par $1 - \frac{40}{100} = 1 - 0{,}4 = 0{,}6$.

5. Faux → Par exemple, un bébé d'un mois pesant 3,4 kg n'a pas son poids multiplié par 12 en 12 mois.

6. Vrai → La relation $d = v \times t$ donne la proportionnalité entre d et v.

Exercices d'entraînement

3 **1.**

- $\frac{4\times7}{4} = \boxed{7}$
- $\frac{6\times7}{3} = \boxed{14}$
- $\frac{9\times0{,}5}{2} = \boxed{2{,}25}$
- $\frac{9\times8}{4} = \boxed{18}$
- $\frac{5\times7}{2} = \boxed{17{,}5}$
- $\frac{8\times40}{10} = \boxed{32}$

2.

- $\frac{2}{5} = \boxed{0{,}4}$
- $\frac{4}{10} = \boxed{0{,}4}$
- $\frac{6}{5} = \boxed{1{,}2}$
- $\frac{5}{4} = \boxed{1{,}25}$
- $\frac{1}{3} \simeq \boxed{0{,}33}$
- $\frac{9}{4} = \boxed{2{,}25}$

3.

- $0{,}26 = \boxed{26\ \%}$
- $0{,}47 = \boxed{47\ \%}$
- $0{,}02 = \boxed{2\ \%}$
- $0{,}05 = \boxed{5\ \%}$
- $0{,}0203 = \boxed{2{,}03\ \%}$
- $0{,}006 = \boxed{0{,}6\ \%}$

4.

- 5 % de 200 = $\boxed{10}$
- 10 % de 35 = $\boxed{3{,}5}$
- 50 % de 64 = $\boxed{32}$
- 25 % de 400 = $\boxed{100}$
- 10 % de 32 = $\boxed{3{,}2}$
- 30 % de 50 = $\boxed{15}$

Pensez-y !
Prendre 10 % d'un nombre revient à le diviser par 10.
Prendre 50 % d'un nombre revient à le diviser par 2.
Prendre 25 % d'un nombre revient à le diviser par 4.

CORRIGÉS

4 • f_1 n'est pas une fonction linéaire à cause du terme en carré.

> **Méthode**
> On repère les expressions de la forme ax. Puis on précise a.

• $f_2(x) = -\frac{4}{3} \times x = -\frac{4}{3}x$.

f_2 **est une fonction linéaire** de coefficient $a = -\frac{4}{3}$.

• f_3 n'est pas une fonction linéaire, car le terme en x est au dénominateur.

• $f_4(x) = x = 1 \times x$. f_4 **est une fonction linéaire** de coefficient $a = 1$.

5 • $\mathscr{C}_1$ est une droite passant par l'origine O du repère. $\mathscr{C}_1$ **représente bien une fonction linéaire.**

> **Gagnez des points !**
> Il faut vérifier :
> • si c'est une droite ;
> • si elle passe par O.

• $\mathscr{C}_2$ n'est pas une droite, donc ne représente pas une fonction linéaire.

• $\mathscr{C}_3$ n'est pas une droite, mais une réunion de deux droites. $\mathscr{C}_3$ ne représente donc pas une fonction linéaire.

• $\mathscr{C}_4$ est une droite passant par O. **Elle représente une fonction linéaire.**

6 **1.** On calcule $3 \times 0{,}4 = 1{,}2$ et $7 \times 0{,}15 = 1{,}05$.

Il n'y a pas égalité des produits en croix, donc **ce tableau ne correspond pas à celui d'une fonction linéaire.**

> **Rappel**
> Avec une fonction linéaire, il y a proportionnalité des x et des $f(x)$.

2. $18{,}7 \times 99 = 1\,851{,}3$ et $33{,}66 \times 55 = 1\,851{,}3$.

Les produits en croix sont égaux : **ce tableau est bien associé à une fonction linéaire.**

7 • Représentation graphique de f_1 : la droite $\mathscr{D}_1$

$f_1(2) = 3 \times 2 = 6$. $\mathscr{D}_1$ passe par le point A de coordonnées (2 ; 6).

• Représentation graphique de f_2 : la droite $\mathscr{D}_2$

$f_2(6) = -\frac{1}{2} \times 6 = -3$. $\mathscr{D}_2$ passe par le point B de coordonnées (6 ; –3).

• Représentation graphique de f_3 : la droite $\mathscr{D}_3$

$f_3(7) = \frac{3}{7} \times 7 = 3$.

$\mathscr{D}_2$ passe par le point C de coordonnées (7 ; 3).

> **L'astuce du prof**
> On choisit pour valeur de x un multiple de 7 afin que $\frac{3}{7}x$ soit entier.

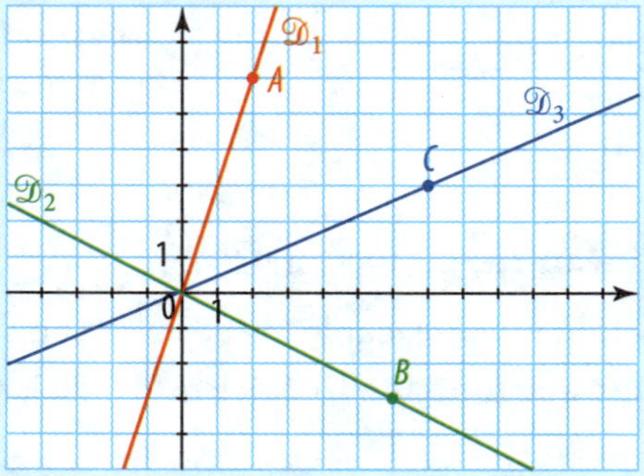

8 f est une fonction linéaire, donc f a une expression de la forme $f(x) = ax$.

De plus $f(6) = 10$

$a \times 6 = 10$

> **Méthode**
> On résout une équation d'inconnue a.

On en déduit : $a = \dfrac{10}{6} = \dfrac{5}{3}$.

En conclusion, la fonction linéaire cherchée est $\boxed{f(x) = \dfrac{5}{3}x}$.

9 • $\mathscr{D}_1$ passe par le point de coordonnées (2 ; 4).

La fonction linéaire f_1 associée à $\mathscr{D}_1$ a une expression de la forme $f_1(x) = ax$ et vérifie $f_1(2) = 4$. D'où $a \times 2 = 4$, soit $a = \dfrac{4}{2} = 2$.

En conclusion, $\mathscr{D}_1$ représente la fonction $\boxed{f_1(x) = 2x}$.

• $\mathscr{D}_2$ passe par le point de coordonnées (–1 ; 5).

La fonction linéaire f_2 associée à $\mathscr{D}_2$ a une expression de la forme $f_2(x) = ax$ et vérifie $f_2(-1) = 5$. D'où $a \times (-1) = 5$, soit $a = \dfrac{5}{-1} = -5$.

En conclusion, $\mathscr{D}_2$ représente la fonction $\boxed{f_2(x) = -5}$.

• $\mathscr{D}_3$ passe par le point de coordonnées (6 ; 2).

La fonction linéaire f_3 associée à $\mathscr{D}_3$ a une expression de la forme $f_3(x) = ax$ et vérifie $f_3(6) = 2$.

> **L'astuce du prof**
> On choisit un point de $\mathscr{D}_3$ à coordonnées entières : c'est plus facile pour les calculs.

D'où $a \times 6 = 2$, soit $a = \dfrac{2}{6} = \dfrac{1}{3}$.

En conclusion, $\mathscr{D}_3$ représente la fonction $\boxed{f_3(x) = \dfrac{1}{3}x}$.

CORRIGÉS

10 **1.** • $f(-4) = \frac{5}{2} \times (-4) = \frac{-20}{2} = \boxed{-10}$.

Rappel
L'image de −4 est $f(-4)$.

• $f(0) = \frac{5}{2} \times 0 = \boxed{0}$.

• $f\left(\frac{1}{2}\right) = \frac{5}{2} \times \frac{1}{2} = \frac{5}{4} = \boxed{1{,}25}$.

2. • L'antécédent par f de −1 vérifie l'égalité $f(x) = -1$.

$\frac{5}{2}x = -1$ ou $x = -\frac{1}{\frac{5}{2}} = -1 \times \frac{2}{5} = -\frac{2}{5} = -0{,}4$.

Rappel
L'antécédent de −1 est le nombre ayant pour image −1.

L'antécédent de −1 par f est −0,4.

• Déterminons l'antécédent par f de 8 :
Il vérifie l'égalité $f(x) = 8$.

$\frac{5}{2}x = 8$ ou $x = \frac{8}{\frac{5}{2}} = 8 \times \frac{2}{5} = \frac{16}{5} = 3{,}2$.

Rappel
Diviser par une fraction $\left(\frac{5}{2}\right)$, c'est multiplier par son inverse $\left(\frac{2}{5}\right)$.

L'antécédent de 8 par f est 3,2.

11 **1.** 92 % des élèves de 3e, soit 345 élèves, ont eu leur brevet.

Le nombre x d'élèves de 3e vérifie $\frac{92}{100} \times x = 345$

$0{,}92x = 345$. On en déduit $x = \frac{345}{0{,}92} = 375$.

Méthode
Prendre t % d'un nombre, c'est le multiplier par $\frac{t}{100}$.

Le collège compte 375 élèves de troisième.

2. Le blouson coûtera à Nina :

$59 \times \left(1 - \frac{15}{100}\right) = 59 \times 0{,}85 = \boxed{50{,}15\ €}$.

Méthode
Quand un prix baisse de t %, il est multiplié par $\left(1 - \frac{t}{100}\right)$.

3. Le montant x de la facture d'électricité de Gilles en janvier vérifie :

$x \times \left(1 + \frac{25}{100}\right) = 60$

$x \times 1{,}25 = 60$ ou $x = \frac{60}{1{,}25} = \boxed{48\ €}$.

Méthode
Quand un prix augmente de t %, il est multiplié par $\left(1 + \frac{t}{100}\right)$.

CORRIGÉS

Problèmes

12 **1.** Calculons les quotients :

• $1{,}2 \div 0{,}2 = 6$ • $3{,}6 \div 0{,}6 = 6$ • $8{,}4 \div 1{,}4 = 6$

Les trois quotients étant égaux, **ce tableau illustre bien une situation de proportionnalité.**

Pensez-y !
Dans un tableau de proportionnalité, les quotients sont égaux.

2. Représentation graphique

On peut remarquer que les trois points sont alignés sur une droite.

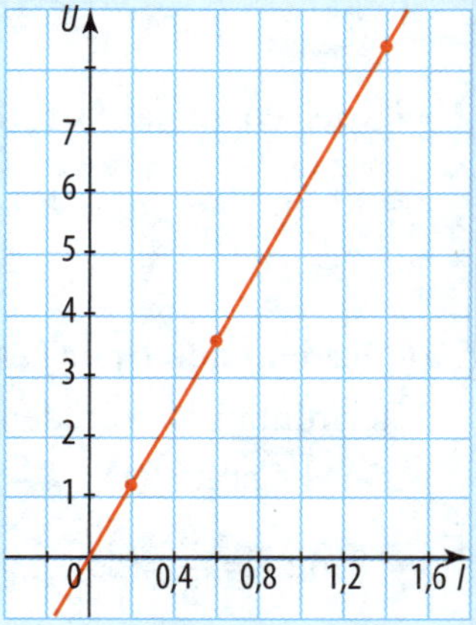

3. La valeur de R est le coefficient de proportionnalité entre U et I. On en déduit $\boxed{R = 6\ \Omega}$.

4. a) En utilisant la relation de proportionnalité $U = RI$, on déduit la valeur de la tension cherchée :

$U = 6 \times 5 = \boxed{30\ \text{V}}$.

b) De même, à partir de la relation $U = RI$, on déduit $I = \dfrac{U}{R}$.

On obtient la valeur de l'intensité cherchée : $I = \dfrac{12}{6} = \boxed{2\ \text{A}}$.

13 **1.** Le capital de Cathy va augmenter de 4 %. Elle aura alors :

$$3\,400 \times \left(1 + \frac{4}{100}\right) = 3\,400 \times 1{,}04 = \boxed{3\,536\ €}.$$

2. Soit x le capital déposé. Au bout d'un an, le montant de ce capital s'élèvera à :

$$f(x) = x \times \left(1 + \frac{4}{100}\right) = x \times (1 + 0{,}04) = \boxed{1{,}04x}.$$

3. Si le bénéfice réalisé est de 200 €, le capital disponible au bout d'un an vérifie :

$$f(x) = \underbrace{x}_{\text{capital de départ}} + \underbrace{200}_{\text{intérêts}}$$

Méthode
On isole les x d'un côté et les « non x » de l'autre.

$$1{,}04x = x + 200$$
$$1{,}04x - x = 200$$
$$0{,}04x = 200$$

ou $x = \dfrac{200}{0{,}04} = 5\,000$.

200 € d'intérêts correspondent à un placement initial de 5 000 €.

Vers le brevet

14 **1.** Quand on augmente un nombre de 8 %, on le multiplie par :

$\left(1 + \frac{8}{100}\right) = 1 + 0{,}08 = 1{,}08.$

D'où l'expression du prix final y en fonction du prix initial x : $\boxed{y = 1{,}08x}$.

Méthode
On utilise l'expression de la question 1 avec $x = 329$.

2. Après augmentation, le lecteur DVD coûtera :

$1{,}08 \times 329 = \boxed{355{,}32\text{ €}}$.

Méthode
On utilise l'expression de la question 1 avec $y = 540$.

3. Le prix x du téléviseur avant l'augmentation vérifie :

$1{,}08 \times x = 540$

D'où $x = \frac{540}{1{,}08} = \boxed{500\text{ €}}$.

15 **1.** Dans un tableau de proportionnalité, les produits en croix sont égaux :

$20 \times b = 30 \times 70$

$20\,b = 2\,100$

$b = \frac{2\,100}{20} = \boxed{105}$

Remarque
La fonction linéaire est celle associée au tableau de proportionnalité.
On lit une image directement dans le tableau.

2. Le coefficient de proportionnalité a se calcule comme :

$a = \frac{70}{20} = \frac{7}{2} = \boxed{3{,}5}$

3. f est la fonction linéaire définie par $f : x \mapsto 3{,}5\,x$. Sa représentation graphique est donc une droite D_f passant par l'origine O du repère.

De plus, $f(20) = 70$ (d'après le tableau) : D_f passe donc aussi par le point de coordonnées (20 ; 70).

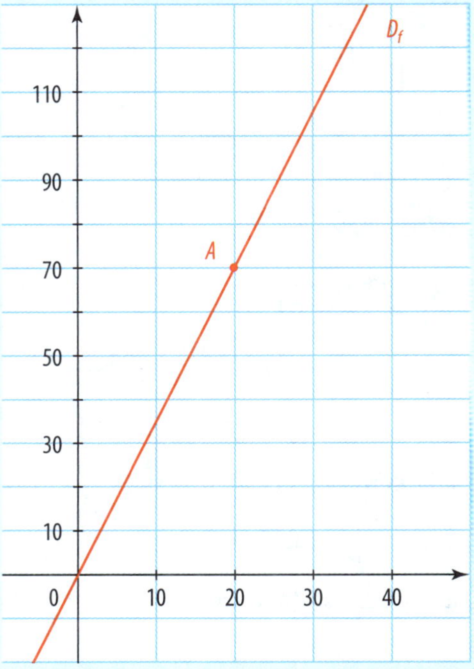

16 En notant a la largeur d'un écran 4/3, sa longueur est donnée par $\frac{4}{3}a$.

En notant b la largeur d'un écran 16/9, sa longueur est donnée par $\frac{16}{9}b$.

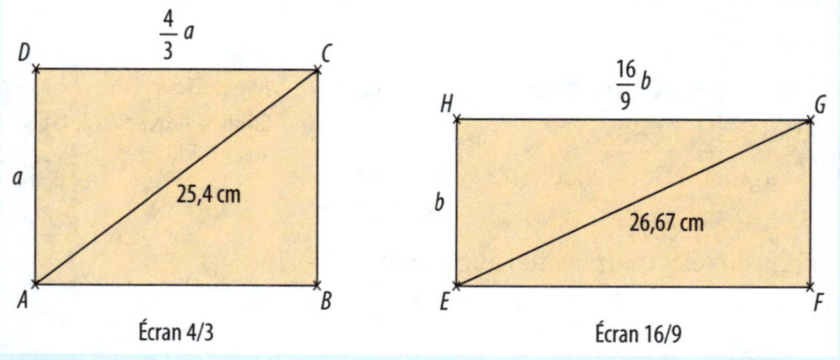

1 pouce = 2,54 cm, donc 10 pouces = 25,4 cm
et 10,5 pouces = 10,5 × 2,54 = 26,67 cm.

• D'après le théorème de Pythagore dans le triangle ADC rectangle en D :

$$AD^2 + DC^2 = AC^2$$

$$a^2 + \left(\frac{4}{3}a\right)^2 = 25,4^2$$

$$a^2 + \frac{16}{9}a^2 = 645,16$$

$$\frac{9}{9}a^2 + \frac{16}{9}a^2 = 645,16$$

$$\frac{25}{9}a^2 = 645,16$$

$$a^2 = 645,16 \times \frac{9}{25} = 232,2576$$

$$a = \sqrt{232,2576} = 15,24$$

Méthode
La longueur de la diagonale ainsi que le rapport 4/3 permettent de calculer la largeur, puis la longueur du rectangle. Ensuite, on calcule la surface de la tablette.

La largeur de l'écran 4/3 est 15,24 cm. Sa longueur est donc :

$15,24 \times \frac{4}{3} = 20,32$ cm.

Sa surface est donc 15,24 × 20,32 = 309,6768 cm^2.

• D'après le théorème de Pythagore dans le triangle HEG rectangle en H :

$$HE^2 + HG^2 = EG^2$$

$$b^2 + \left(\frac{16}{9}b\right)^2 = 26{,}67^2$$

$$b^2 + \frac{256}{81}b^2 = 711{,}2889$$

$$\frac{81}{81}b^2 + \frac{256}{81}b^2 = 711{,}2889$$

$$\frac{337}{81}b^2 = 711{,}2889$$

$$b^2 = 711{,}2889 \times \frac{81}{337}$$

$$b^2 \simeq 170{,}963$$

$$b \simeq \sqrt{170{,}963}$$

$$b \simeq 13{,}08$$

La largeur de l'écran 16/9 est 13,08 cm environ. Sa longueur est donc :

$$13{,}08 \times \frac{16}{9} \simeq 23{,}25\,\text{cm}.$$

Sa surface est donc d'environ $13{,}08 \times 23{,}25 = 304{,}11$ cm^2.

• Conclusion : bien que la diagonale de son écran soit plus petite, **c'est Louise qui a le plus grand écran**.

Exercices d'approfondissement

17 5 robots fabriquent 5 jouets en 5 heures.

• Le nombre de robots et le nombre de jouets fabriqués sont proportionnels.

Donc 2 fois plus de robots fabriquent 2 fois plus de jouets sur une même durée :

10 robots fabriquent donc 10 jouets en 5 heures.

• Par ailleurs, le nombre de jouets fabriqués et la durée de travail sont proportionnels.

Remarque

On parle ici de double proportionnalité entre :

– le nombre de robots et le nombre de jouets fabriqués ;

– le nombre de jouets fabriqués et le temps de travail.

Donc un même nombre de robots fabriquent 2 fois plus de jouets sur une durée multipliée par 2 : **10 robots fabriquent 2×10, soit 20 jouets en 10 heures.**

18 • Un nombre augmenté de 10 % est multiplié par $\left(1+\frac{10}{100}\right)=1{,}1$.

• Un nombre augmenté de 20 % est multiplié par $\left(1+\frac{20}{100}\right)=1{,}2$.

• Un prix augmenté de 10 % puis de 20 % est multiplié par 1,1 puis par 1,2, soit par $1{,}1 \times 1{,}2 = 1{,}32$.

L'évolution associée à une multiplication par 1,32 est :

$$1{,}32-1=0{,}32=\frac{32}{100}=32\ \%.$$

Piège à éviter

Une augmentation de 10 % puis de 20 % n'est pas équivalente à une augmentation de 30 %.

En conclusion, **un prix qui a augmenté de 10 %, puis de 20 %, a augmenté finalement de 32 %.**

CORRIGÉS

CHAPITRE 9

Fonctions affines

DE QUOI S'AGIT-IL ?

Les fonctions affines trouvent leur utilisation dans la modélisation de problèmes très variés. Leur étude fait l'objet de ce chapitre.

1 Généralités

1 Qu'est-ce qu'une fonction affine ?

Soient a et b deux nombres réels donnés. Une **fonction affine** est une fonction qui, à un nombre x, associe le nombre $a \times x + b$, noté aussi $ax + b$.

On écrit $x \mapsto ax + b$.

Bien comprendre

Une fonction affine est une fonction particulière. Le procédé qui, à tout nombre x, fait correspondre le nombre $ax + b$ s'appelle une fonction affine, notée aussi $f(x)$.

Cas particuliers

- $\boldsymbol{b = 0}$

La fonction $f : x \mapsto a\,x$ est une fonction affine particulière appelée **fonction linéaire**.

- $\boldsymbol{a = 0}$

La fonction $f : x \mapsto b$ est une fonction affine particulière appelée **fonction constante**.

Remarque

Ces fonctions sont étudiées dans le chapitre 10.

2 Propriété : proportionnalité des accroissements

Pour toute fonction affine f, les accroissements de x et de $f(x)$ sont proportionnels. Le coefficient de proportionnalité est le nombre a.

Ainsi, avec $f(x) = ax + b$, quels que soient les nombres x_1 et x_2, on a :

$$\underbrace{f(x_2) - f(x_1)}_{\text{accroissement des } f(x)} = \overbrace{a}^{\text{coefficient}} \underbrace{(x_2 - x_1)}_{\text{accroissement des } x} \quad \text{ou} \quad a = \frac{f(x_2) - f(x_1)}{x_2 - x_1}$$

2 Étude graphique d'une fonction affine

1 Représentation graphique

- Dans un repère, la représentation graphique d'une fonction affine f définie par $f(x) = ax + b$ est une **droite** D.
- Un point $M(x\,;y)$ est sur la droite D si $y = ax + b$.
- Réciproquement, si $y = ax + b$, alors le point $M(x\,;y)$ est sur la droite D.

2 Définitions

Soit D la droite représentant la fonction affine f définie par $f(x) = ax + b$.

- Le nombre a s'appelle **coefficient directeur** de la droite D. Il mesure l'inclinaison de la droite par rapport à l'axe horizontal.
- Quand x augmente de 1 (on se décale de 1 vers la droite à partir d'un point de la droite), $f(x)$ augmente de a. Cette technique permet une lecture directe du coefficient directeur a.
- Le nombre b s'appelle **ordonnée à l'origine** de la droite D.

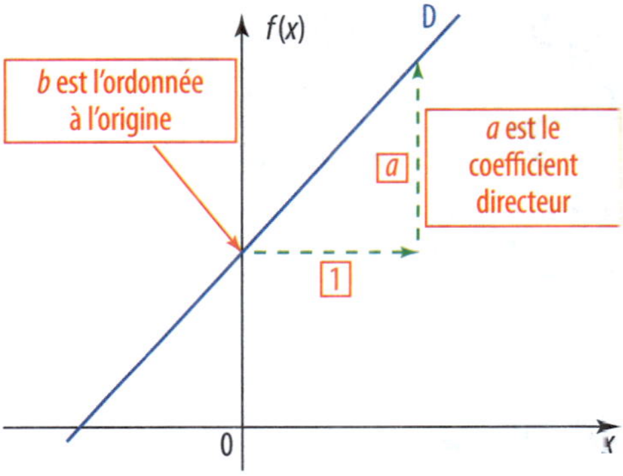

- Le nombre b est l'ordonnée du point d'abscisse nulle. On lit la valeur de l'ordonnée à l'origine à l'intersection de D et de l'axe des ordonnées.

3 Directions de la droite représentant la fonction affine f

Cas où $a > 0$
La droite « monte ».

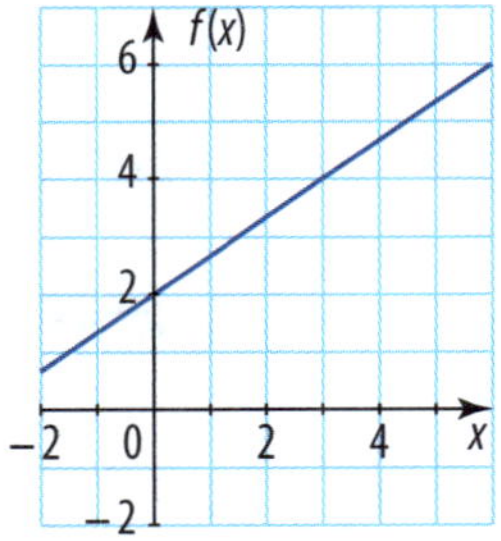

Cas où $a < 0$
La droite « descend ».

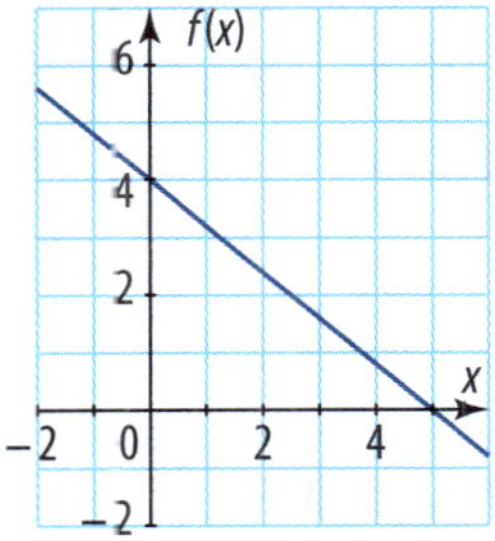

Cas où $a = 0$
La droite est horizontale.

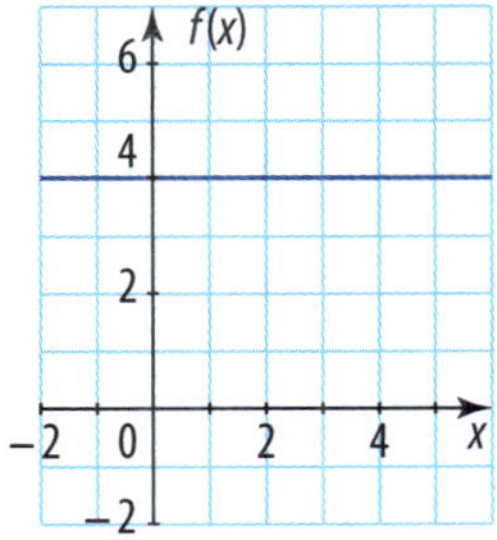

4 Exemple

- D coupe l'axe des ordonnées en 1, donc $b = 1$.
- Quand x augmente de 1, $f(x)$ augmente de 3, donc $a = 3$.

On en déduit que la fonction f représentée est définie par $f(x) = 3x + 1$.

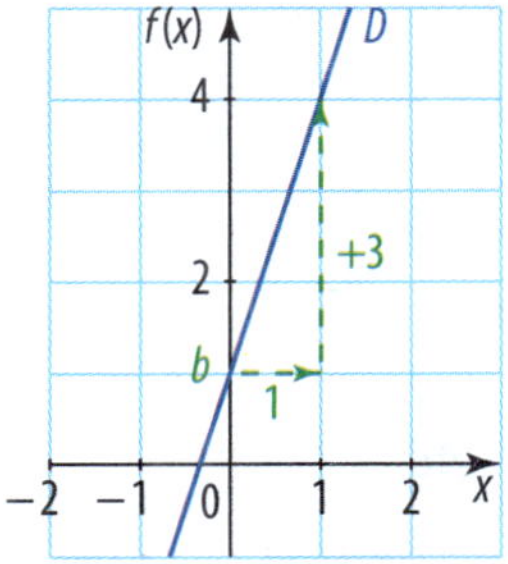

QCM

1 Des choix à faire

➔ Corrigé p. 172

Cochez la (ou les) réponse(s) correcte(s).

On considère la fonction f définie par $f(x) = 8 - 3\,x$.

1. L'image de 3 est :

a) ☐ 17 **b)** ☐ –1 **c)** ☐ 1

2. $f\left(\frac{-2}{3}\right)$ est égale à :

a) ☐ 10 **b)** ☐ 6 **c)** ☐ $\frac{26}{3}$

3. 0 a comme antécédent :

a) ☐ $\frac{3}{8}$ **b)** ☐ $-\frac{8}{3}$ **c)** ☐ $\frac{8}{3}$

4. $-\frac{1}{2}$ a pour antécédent :

a) ☐ $\frac{17}{6}$ **b)** ☐ $-\frac{17}{6}$ **c)** ☐ $-\frac{3}{2}$

5. Par cette fonction, il existe des nombres qui ont :

a) ☐ aucun antécédent **b)** ☐ deux antécédents **c)** ☐ autre réponse

2 Vrai ou Faux ?

➔ Corrigé p. 173

Cochez la bonne réponse.

1. Une fonction affine se représente forcément par une droite. ☐ V ☐ F

2. Une fonction affine est une fonction qui peut s'écrire sous la forme $f(x) = ax + b$. ☐ V ☐ F

3. Une fonction affine s'annule une unique fois. ☐ V ☐ F

4. La fonction $f : x \mapsto 2x + 1$ est associée au procédé : « Au nombre x, on ajoute 1, puis on multiplie par 2 ». ☐ V ☐ F

On considère la fonction affine f définie par $f(x) = 1 - 3x$.

5. La représentation graphique de f a pour coefficient directeur 1. ☐ V ☐ F

6. La représentation graphique de f passe par le point $A(1\,;-2)$. ☐ V ☐ F

Exercices d'entraînement

3 Calcul mental

10 min ➔ Corrigé p. 174

Cet exercice est fait pour être traité sans la calculatrice.

Soit f la fonction affine définie par $f(x) = 2x - 3$ de droite représentative $\mathcal{D}$.

1. a) Quel est le coefficient directeur de $\mathcal{D}$?

b) Combien vaut l'ordonnée à l'origine de $\mathcal{D}$?

2. Quand les x augmentent de 3, de combien augmentent les $f(x)$?

3. Combien vaut $f(4)$? Quelle est l'image de -3 par f ?

4. Quel est l'antécédent de 0 par f ?

5. $\mathcal{D}$ passe-t-elle par le point A de coordonnées $(4 ; 12)$?

4 À la recherche des fonctions affines

10 min ➔ Corrigé p. 174

Dans chacun des cas suivants, écrivez la fonction f sous la forme $f(x) = ax + b$ et précisez les valeurs de a et de b.

1. La représentation graphique de f est une droite de coefficient directeur -3 et telle que $f(0) = 2$.

2. La fonction f est la fonction qui, à un nombre x, lui ajoute 6 et multiplie le résultat par -4.

3. La fonction f est la fonction qui à un nombre x, le multiplie par 3, ajoute 4 au résultat, puis divise le tout par 2.

4. La fonction f est définie par $f(x) = (x + 1)^2 - x^2$.

5. La fonction f est telle que si les x augmentent de 3, les « $f(x)$ » augmentent de 12. De plus, $f(0) = 1$.

5 On fait des constructions

10 min ➔ Corrigé p. 175

Représentez dans un même repère les fonctions affines définies par :

• $f(x) = 3x - 2$ • $g(x) = -2x + 4$ • $h(x) = 1 - x$ • $k(x) = 0,5x + 3$

➔ Méthode

1. Les fonctions affines se représentent par des droites.

2. Deux points suffisent pour tracer une droite. C'est pourquoi on prend deux valeurs de x (pas trop proches et bien choisies) dont on calcule les images.

3. On place dans un repère les deux points ainsi obtenus. En les reliant, on obtient la droite D demandée.

6 On fait l'opération inverse

10 min Corrigé p. 176

Trois fonctions affines f, g et h sont représentées dans le repère ci-contre.

Déterminez ces fonctions en les écrivant sous la forme « $ax + b$ ».

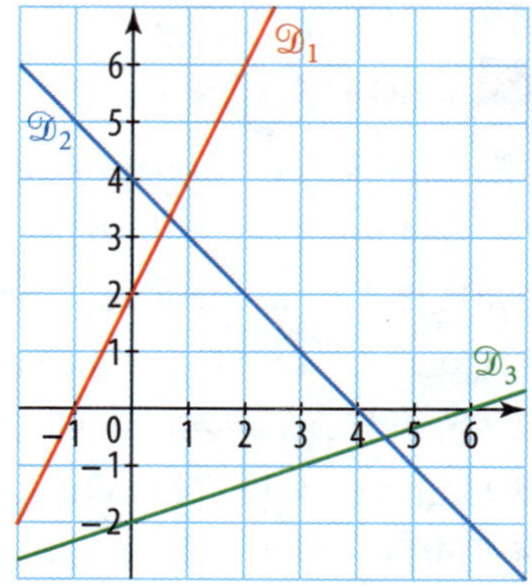

7 Images et antécédents

15 min Corrigé p. 177

Soit f la fonction affine définie par $f(x) = \dfrac{2x - 5}{7}$.

1. Calculez $f(0)$, $f(-1)$, $f\left(\dfrac{11}{2}\right)$, $f\left(\dfrac{8}{3}\right)$.

2. Déterminez les antécédents par f des nombres 0 ; – 1 et $\dfrac{1}{2}$.

8 Affine ou pas ?

10 min Corrigé p. 178

Ce tableau de valeurs correspond-il à celui d'une fonction affine ? Justifiez.

x	–1	2	8
$f(x)$	–1	1	5

9 Fonctions affines en géométrie

15 min Corrigé p. 179

Déterminez la fonction affine f désignant :

1. l'aire du trapèze *TRAP*.

2. le périmètre du rectangle *RECT*.

3. la longueur *AC* dans le triangle *ABC*.

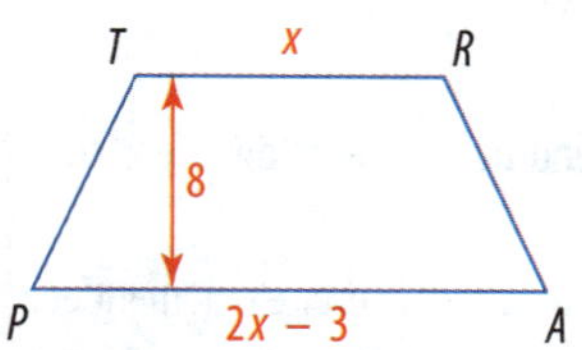

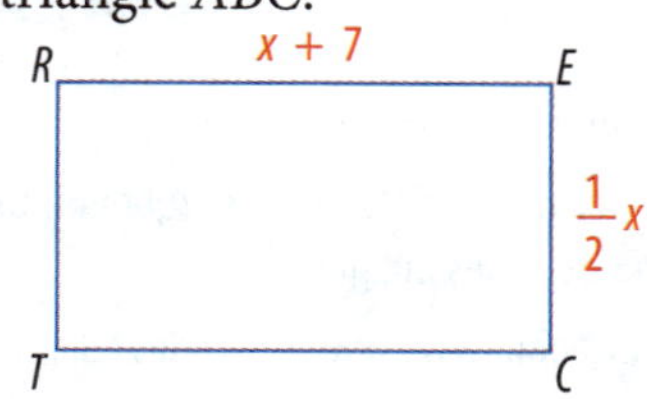

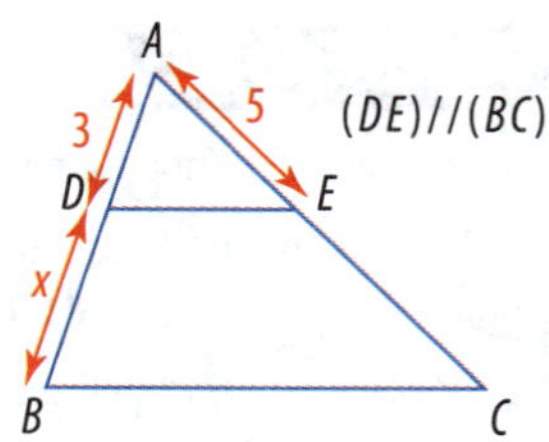

Problèmes

10 Recherche d'une fonction affine par le calcul ★ 15 min ➔ Corrigé p. 179

Déterminez la fonction affine *f* qui vérifie $f(-3) = 2$ et $f(5) = -1$.

➔ Méthode

1. On comprend dans l'énoncé qu'on recherche une fonction affine *f*.
Ainsi, *f* a une expression de la forme $f(x) = ax + b$.

2. On calcule *a* en utilisant la formule $a = \dfrac{f(x_2) - f(x_1)}{x_2 - x_1}$.

3. On calcule *b* grâce à l'une des deux images données par l'énoncé.

4. On conclut en remplaçant *a* et *b* dans l'expression de $f(x)$.

11 Une situation concrète ★ 15 min ➔ Corrigé p. 180

Partie A

Sur le graphique ci-contre, on a représenté deux fonctions affines *f* et *g* définies par :

$f(x) = 60 - 10\,x$ et $g(x) = 40 - 5x$

Justifiez que la fonction *f* est représentée par la droite *K*.

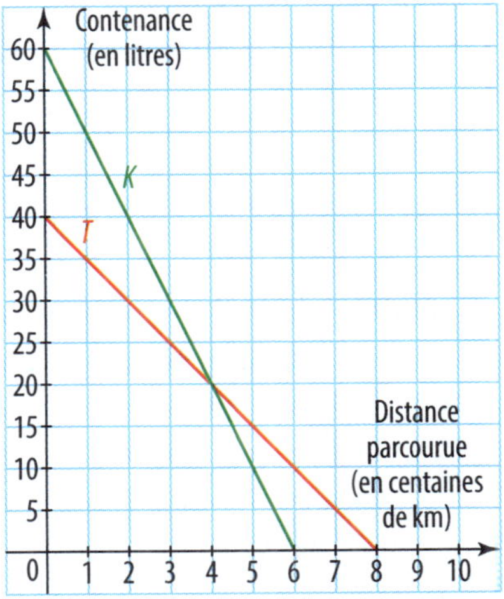

Partie B

Thierry et Kamel partent ensemble en vacances, chacun dans leur voiture.

Ils partent avec le plein d'essence.

Le graphique ci-contre représente la quantité d'essence contenue dans les réservoirs (en litres) des deux véhicules en fonction de la distance parcourue (en centaines de kilomètres) par chaque véhicule (la droite *T* est associée à Thierry et la droite *K* à Kamel).

1. Donnez puis interprétez le nombre $f(3)$.

2. Déterminez le véhicule le plus économique (c'est-à-dire celui qui consomme le moins pour 100 km parcourus).

3. En utilisant le graphique, déterminez :

a) la contenance du réservoir de chaque véhicule.

b) la distance que peut parcourir chaque véhicule avec le plein.

c) la quantité d'essence consommée par le véhicule de Thierry après 700 km parcourus.

4. a) Résolvez par le calcul l'équation $f(x) = g(x)$.

b) Interprétez le résultat.

Vers le brevet

12 Deux formules à départager

20 min Corrigé p. 181

Pour le paiement de la garderie dans une école, on propose deux formules.

– **Formule A** : on paie 40 € pour devenir adhérent pour l'année scolaire, puis on paye 10 € par mois de garderie ;

– **Formule B** : on paie 18 € par mois.

1. On appelle x le nombre de mois de garderie.

On note $A(x)$ le prix payé avec la formule A et $B(x)$ le prix payé avec la formule B. Exprimez $A(x)$ puis $B(x)$ en fonction de x.

2. Représentez graphiquement les fonctions suivantes dans un même repère :

$x \mapsto A(x) = 10x + 40$ et $x \mapsto B(x) = 18x$.

On prendra 1 cm pour 1 mois en abscisse et 1 cm pour 10 € en ordonnée.

3. a) À partir du graphique, déterminez le nombre de mois pour lequel les prix à payer sont les mêmes.

b) Retrouvez ce résultat par le calcul.

4. À partir du graphique, déterminez la formule la plus avantageuse si on ne paie que 4 mois dans l'année.

5. On dispose d'un budget de 113 €. Combien de mois de garderie au maximum pourra-t-on payer si l'on choisit la formule A ?

13 Identification de fonctions

★ 25 min Corrigé p. 183

À l'aide d'un tableur, on réalise les tableaux de valeurs de deux fonctions dont les expressions sont $-2x + 4$ et $-\frac{1}{2}x + 2$.

	A	B	C	D	E	F	G	H	I	J
1	x	2	–1	0	1	2	3	4	5	6
2	$f(x) =$	1	2,5	2	1,5	1	0,5	0	–0,5	–1
3	$g(x) =$	0	6	4	2	0	–2	–4	–6	–8

Toutes vos réponses devront être soigneusement justifiées.

1. Identifiez les expressions des fonctions $f(x)$ et $g(x)$.

2. Quelle formule a-t-on saisie en B3 ?

3. Ci-contre sont représentées deux droites d_1 et d_2.

Identifiez les représentations graphiques de f et de g.

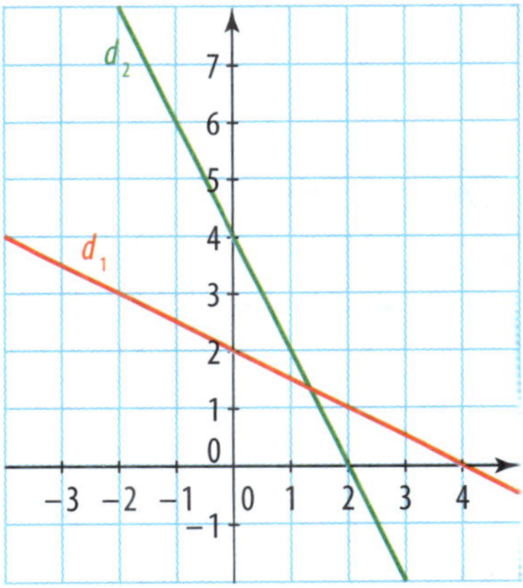

4. a) Donnez une valeur approchée de la solution de l'équation $f(x) = g(x)$.

b) Déterminez par le calcul la valeur exacte de la solution de l'équation $f(x) = g(x)$.

5. Construisez dans ce même repère la représentation graphique de la fonction h définie par : $h(x) = 2x + 7$.

6. a) En utilisant le graphique, donnez la solution de l'équation :

$$-\frac{1}{2}x + 2 = 2x + 7.$$

b) Retrouvez ce résultat par le calcul.

Exercice d'approfondissement

14 Une fonction définie par morceaux

10 min Corrigé p. 184

On considère la fonction f définie par : $f(x) = \begin{cases} \frac{2}{3}x + 2 & \text{si } 0 \leqslant x < 6 \\ -\frac{2}{3}x + 10 & \text{si } 6 \leqslant x \end{cases}$

Représentez la fonction f.

CORRIGÉS

QCM

1 **1.** Pour calculer l'image de 3 par la fonction f, on calcule $f(3)$.

$f(3) = 8 - 3 \times 3 = 8 - 9 = -1$.

L'image de 3 par la fonction f est -1.

> **Méthode**
> Pour calculer l'image de 3, remplacez x par 3 dans $f(x)$.

Réponse : **b)** -1.

2. $f\left(\frac{-2}{3}\right) = 8 - 3 \times \frac{-2}{3} = 8 + 2 = 10$.

> **Remarque**
> Calculer $f\left(\frac{-2}{3}\right)$ revient à calculer l'image de $\frac{-2}{3}$ par f.

Réponse : **a)** 10.

3. Pour déterminer les antécédents de 0, on résout l'équation $f(x) = 0$.

$$8 - 3x = 0$$
$$-3x = 0 - 8$$
$$x = \frac{-8}{-3} = \frac{8}{3}$$

> **Rappel**
> Les antécédents de 0 sont les nombres qui ont pour image 0 par f.

0 a un seul antécédent par f : $\frac{8}{3}$.

Réponse : **c)** $\frac{8}{3}$.

4. Pour déterminer les antécédents de $-\frac{1}{2}$, on résout l'équation $f(x) = -\frac{1}{2}$.

$$8 - 3x = -\frac{1}{2}$$
$$-3x = -\frac{1}{2} - 8$$
$$-3x = -\frac{1}{2} - \frac{16}{2} = -\frac{17}{2}$$
$$3x = \frac{17}{2}$$
$$x = \frac{17}{2} \times \frac{1}{3} = \frac{17}{6}$$

> **Méthode**
> Isolez x dans le membre de gauche.

> **Méthode**
> Diviser par 3 revient à multiplier par l'inverse de 3, soit $\frac{1}{3}$.

Réponse : **a)** $\frac{17}{6}$.

5. Le nombre d'antécédents d'un nombre a par cette fonction correspond au nombre de solutions de l'équation $f(x) = a$.

$$8 - 3x = a$$
$$-3x = a - 8$$
$$x = \frac{a-8}{-3}$$
$$x = \frac{8-a}{3}$$

On en déduit que tout nombre a a un unique antécédent : $\frac{8-a}{3}$.

Réponse : **c)** autre réponse.

> **Méthode**
> La solution trouvée dépend du nombre a choisi au départ. En remplaçant a par 0 par exemple, on retrouve l'antécédent de 0.

2 **1. Vrai →** Par définition, une fonction affine se représente par une droite.

2. Vrai → Par définition, on appelle fonction affine, toute fonction f pouvant s'écrire $f(x) = ax + b$.

3. Faux → Si $a \neq 0$, on a :

$$ax + b = 0$$
$$ax = -b$$
$$x = \frac{-b}{a}$$

Dans ce cas, la fonction ne s'annule qu'une seule fois.

En revanche, si $a = 0$, la fonction f s'écrit $f(x) = b$.

Dans ce cas, si $b \neq 0$, la fonction f ne s'annule jamais !

> **Rappel**
> Une affirmation vraie ne comporte aucune exception !

4. Faux → Au nombre x, on ajoute 1, on obtient :

$x + 1$.

Puis on multiplie par 2.

On obtient : $2(x + 1) = 2x + 2 \neq 2x + 1$.

> **Remarque**
> Le bon procédé est : « On multiplie par 2 le nombre x, puis on ajoute 1 ».

5. Faux → La fonction f s'écrit $f(x) = -3x + 1$. En identifiant à la forme $f(x) = ax + b$, on a $a = -3$ et $b = 1$. Le coefficient directeur étant donné par a, on en déduit que la représentation graphique de f a pour coefficient directeur -3.

> **Méthode**
> Écrivez la fonction f sous la forme $f(x) = ax + b$, puis identifiez les valeurs de a et b.

6. Vrai → On a $f(1) = 1 - 3 \times 1 = -2$. On en déduit que le point A est bien sur la représentation graphique de f.

> **Rappel**
> Le point est sur la droite, si son ordonnée est l'image de son abscisse.

Exercices d'entraînement

3 **1. a)** $f(x) = 2x - 3 = 2 \times x + (-3)$ est de la forme $f(x) = ax + b$ avec $a = 2$.

Le coefficient directeur de $\mathcal{D}$ vaut 2.

b) $f(x) = 2x - 3$ est de la forme $f(x) = ax + b$ avec $b = -3$.

L'ordonnée à l'origine de $\mathcal{D}$ vaut – 3.

2. Quand les x augmentent de 1, les $f(x)$ augmentent de a, soit ici 2.

Quand les x augmentent de 2, les $f(x)$ augmentent de $2 \times 2 = 4$.

Donc **quand les x augmentent de 3, les $f(x)$ augmentent de $2 \times 3 = 6$.**

> **Rappel**
> Pour une fonction affine, les accroissements en x et les accroissements en $f(x)$ sont proportionnels de coefficient a.

3. • $f(4) = 2 \times 4 - 3 = 8 - 3 = \boxed{5}$.

• L'image de – 3 par la fonction f est $f(-3) = 2 \times (-3) - 3 = -6 - 3 = \boxed{-9}$.

4. L'antécédent de 0 par f est le nombre x vérifiant l'équation : $2x - 3 = 0$.

On obtient $2x = 3$.

Soit $x = \frac{3}{2} = 1{,}5$.

1,5 est l'antécédent de 0 par f.

> **Rappel**
> Un point A $(x_A ; y_A)$ est sur la droite représentant la fonction f si et seulement si $y_A = f(x_A)$.

5. $f(4) = 2 \times 4 - 3 = 8 - 3 = 5 \neq 6$

Donc **le point A de coordonnées (4 ; 6) n'est pas sur $\mathcal{D}$.**

4 **1.** Dans l'expression $f(x) = ax + b$, le nombre a correspond au coefficient directeur de la droite, et b est la valeur de $f(0)$, c'est-à-dire l'ordonnée à l'origine de la droite.

On obtient $a = -3$ et $b = 2$, donc $\boxed{f(x) = -3x + 2}$.

> **Conseil**
> On identifie les valeurs de a et de b en écrivant f sous la forme $f(x) = ax + b$.

2. • Au nombre x, on ajoute 6 : $x + 6$.

• On multiplie le résultat par –4 :

$-4(x + 6) = -4x - 24$.

On obtient $a = -4$ et $b = -24$, donc $\boxed{f(x) = -4x - 24}$.

3. • On multiplie par 3 le nombre x : $3x$.

• On ajoute 4 : $3x + 4$.

• On divise par 2 : $\frac{3x + 4}{2} = \frac{3x}{2} + \frac{4}{2} = \frac{3}{2}x + 2$.

> **Rappel**
> $\frac{a + b}{2} = \frac{a}{2} + \frac{b}{2}$.

On obtient $a = \frac{3}{2}$ et $b = 2$, donc $\boxed{f(x) = \frac{3}{2}x + 2}$.

4. $f(x) = (x + 1)^2 - x^2 = x^2 + 2x + 1 - x^2 = 2x + 1$.
On obtient $a = 2$ et $b = 1$, donc $\boxed{f(x) = 2x + 1}$.

5. On calcule le coefficient de proportionnalité a en utilisant l'égalité $a = \dfrac{f(x_2) - f(x_1)}{x_2 - x_1}$.
« Les x augmentent de 3 » signifie que $x_2 - x_1 = 3$.
« Les $f(x)$ augmentent de 12 » signifie que $f(x_2) - f(x_1) = 12$.
On en déduit $a = \dfrac{f(x_2) - f(x_1)}{x_2 - x_1} = \dfrac{12}{3} = 41$.
De plus, $f(0) = 1$, donc $b = 1$.
On obtient $a = 4$ et $b = 1$, donc $\boxed{f(x) = 4x + 1}$.

L'astuce du prof
En développant avec $(a + b)^2 = a^2 + 2ab + b^2$, les « x^2 » s'éliminent.

Rappel
$f(0) = b$.

5 Ces quatre fonctions sont des fonctions affines. Elles sont donc représentées graphiquement par des droites notées D_f, D_g, D_h et D_k.

x	0	2
y = f(x)	$f(0) = 3 \times 0 - 2 = -2$	$f(2) = 3 \times 2 - 2 = 4$
(x ; y)	A(0 ; –2)	B(2 ; 4)

Méthode
Prenez deux valeurs de x, puis déterminez l'ordonnée en calculant l'image de x.

x	0	2
y = g(x)	$g(0) = 2 \times 0 + 4 = 4$	$g(2) = 2 \times 2 + 4 = 0$
(x ; y)	C(0 ; 4)	D(2 ; 0)

L'astuce du prof
Les valeurs de x sont choisies.
Pour simplifier les calculs, on peut prendre $x = 0$.

x	0	2
y = h(x)	$h(0) = 1 - 0 = 1$	$h(4) = 1 - 4 = -3$
(x ; y)	E(0 ; 1)	F(4 ; –3)

x	– 2	6
y = k(x)	$k(-2) = 0{,}5 \times (-2) + 3 = 2$	$k(6) = 0{,}5 \times 6 + 3 = 6$
(x ; y)	G(– 2 ; 2)	H(6 ; 6)

L'astuce du prof
On prend des valeurs de x paires afin que $0{,}5x$ soit un entier.

CORRIGÉS

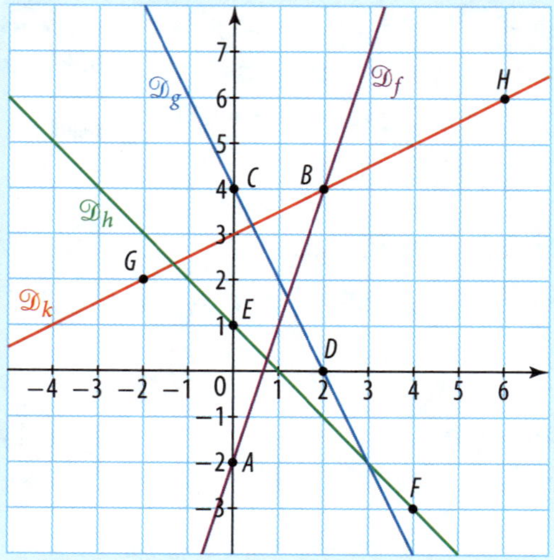

6

→ À savoir

On détermine une fonction affine en donnant les valeurs de a et de b. Graphiquement, le nombre b est l'ordonnée du point d'abscisse 0.

Le nombre a est le coefficient directeur de la droite. On le détermine à l'aide de deux points de la droite avec la formule $a = \dfrac{\text{accroissement des } x}{\text{accroissement des } f(x)}$.

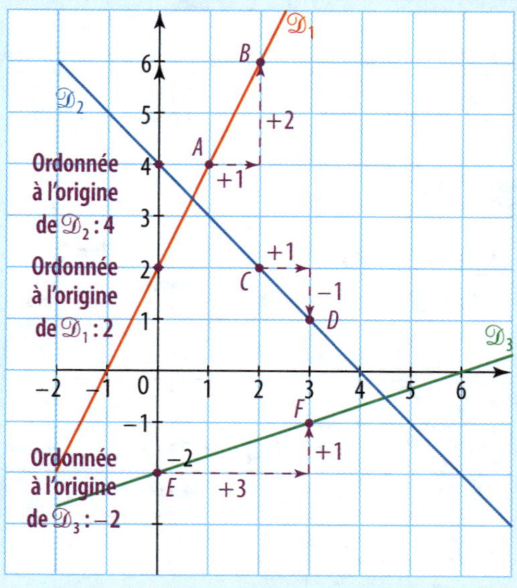

• **Pour** $\mathcal{D}_1$

Ordonnée à l'origine : 2.

Quand on passe de A vers B :

– l'accroissement des x est +1 ;

– l'accroissement des $f(x)$ est +2.

Soit $a = \dfrac{2}{1} = 2$.

On a donc $\boxed{f_1(x) = 2x + 2}$.

• **Pour** $\mathcal{D}_2$

Ordonnée à l'origine : 4.

Quand on passe de C vers D :

– l'accroissement des x est +1 ;

– l'accroissement des $f(x)$ est –1.

Soit $a = \frac{-1}{1} = -1$.

On a donc $\boxed{f_2(x) = -x + 4}$.

• **Pour** $\mathscr{D}_3$

Ordonnée à l'origine : –2.

Quand on passe de E vers F :

– l'accroissement des x est +3 ;

– l'accroissement des $f(x)$ est +1.

Soit $a = \frac{1}{3}$.

On a donc $\boxed{f_3(x) = \frac{1}{3}x - 2}$.

7 **1.** • $f(0) = \frac{2 \times 0 - 5}{7} = \frac{0-5}{7} = -\frac{5}{7}$

• $f(-1) = \frac{2 \times (-1) - 5}{7} = \frac{-2-5}{7} = \frac{-7}{7} = \boxed{-1}$

• $f\left(\frac{11}{2}\right) = \frac{\cancel{2} \times \frac{11}{\cancel{2}} - 5}{7} = \frac{11-5}{7} = \boxed{\frac{6}{7}}$

• $f\left(\frac{8}{3}\right) = \frac{2 \times \frac{8}{3} - 5}{7} = \frac{\frac{16}{3} - 5}{7} = \frac{\frac{16}{3} - \frac{15}{3}}{7} = \frac{\frac{1}{3}}{7} = \frac{1}{3} \times \frac{7}{1} = \boxed{\frac{7}{3}}$

2. • Déterminons l'antécédent de 0 par f. On cherche x tel que $f(x) = 0$.

$\frac{2x-5}{7} = 0$

$2x - 5 = 0$

$2x = 5$

$x = \frac{5}{2} = 2{,}5$. **Le nombre 2,5 est l'antécédent de 0 par f.**

Méthode
Cherchez x tel que $f(x)$ soit égale à chacun des nombres proposés.

• Déterminons l'antécédent de – 1 par f. On cherche x tel que $f(x) = -1$.

$\frac{2x-5}{7} = -1$

$2x - 5 = -1 \times 7$

$2x - 5 = -7$

Rappel
Si $\frac{a}{b} = c$, alors $a = b \times c$.

$2x = -7 + 5$

$2x = -2$

$x = -\frac{2}{2}$

$x = -1$

Le nombre – 1 est l'antécédent de – 1 par *f*.

• Déterminons l'antécédent de $\frac{1}{2}$ par *f*. On cherche x tel que $f(x) = \frac{1}{2}$.

$\frac{2x-5}{7} = \frac{1}{2}$

$(2x-5) \times 2 = 1 \times 7$

$4x - 10 = 7$

$4x = 7 + 10$

$4x = 17$

$x = \frac{17}{4} = 4{,}25$

Le nombre $\frac{17}{4}$ est l'antécédent de $\frac{1}{2}$ par *f*.

> **Rappel**
> Si $\frac{a}{b} = \frac{c}{d}$, alors $a \times d = b \times c$.

8 Étudions l'accroissement entre les x et les $f(x)$.

• Pour passer de la 1re colonne à la seconde :

– les x passent de – 1 à 2 : ils augmentent de 3 ;

– les $f(x)$ passent de – 1 à 1 : ils augmentent de 2.

Le coefficient de proportionnalité correspondant vaut $\frac{2}{3}$.

• Pour passer de la 2e colonne à la 3e :

– les x passent de 2 à 8 : ils augmentent de 6 ;

– les $f(x)$ passent de 1 à 5 : ils augmentent de 4.

Le coefficient de proportionnalité correspondant vaut $\frac{4}{6} = \frac{2}{3}$.

• En conclusion, l'accroissement des $f(x)$ est proportionnel à l'accroissement des x avec un coefficient de $\frac{2}{3}$.

Ce tableau de valeurs est donc bien celui d'une fonction affine.

> **Pièges à éviter**
> • Pour une fonction linéaire, ce sont les x et les $f(x)$ qui sont proportionnels.
> • Pour une fonction affine, ce sont les accroissements en x et $f(x)$ qui sont proportionnels.

> **Autre méthode**
> Avec les deux premières colonnes, déterminez l'expression de $f(x)$. Puis vérifiez les valeurs avec la 3e colonne.

9 **1.** $f(x) = \dfrac{(RT + AP) \times \text{hauteur}}{2}$

$= \dfrac{(x + 2x - 3) \times 8}{2} = (3x - 3) \times \dfrac{8}{2}$

$= (3x - 3) \times 4$

$= \boxed{12x - 12}$

2. $f(x) = 2 \times (RE + EC)$

$= 2 \times \left(x + 7 + \dfrac{1}{2}x\right) = 2 \times \left(\dfrac{2}{2}x + 7 + \dfrac{1}{2}x\right)$

$= 2 \times \left(\dfrac{3}{2}x + 7\right)$

$= \boxed{3x + 14}$

3. Les droites (AB) et (AC) sont sécantes en A. D et E sont sur (AB) et (AC). Comme les droites (DE) et (BC) sont parallèles, on applique le théorème de Thalès : $\dfrac{AD}{AB} = \dfrac{AE}{AC}$.

De $\dfrac{3}{3 + x} = \dfrac{5}{AC}$, il vient : $AC = \dfrac{5 \times (3 + x)}{3}$

soit $f(x) = \dfrac{15 + 5x}{3} = \boxed{\dfrac{5}{3}x + 5}$.

L'astuce du prof

On reconnaît une figure clé associée au théorème de Thalès.

Problèmes

10 • f est une fonction affine, donc elle s'écrit sous la forme $f(x) = ax + b$.

• $a = \dfrac{f(x_2) - f(x_1)}{x_2 - x_1}$

$= \dfrac{f(-3) - f(5)}{-3 - 5}$

$= \dfrac{2 - (-1)}{-8} = -\dfrac{3}{8}$

On en déduit que $f(x) = -\dfrac{3}{8}x + b$.

• Il reste à déterminer le nombre b.

Méthode

Calculez a en utilisant la proportionnalité des accroissements.

On sait que $f(-3) = 2$. Donc, en remplaçant x par -3,

$$-\frac{3}{8}\times(-3)+b=2\text{, soit }\frac{9}{8}+b=2.$$

On en déduit $b = 2 - \frac{9}{8} = \frac{16}{8} - \frac{9}{8} = \frac{7}{8}$.

Par conséquent, $\boxed{f(x) = -\frac{3}{8}x + \frac{7}{8}}$.

Méthode
Pour calculer b, on pouvait utiliser $f(5) = -1$. On aurait trouvé le même résultat.

11 Partie A

On a $f(0) = 60 - 10 \times 0 = 60$. Or la droite qui a pour ordonnée à l'origine 60 est la droite K.

On en déduit que la fonction f est représentée par la droite K.

Partie B

1. $f(3) = 60 - 10 \times 3 = 60 - 30 = \boxed{30}$.

Cela signifie qu'**il reste 30 litres dans le réservoir du véhicule de Kamel**, au bout de 300 km.

Remarque
On peut vérifier ce résultat graphiquement en lisant l'image de 3.

2. • Pour le véhicule de Kamel

On a $f(0) = 60$ et $f(1) = 50$. Cela signifie que pour 100 km parcourus, la voiture a consommé 10 litres ($60 - 50 = 10$).

Remarque
La pente de la droite K est plus importante que celle de T : cela signifie que le réservoir de Kamel se vide plus rapidement que celui de Thierry.

• Pour le véhicule de Thierry

On a $g(0) = 40$ et $g(1) = 35$. Cela signifie que pour 100 km parcourus, la voiture a consommé 5 litres ($40 - 35 = 5$). **Le véhicule le plus économique est celui de Thierry.**

3. a) Les contenances des réservoirs se lisent en $f(0)$ et $g(0)$, c'est-à-dire lorsque les véhicules ont parcouru 0 km (les voitures partent avec le plein !).

$f(0) = 60$. La contenance de la voiture de Kamel est **60 litres.**

$g(0) = 40$. La contenance de la voiture de Thierry est **40 litres.**

b) Il s'agit de déterminer les nombres x qui vérifient $f(x) = 0$ et $g(x) = 0$, c'est-à-dire le nombre de kilomètres parcourus pour que la contenance du réservoir soit nulle. On a $f(6) = 0$ et $g(8) = 0$.

Remarque
Cela revient à déterminer les antécédents de 0 par f et par g.

On en déduit qu'avec le plein, **la voiture de Thierry peut parcourir 800 km et celle de Kamel, 600 km.**

c) On lit $f(7) = 5$. Cela signifie qu'il reste 5 litres dans le réservoir du véhicule de Kamel après 700 km parcourus. Sachant que son réservoir a une contenance de 60 litres, **il a donc consommé 55 litres.**

4. a)

$$f(x) = g(x)$$
$$60 - 10x = 40 - 5x$$
$$-10x + 5x = 40 - 60$$
$$-5x = -20$$
$$x = \frac{-20}{-5}$$
$$\boxed{x = 4}$$

Méthode

C'est une équation du premier degré. On se ramène à une équation du type $ax = b$.

b) Au bout de 400 km, **il reste la même quantité d'essence dans les réservoirs des voitures de Thierry et Kamel**.

Vers le brevet

12 **1. • Avec la formule A**

$$A(x) = \underbrace{40}_{\text{Montant pour devenir adhérent}} + \underbrace{10}_{\text{Montant pour un mois de garderie}} \times \underbrace{x}_{\text{Nombre de mois}} = \boxed{40 + 10x}$$

• Avec la formule B

$$B(x) = \underbrace{18}_{\text{Montant pour un mois de garderie}} \times \underbrace{x}_{\text{nombre de mois}} = \boxed{18x}$$

Remarque

Les fonctions que l'on doit représenter sont les fonctions de la question 1.

2. • La fonction A est de la forme $A(x) = ax + b$ avec $a = 10$ et $b = 40$. C'est donc une fonction affine. Elle se représente par une droite.

x	0	8
$y = A(x)$	$A(0) = 10 \times 0 + 40 = 40$	$A(8) = 10 \times 8 + 40 = 120$
$(x ; y)$	E(0 ; 40)	F(8 ; 120)

Méthode

On dresse un tableau avec deux valeurs de x pas trop proches l'une de l'autre.

• La fonction B est une fonction linéaire, car elle est de la forme $B(x) = ax$ avec $a = 18$.

Sa représentation graphique est donc une droite qui passe par l'origine du repère. De plus, $B(5) = 18 \times 5 = 90$.

On en déduit que la droite passe aussi par le point $G(5 ; 90)$.

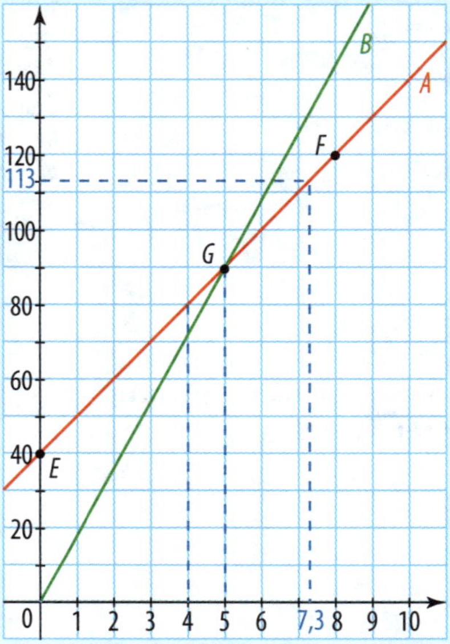

3. a) Le nombre de mois pour lequel les prix à payer sont les mêmes est donné par l'abscisse du point d'intersection des deux droites, soit $x = 5$.

C'est donc pour 5 mois que les prix sont identiques.

b) Les prix sont identiques lorsque $A(x) = B(x)$.

$$10x + 40 = 18x$$

$$10x - 18x = -40$$

$$-8x = -40$$

$$x = \frac{-40}{-8}$$

$$\boxed{x = 5}$$

Méthode

On se ramène à une équation du type $ax = b$.

On retrouve bien le résultat obtenu sur le graphique.

4. Si l'on ne paie que 4 mois dans l'année, **il vaut mieux prendre l'offre B** (voir pointillés sur le graphique). En effet, l'ordonnée du point de la droite *B* se trouve en dessous de l'ordonnée de la droite *A*.

5. Graphiquement, pour $y = 113$, on obtient $x \approx 7,3$ (voir pointillés sur le graphique). Donc, avec 113 €, **on peut payer 7 mois de garderie** avec le tarif *A*.

Remarque

On cherche l'antécédent de 113 par *A*.

CORRIGÉS

13 **1.** Pour $x = 0 : -2x + 4 = -2 \times 0 + 4 = 0 + 4 = 4$.

Pour $x = 0 : -\frac{1}{2}x + 2 = -\frac{1}{2} \times 0 + 2 = 0 + 2 = 2$.

Grâce aux résultats du tableur de la colonne D, on identifie : $f(x) = -\frac{1}{2}x + 2$ et $g(x) = -2x + 4$

> **Méthode**
> Calculez l'image d'un nombre (simple !) par les deux fonctions et comparez avec les images données dans le tableur.

2. En B3 s'affiche l'image de g, soit $-2x + 4$ associée à la valeur de x contenue dans la cellule B1. Ainsi, on a entré en B3 : =–2*B3+4.

3. • La droite d_1 passe par le point de coordonnées (0 ; 2). Cela signifie que l'image de 0 par la fonction associée est 2.

La droite d_1 représente la fonction $f(x) = -\frac{1}{2}x + 2$.

> **Méthode**
> Utilisez l'image d'un nombre (simple !) par les deux fonctions et comparez avec les points de d_1 et d_2.

• La droite d_2 passe par le point de coordonnées (0 ; 4). Cela signifie que l'image de 0 par la fonction associée est 4. **La droite d_2 représente la fonction $g(x) = -2x + 4$.**

4. a) La solution de l'équation $f(x) = g(x)$ est l'abscisse du point d'intersection de d_1 et d_2, soit **environ 1,3** (voir pointillés bleus).

b) Il s'agit de résoudre l'équation $f(x) = g(x)$:

$$-\frac{1}{2}x + 2 = -2x + 4$$

$$-\frac{1}{2}x + 2x = 4 - 2$$

$$-\frac{1}{2}x + \frac{4}{2}x = 2$$

$$\frac{3}{2}x = 2$$

$$x = 2 \div \frac{3}{2} = 2 \times \frac{2}{3} = \frac{4}{3}$$

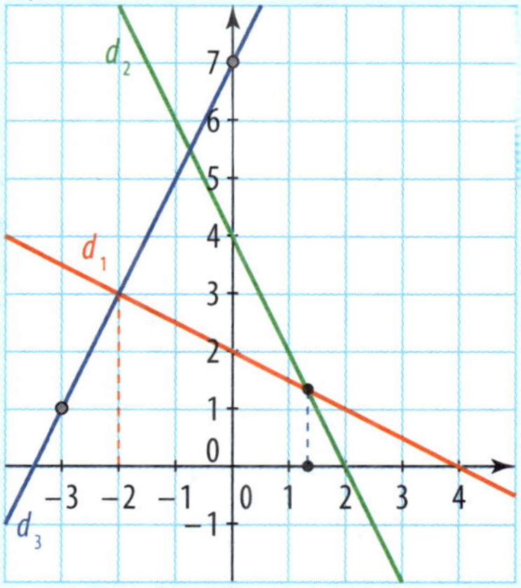

L'équation $f(x) = g(x)$ a pour solution le nombre $\frac{4}{3}$.

> **Remarque**
> La valeur (exacte) obtenue par le calcul confirme le résultat lu graphiquement (valeur approchée).

5. h est une fonction affine (car de la forme $ax + b$). Sa représentation graphique est donc une droite d_3. Pour tracer une droite, on a besoin des coordonnées de deux points de d_3.

Pour $x = -3$, $h(x) = 2 \times (-3) + 7 = -6 + 7 = 1$.

Pour $x = 0$, $h(x) = 2 \times 0 + 7 = 0 + 7 = 7$.

La droite d_3 passe donc par les points de coordonnées (– 3; 1) et (0 ; 7).

6. a) Résoudre graphiquement l'équation $-\frac{1}{2}x + 2 = 2x + 7$, c'est lire l'abscisse du point d'intersection des droites d_1 et d_3, soit $\boxed{-2}$ (voir pointillés rouges).

b) Résolvons par le calcul $-\frac{1}{2}x + 2 = 2x + 7$:

$-\frac{1}{2}x - 2x = 7 - 2$ d'où $-\frac{1}{2}x - \frac{4}{2}x = 5$ et $-\frac{5}{2}x = 5$

$x = 5 \div \left(-\frac{5}{2}\right) = 5 \times \left(-\frac{2}{5}\right) = \boxed{-2}$

Rappel
Diviser par une fraction $\frac{a}{b'}$, c'est multiplier par son inverse $\frac{b}{a'}$.

Exercice d'approfondissement

14 • Pour $0 \leqslant x < 6$, f est une fonction affine. Elle se représente par un segment. Pour $x = 0$, on a $f(0) = \frac{2}{3} \times 0 + 2 = 2$. Sa représentation graphique passe par le point $A(0 ; 2)$.

De plus, le coefficient directeur de la droite est $\frac{2}{3}$. On dessine donc le morceau de droite correspondant.

Remarque
On pouvait aussi chercher les coordonnées d'un second point.

• Pour $x \geqslant 6$, f est également une fonction affine. Elle se représente par une droite. Pour $x = 6$, on a $f(x) = -\frac{2}{3} \times 6 + 10 = -4 + 10 = 6$. Sa représentation graphique passe par le point $B(6 ; 6)$. De plus, le coefficient directeur de la droite est $-\frac{2}{3}$. On dessine donc le morceau de droite correspondant.

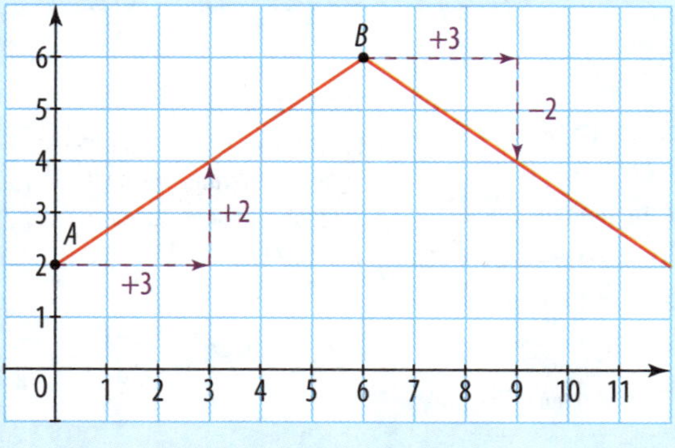

Remarque
Ce genre de fonction est appelée « fonction affine par morceaux ».

CHAPITRE 10

Statistiques

DE QUOI S'AGIT-IL ?

Au quotidien, via les médias, il est question de statistiques. Cette partie des mathématiques vise à étudier les séries de nombres avec des indicateurs : médiane, étendue, moyenne…

1 Fréquence

- On considère une population d'effectif total N sur laquelle on étudie un caractère qui prend pour valeurs $x_1, x_2, \ldots, x_p$ d'effectifs respectifs $n_1, n_2, \ldots n_p$.

Autrement dit, la série se présente sous la forme :

$$\underbrace{x_1 ; x_1 ; x_1}_{n_1 \text{ termes } x_1}, \underbrace{x_2 ; x_2}_{n_2 \text{ termes } x_2} ; x_3 \ldots\ldots \underbrace{; x_p ; x_p}_{n_p \text{ termes } x_p}$$

ou

Valeur de x	x_1	x_2	x_3	...	x_p
Effectif	n_1	n_2	n_3	...	n_p

avec $n_1 + n_2 + \ldots + n_p = N$.

- La fréquence, notée f_i, de la valeur x_i est définie par $f_i = \dfrac{n_i}{N}$.

La fréquence est un nombre compris entre 0 et 1, souvent exprimé en % pour être plus représentatif.

2 Moyenne

- La moyenne notée $\overline{x}$ d'une série vaut :

$$\overline{x} = \frac{n_1x_1 + n_2x_2 + .. + n_px_p}{N}$$

Remarque
On parle de « moyenne pondérée par les effectifs ».

- La moyenne est un indicateur de position.
- Quand les termes d'une série sont regroupés en classes, on prend pour représentant de la classe $[a ; b]$ le milieu de l'intervalle $[a ; b]$: $\dfrac{a+b}{2}$.

3 Médiane

1 Définition

Soit S une série de nombres **rangés dans l'ordre croissant.**

- La **médiane**, notée Me, de S est la valeur qui partage la série en deux « sous-séries » de même effectif.

Il y a autant de valeurs de la série supérieures ou égales à Me que de valeurs inférieures ou égales à Me.

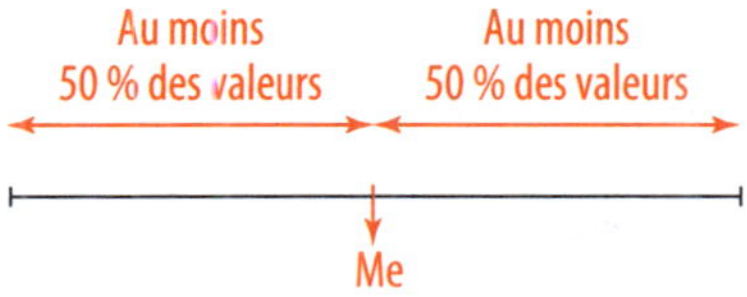

- La médiane est un indicateur de **position**, car elle permet de préciser la position des autres données de la série.

2 Détermination de la médiane

La série statistique doit être ordonnée dans le **sens croissant**.

- Pour une série comptant un nombre impair n de termes, la médiane Me est égale au terme « du milieu ». C'est le terme de rang $\frac{n+1}{2}$.

Exemple : la médiane d'une série comptant 57 termes est le terme de rang $\frac{57+1}{2} = 29$.

$$\text{Me} = 29^{\text{e}} \text{ terme de la série}$$

- Pour une série comptant un nombre pair n de termes, la médiane Me est égale à la demi-somme des deux termes « du milieu ». C'est la demi-somme des termes de rang $\frac{n}{2}$ et $\frac{n}{2} + 1$.

Exemple : la médiane d'une série comptant 62 termes est la demi-somme des termes de rang $\frac{62}{2} = 31$ et $\frac{62}{2} + 1 = 32$.

$$\text{Me} = \left(\frac{31^{\text{e}} \text{ terme} + 32^{\text{e}} \text{ terme}}{2}\right)$$

Bien comprendre

- Quand la série compte un nombre impair de termes, la médiane prend pour valeur une valeur de la série.
- Quand la série compte un nombre pair de termes, la médiane n'est pas forcément égale à l'une des valeurs de la série.

4 Étendue

- L'**étendue** d'une série statistique est la différence entre la plus grande valeur et la plus petite valeur de la série.
- L'étendue est un indicateur de **dispersion** de la série.

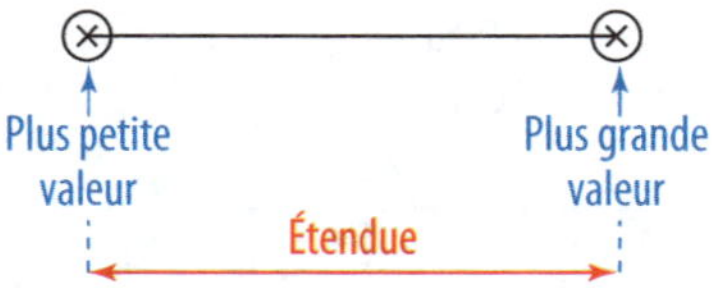

Remarque
L'étendue est un nombre toujours positif.

5 Représentation graphique

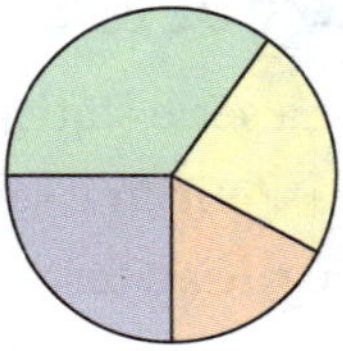

- **Le diagramme circulaire**

L'aire du secteur et l'angle correspondant sont proportionnels à l'effectif et à la fréquence.

- **Le diagramme en bâtons**

La hauteur du bâton est proportionnelle à l'effectif.

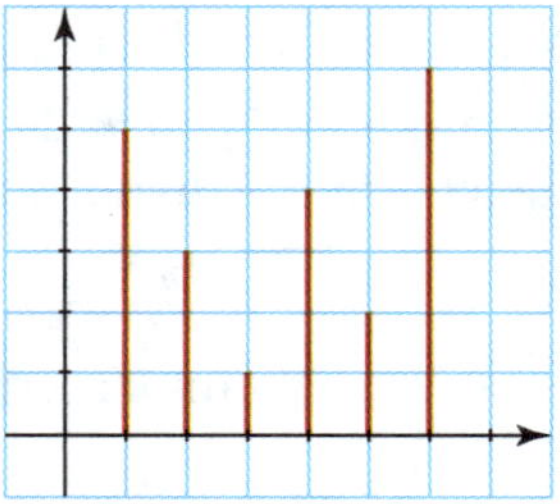

- **L'histogramme**

L'aire du rectangle est proportionnelle à l'effectif.

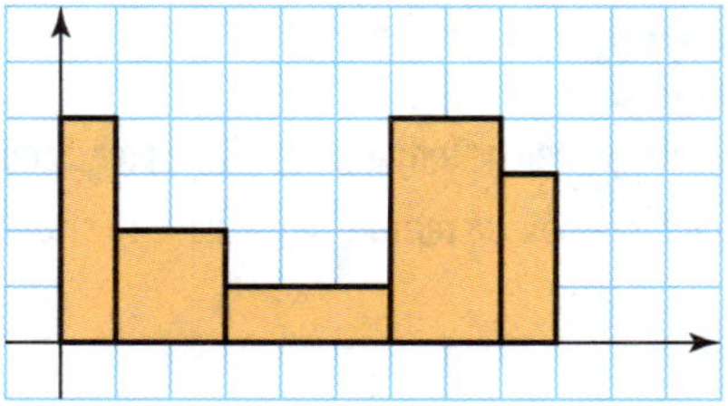

→ Bien comprendre

On utilise les histogrammes pour des caractères dont les valeurs sont regroupées en classes. Quand les bases des rectangles ont même largeur, les effectifs sont alors proportionnels à la hauteur des rectangles (comme pour les diagrammes en bâtons).

QCM

1 Des choix à faire

➔ Corrigé p. 197

Cochez la (ou les) réponse(s) correcte(s).

Une série S compte 8 termes positifs distincts ordonnés dans le sens croissant :

$$x_1 ; x_2 ; x_3 ; x_4 ; x_5 ; x_6 ; x_7 ; x_8$$

1. La moyenne des termes de S est :

a) ☐ $\dfrac{x_4 + x_5}{2}$

b) ☐ $x_1 + x_2 + x_3 + x_4 + x_5 + x_6 + x_7 + x_8$

c) ☐ $\dfrac{x_1 + x_2 + x_3 + x_4 + x_5 + x_6 + x_7 + x_8}{8}$

2. La médiane de S vaut :

a) ☐ x_4 **b)** ☐ x_5 **c)** ☐ $\dfrac{x_4 + x_5}{2}$

3. $x_8 - x_1$ correspond à :

a) ☐ la moyenne **b)** ☐ l'étendue **c)** ☐ rien de particulier

4. La fréquence d'apparition de la valeur x_3 est :

a) ☐ $\dfrac{1}{8}$ **b)** ☐ $\dfrac{3}{8}$ **c)** ☐ 3

5. On remplace x_1 par $x_1 - 10$ dans S. Quel indicateur change alors de valeur ?

a) ☐ la médiane **b)** ☐ la moyenne **c)** ☐ l'étendue

6. On remplace dans S chaque valeur par son triple. Quel indicateur a aussi triplé ?

a) ☐ la médiane **b)** ☐ la moyenne **c)** ☐ l'étendue

2 Vrai ou Faux ?

➔ Corrigé p. 198

Cochez la bonne réponse.

1. La médiane d'une série ordonnée de 48 termes est le 24ᵉ terme. ☐ V ☐ F

2. La médiane d'une série ordonnée de 57 termes est le 29ᵉ terme. ☐ V ☐ F

3. La moyenne obtenue à un devoir est 9 sur 20. Cela signifie qu'autant d'élèves ont une note au-dessus de 9 sur 20 qu'au-dessous. ☐ V ☐ F

4. La médiane prend pour valeur un terme de la série. ☐ V ☐ F

5. Exactement 50 % des valeurs d'une série sont inférieures ou égales à sa médiane Me. ☐ V ☐ F

6. L'étendue peut être négative. ☐ V ☐ F

Exercices d'entraînement

3 Calcul mental

10 min Corrigé p. 199

Cet exercice est fait pour être traité sans la calculatrice.

On considère la série S : 10 20 30 40 50.

1. Combien vaut :

a) son étendue e ? **b)** sa médiane Me ? **c)** sa moyenne $\overline{x}$?

2. Quelle est la fréquence d'apparition du nombre 10 ?

3. Quelle est la proportion en % des valeurs supérieures ou égales à Me ?

4 Séries de nombres et calculs

15 min Corrigé p. 199

Soit S_1 et S_2 deux séries statistiques.

S_1 : 5 8 11 10 7 8 1 3 9 4

S_2 : 3 5 9 10 10 11 16 17 17 21 27 29 34

Calculez l'étendue, la médiane et la moyenne de chacune des séries S_1 et S_2.

Méthode

1. On ordonne les termes de la série dans le sens croissant.

2. On compte le nombre n de termes de la série.

3. • Si n est pair : la médiane prend pour valeur la demi-somme des deux « termes centraux ».

• Si n est impair : la médiane est égale au « terme central ».

5 Et avec un tableau, ça change quoi ?

15 min Corrigé p. 200

Soit la série S dont les données sont regroupées dans le tableau suivant.

Nombre	2	5	8	11	12	17	20
Effectif	1	2	3	1	3	1	1

Calculez :

1. l'étendue **2.** la médiane **3.** la moyenne

Méthode

Dans un tableau, on écrit les termes du plus petit au plus grand, et autant de fois que l'indique l'effectif.

6 Moyenne et classes

5 min Corrigé p. 200

Calculez la moyenne arrondie au centième de cette série.

Valeur	[0 ; 2[	[2 ; 4[	[4 ; 8[	[8 ; 16[	[16 ; 22[
Effectif	8	10	12	8	18

Méthode

Quand les valeurs sont regroupées en classes, on prend pour représentant de la classe son milieu que l'on note x_i. Puis on calcule la moyenne avec la formule $\overline{x} = \dfrac{n_1x_1 + n_2x_2 + \ldots + n_px_p}{N}$.

7 Histogramme (1)

10 min Corrigé p. 200

Construisez l'histogramme correspondant au tableau de l'exercice 6.

On prendra pour unités :

– en abscisse : 0,5 cm pour 2 unités,

– en ordonnée : 0,5 cm pour 1 unité.

8 Histogramme (2)

10 min Corrigé p. 201

Reconstituez le tableau associé à l'histogramme ci-après.

Valeur						
Effectif						

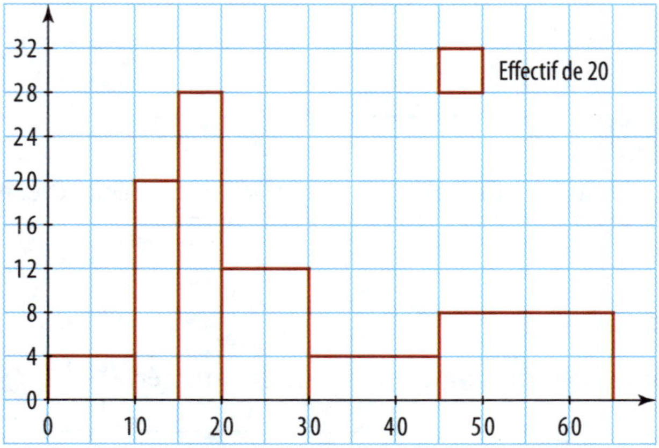

9 Médiane et graphique

10 min Corrigé p. 202

À partir du graphique ci-dessous représentant les effectifs cumulés croissants :

1. Établissez le tableau des effectifs.

2. Déterminez dans quel intervalle se situe la médiane.

3. Donnez une valeur approchée de la médiane en justifiant votre réponse.

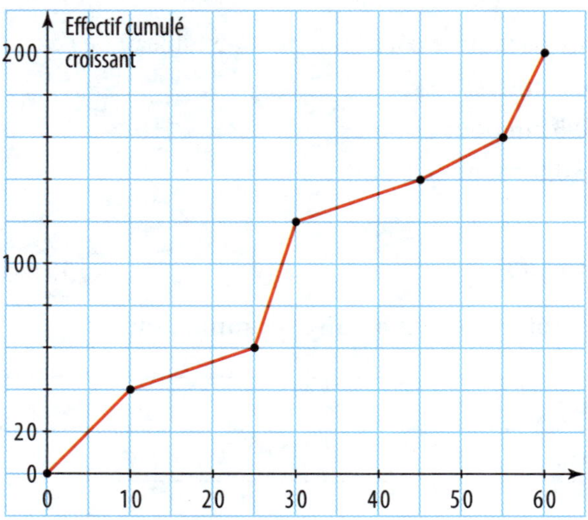

Méthode

Quand les valeurs sont regroupées en classes, on détermine la médiane graphiquement, comme l'abscisse du point correspondant à l'effectif moitié.

Problèmes

10 L'eau de pluie

★ 20 min Corrigé p. 202

Dominique relève dans un tableau la hauteur mensuelle (en mm) de pluie tombée dans son village normand au cours de l'année 2015.

J	F	M	A	M	J	J	A	S	O	N	D
56	97	52	18	53	39	29	44	62	69	88	58

1. Calculez l'étendue de la série des précipitations.

2. Estimez la hauteur moyenne mensuelle des précipitations.

3. Déterminez la médiane de la série. Interprétez le résultat.

4. En 2015, Dominique a relevé 132 jours de pluie. À Biarritz, 1 522 mm d'eau sont tombés sur 113 jours. Quelle différence de climat peut-on en déduire ?

Comment résoudre ce problème

- Pour calculer la hauteur médiane des précipitations, on commence par ordonner la liste des 12 résultats.
- Pour comparer les climats, on calcule la hauteur de précipitation dans chaque ville les jours de pluie.

11 Des statistiques de bébés

★ 20 min Corrigé p. 203

Dans une maternité, on a relevé la taille en cm des bébés nés en octobre 2015.

42 45 45 46 47 47 48 49 49 50 50 50 50 51 51 52 54 57

1. Pour cette série de tailles, calculez :

a) la moyenne m ;

b) l'étendue e ;

c) la médiane Me ;

2. Quel est le pourcentage de bébés ayant une taille supérieure ou égale à Me ?

Vers le brevet

12 Avec une feuille de calcul

★ 30 min ➔ Corrigé p. 203

Dans une classe de 26 élèves, les résultats suivants ont été obtenus à un devoir et sont entrés sur une feuille de calcul.

	A	B	C	D	E	F	G	H	I	J	K
1	Note	6	7	9	10	12	14	15	16	19	Total
2	Effectif	3	4	4	1	5	2	4	1	2	26
3	Fréquence	0,115	0,154	0,154	0,038		0,077	0,154	0,038	0,077	
4	Fréquence cumulée croissante										

1. a) Complétez les valeurs manquantes dans le tableau en F3 et en K3.

b) Calculez les fréquences cumulées croissantes de la ligne 4.

2. a) Quelle formule doit-on entrer dans la cellule K2 pour obtenir l'effectif de la classe ?

b) On saisit dans la cellule B3 la formule =B2/K2. Un message d'erreur apparaît quand on la tire dans la cellule C3. Pourquoi ? Corrigez l'erreur.

c) Quelle formule a-t-on entrée en B4 et étirée vers la droite pour obtenir les fréquences cumulées croissantes ? (Deux formules conviennent.)

(A) =SOMME(B3:B3)

(B) =SOMME($B3:B3)

(C) =SOMME(B3:J3)

(D) =SOMME($B2:B2)/26

3. a) Calculez la moyenne de ce devoir.

b) Calculez la fréquence des élèves de la classe qui ont eu une note supérieure ou égale à la moyenne. Le résultat sera arrondi au centième près.

4. Calculez l'étendue de cette série de notes.

5. a) Déterminez la note médiane.

b) Quel est le pourcentage d'élèves ayant une note supérieure ou égale à la médiane ? Donnez le résultat arrondi à l'unité.

13 Les résultats du brevet blanc

★ 20 min ➔ Corrigé p. 205

Voici les résultats du DNB blanc de deux classes de 3e d'un collège du Cantal.

Pour la 3e A, on a relevé les notes :

11 ; 6 ; 10 ; 10 ; 13 ; 7 ; 11 ; 8 ; 7 ; 11 ; 18 ; 18 ; 12 ; 15 ; 15 ; 12 ; 8 ; 7

Pour la 3e B, on a relevé les notes :

7 ; 8 ; 9 ; 12 ; 18 ; 16 ; 7 ; 13 ; 19 ; 8 ; 13 ; 13 ; 8 ; 13 ; 8 ; 9 ; 7

1. Calculez la moyenne de chaque classe, arrondie au dixième. Que constatez-vous ?

2. Calculez les médianes.

3. En justifiant votre réponse, déterminez quelle classe a le mieux assimilé ses cours.

4. Deux des graphiques ci-dessous représentent la répartition des notes des 3e A et 3e B. Attribuez à chaque classe le graphique qui lui correspond.

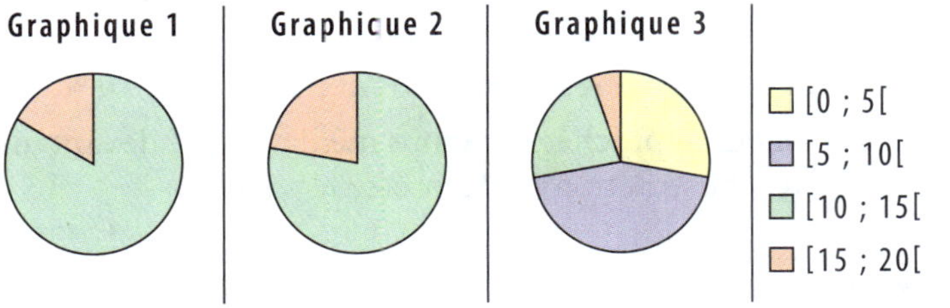

14 Au badminton

★ 15 min ➔ Corrigé p. 207

L'histogramme ci-contre illustre une enquête faite sur l'âge des 30 adhérents d'un club de badminton, mais le rectangle correspondant aux adhérents de 16 ans a été effacé.

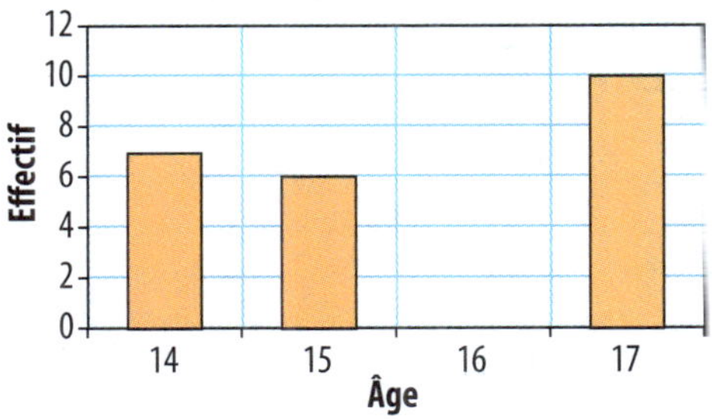

1. Calculez le nombre d'adhérents ayant 16 ans.

2. Quel est le pourcentage du nombre d'adhérents ayant 15 ans ?

3. Quel est l'âge moyen des adhérents du club ? Donnez la valeur arrondie au dixième.

4. Complétez le tableau ci-après pour tracer un diagramme semi-circulaire représentant la répartition des adhérents selon leur âge.

Age (en années)	14	15	16	17	Total
Nombre d'adhérents	7	6		10	30
Mesure de l'angle (en degrés)					180

Exercices d'approfondissement

15 Les dessous de l'écran

★★ 20 min ➔ Corrigé p. 207

Une enquête menée auprès des élèves de 3ᵉ d'un collège rapporte le temps moyen passé devant un écran chaque semaine.

Temps	De 0 à 3 h	De 3 à 7 h	De 7 à 12 h	De 12 à 20 h	De 20 à 30 h	De 30 à 50 h
Effectif	8	20	42	57	32	18

Construisez le polygone des fréquences cumulées croissantes en % en prenant en abscisse 0,5 cm pour 2 heures et en ordonnée 1 cm pour 10 %.

Déterminez une valeur approchée du temps médian passé devant un écran (en laissant les traits de construction). Interprétez le résultat.

16 La série incomplète

★★ 15 min ➔ Corrigé p. 208

Soit S une série ordonnée de cinq nombres : a 27 33 52 b.

Déterminez a et b sachant que l'étendue de S vaut 58 et que sa moyenne est de 40.

CORRIGÉS

QCM

1 **1.** La moyenne des 8 termes de S est $\dfrac{x_1 + x_2 + x_3 + x_4 + x_5 + x_6 + x_7 + x_8}{8}$.

Réponse : **c)** $\dfrac{x_1 + x_2 + x_3 + x_4 + x_5 + x_6 + x_7 + x_8}{8}$.

> **Rappel**
> La moyenne de n termes d'une série est $\dfrac{\text{somme de ces } n \text{ termes}}{n}$.

2. Dans une série de 8 termes (nombre pair), la médiane est la demi-somme des deux termes « du milieu », soit : $\underbrace{x_1\ x_2\ x_3\ x_4}_{4 \text{ termes}}\ \underbrace{x_5\ x_6\ x_7\ x_8}_{4 \text{ termes}}$

$$\text{Me} = \frac{x_4 + x_5}{2}$$

> **L'astuce du prof**
> Un schéma aide à calculer la médiane

Réponse : **c)** $\dfrac{x_4 + x_5}{2}$.

3. $x_8 - x_1$ est la différence entre la plus grande et la plus petite valeur de la série : c'est la définition de l'étendue.

Réponse : **b)** l'étendue.

4. Le nombre x_3 apparaît une fois dans une liste de 8 nombres. Sa fréquence d'apparition est $\dfrac{1}{8}$.

> **Rappel**
> Fréquence = $\dfrac{\text{effectif}}{\text{effectif total}}$

Réponse : **a)** $\dfrac{1}{8}$.

5. La série S devient : $x_1 - 10, x_2, x_3, x_4, x_5, x_6, x_7, x_8$.

- La médiane reste inchangée, et est toujours égale à la demi-somme des deux termes « centraux ».
- La nouvelle moyenne vaut : $\dfrac{x_1 - 10 + x_2 + x_3 + x_4 + x_5 + x_6 + x_7 + x_8}{8}$
- La nouvelle étendue vaut : $x_8 - (x_1 - 10) = x_8 - x_1 + 10$.

> **Remarque**
> On dit que la médiane est insensible aux changements des valeurs extrêmes, à la différence de la moyenne et de l'étendue.

Réponses : **b)** la moyenne et **c)** l'étendue.

6. La série S devient : $3x_1, 3x_2, 3x_3, 3x_4, 3x_5, 3x_6, 3x_7, 3x_8$.

- La médiane est la demi-somme des deux termes « centraux ».

$\text{Me} = \dfrac{3x_4 + 3x_5}{2} = 3\dfrac{(x_4 + x_5)}{2}$. On reconnaît : 3 × médiane de S.

• La nouvelle moyenne vaut :

$$\frac{3x_1 + 3x_2 + 3x_3 + 3x_4 + 3x_5 + 3x_6 + 3x_7 + 3x_8}{8}$$

$$= 3 \times \frac{x_1 + x_2 + x_3 + x_4 + x_5 + x_6 + x_7 + x_8}{8} = 3 \times \text{moyenne de } S.$$

• La nouvelle étendue vaut : $3x_8 - 3x_1 = 3(x_8 - x_1) = 3 \times$ étendue de S.

Réponses : **a)** la médiane, **b)** la moyenne et **c)** l'étendue

2 **1. Faux →** La médiane d'une série de 48 termes (nombre pair de termes) est la demi-somme des deux termes centraux, soit la demi-somme des 24e et 25e termes.

Rappel
Pour une série comptant n termes avec n pair, la médiane est la demi-somme des $\frac{n}{2}^{\text{ième}}$ terme et $\frac{n}{2}+1^{\text{ième}}$ terme (ici avec $n = 48$).

2. Vrai → La médiane d'une série de 57 termes (nombre impair de termes) est égale au terme « central », c'est-à-dire le 29e terme.

$$\underbrace{x_1, x_2, \ldots x_{28}}_{\text{28 termes}} \quad \textcircled{x_{29}} \quad \underbrace{x_{30}, x_{31}, \ldots x_{57}}_{\text{28 termes}}$$

Me est le 29e terme.

Rappel
Pour une série comptant n termes avec n impair, la médiane est le $\frac{n+1}{2}^{\text{ième}}$ terme (ici avec $n = 57$).

3. Faux → C'est la médiane qui partage la classe en deux groupes, l'un ayant des notes supérieures ou égales à la médiane Me, l'autre ayant des notes inférieures ou égales à Me.

4. Faux → Quand la série compte un nombre pair de termes, la médiane prend pour valeur la demi-somme des deux termes « centraux », valeur qui ne correspond pas forcément à une valeur de la série.

5. Faux → Me est la valeur telle qu'au moins (et pas exactement) 50 % des valeurs de la série soient inférieures ou égales à Me.

Piège à éviter
Chaque mot a son importance dans une affirmation de vrai-faux !

6. Faux → Par définition, l'étendue est égale à la plus grande moins la plus petite valeur de la série. C'est donc un nombre positif.

Exercices d'entraînement

3 **1. a)** L'étendue e vaut $e = 50 - 10 = \boxed{40}$.

b) La médiane d'une série comptant 5 termes est son terme central, soit le 3e terme de la série. D'où $\boxed{\text{Me} = 30}$.

c) La moyenne $\overline{x}$ vaut $\dfrac{10 + 20 + 30 + 40 + 50}{5} = \dfrac{150}{3} = \boxed{30}$.

2. Le nombre 10 apparaît 1 fois parmi les 5 nombres.

Sa fréquence d'apparition vaut $\boxed{f = \dfrac{1}{5} = 0{,}2}$.

3. Il y a 3 valeurs supérieures ou égales à 30 (30-40-50) sur un total de 5, ce qui représente $\dfrac{3}{5} = 0{,}6 = \boxed{60\ \%\ \text{des notes}}$.

> **Rappel**
> $0{,}6 = \dfrac{60}{100} = 60\ \%$.

4 **• Étude de la série S_1 : 5 8 11 10 7 8 1 3 9 4**

On commence par en ordonner les termes dans le sens croissant :

> **Piège à éviter**
> La série doit être ordonnée dans le sens croissant.

S_1 : 1 3 4 5 7 8 8 9 10 11

S_1 prend des valeurs allant de 1 à 11 donc son étendue est $11 - 1 = \boxed{10}$.

S_1 compte 10 termes (nombre pair).

La médiane se calcule alors comme la demi-somme des deux termes centraux :

1 3 4 5 (7) (8) 8 9 10 11 d'où $\boxed{\text{Me} = \dfrac{7 + 8}{2} = 7{,}5}$

5 termes — 5 termes

Me

La moyenne $\overline{x}_1$ des 10 termes de S_1 vaut :

$$\overline{x}_1 = \frac{5 + 8 + 11 + 10 + 7 + 8 + 1 + 3 + 9 + 4}{10} = \frac{66}{10} = \boxed{6{,}6}$$

• Étude de la série S_2 : 3 5 9 10 10 11 16 17 17 21 27 29 34

S_2 prend des valeurs allant de 3 à 34 donc son étendue est $34 - 3 = \boxed{31}$.

S_2 compte 13 termes (nombre impair). La médiane correspond alors au terme « central ».

3 5 9 10 10 11 (16) 17 17 21 27 29 34 d'où $\boxed{\text{Me} = 16}$

6 termes — 6 termes

Me

La moyenne $\overline{x}_2$ des 13 termes de S_1 vaut :

$$\overline{x}_2 = \frac{3+5+9+10+10+11+16+17+17+21+27+29+34}{13} = \frac{209}{13}$$

$\overline{x}_2 \approx 16{,}1$

5 Pour « représenter » la série, on écrit la liste des termes dans le sens croissant autant de fois que l'effectif le précise.

On obtient la série de 12 nombres : 2 5 5 8 8 8 11 12 12 12 17 20.

1. La série prend des valeurs allant de 2 à 20. L'étendue vaut donc 20 – 2 = 18.

2. La série compte un nombre pair de termes (12). Sa médiane est donc la demi-somme des deux termes « centraux », les 6ᵉ et 7ᵉ termes.

D'où $\text{Me} = \frac{8+11}{2} = 9{,}5$

Rappel

$\text{Moyenne} = \frac{n_1x_1 + n_2x_2 + \ldots}{n_1 + n_2 + \ldots}$

Les n_i sont les effectifs et les x_i les valeurs.

3. La moyenne $\overline{x}$ de cette série vaut :

$$\overline{x} = \frac{1\times 2 + 2\times 3 + 3\times 8 + 1\times 11 + 3\times 12 + 1\times 17 + 1\times 20}{1+2+3+1+3+1+1} = \frac{120}{12} = 10$$

6

Valeur	[0 ; 2[	[2 ; 4[	[4 ; 8[	[8 ; 16[	[16 ; 22[
Représentant de la classe	$\frac{0+2}{2}=1$	$\frac{2+4}{2}=3$	$\frac{4+8}{2}=6$	$\frac{8+16}{2}=12$	$\frac{16+22}{2}=19$
Effectif	8	10	12	8	18

$$\overline{x} = \frac{8\times 1 + 10\times 3 + 12\times 6 + 8\times 12 + 18\times 19}{8+10+12+8+18} = \frac{548}{56}$$

$\overline{x} \approx 9{,}79$

Rappel

Le représentant de la classe $[a\,;b]$ est $\frac{a+b}{2}$.

7 Les rectangles d'un histogramme ont des aires proportionnelles aux effectifs.

Il faut bien comprendre l'échelle.

L'effectif de 8, associé à l'intervalle [0 ; 2[(de largeur 2 unités, soit 0,5 cm ou 1 petit carreau), correspond à une hauteur de 8 ÷ 2 = 4.

Gagnez des points !

Un petit carreau (0,5 cm × 0,5 cm) représente un effectif de 2.

L'effectif de 10, associé à l'intervalle [2 ; 4[(de largeur 2 unités, soit 0,5 cm ou 1 petit carreau), correspond à une hauteur de 10 ÷ 2 = 5.

L'effectif de 12, associé à l'intervalle [4 ; 8[(de largeur 4 unités, soit 1 cm ou 2 petits carreaux), correspond à une hauteur de 12 ÷ 4 = 3.

L'effectif de 8, associé à l'intervalle [8 ; 16[(de largeur 8 unités, soit 2 cm ou 4 petits carreaux), correspond à une hauteur de 8 ÷ 8 = 1.

L'effectif de 18, associé à l'intervalle [16 ; 22[(de largeur 6 unités, soit 1,5 cm ou 3 petits carreaux), est de hauteur 18 ÷ 6 = 3.

Remarque
Les bâtons associés à [0 ; 2[et [8 ; 16[représentent tous deux un effectif de 8. Ils ont la même aire (4 carreaux), mais pas la même hauteur, car leur base a une largeur différente.

8 L'aire du rectangle (largeur × hauteur) est proportionnelle à l'effectif.

Un petit carreau correspond à un effectif de 20.

Il s'agit alors par lecture des aires (en « petits carreaux ») de déduire les effectifs.

Remarque
Le cœfficient de proportionnalité entre l'aire et l'effectif est de 20.

Valeur	[0 ; 10[	[10 ; 15[	[15 ; 20[	[20 ; 30[	[30 ; 45[	[45 ; 65[
Aire (en carreaux)	2	5	7	6	3	8
Effectif	40	100	140	120	60	160

Autre méthode

L'effectif peut aussi s'obtenir par calcul des aires des rectangles.

Ainsi, l'intervalle [0 ; 10[(de largeur 10) correspond à une hauteur de 4. Il représente donc un effectif de $10 \times 4 = 40$.

L'intervalle [10 ; 15[(de largeur 5) correspond à une hauteur de 20. Il représente donc un effectif de $5 \times 20 = 100$…

9 **1.**

Valeur	[0 ; 10[	[10 ; 25[	[25 ; 30[	[30 ; 45[	[45 ; 55[	[55 ; 60[
Effectif cumulé croissant	40	60	120	140	160	200
Effectif	40	20	60	20	20	40

2. La médiane Me appartient à la classe dans laquelle est franchi l'effectif moitié, ici : $200 \div 2 = 100$.

Ainsi, **Me se trouve dans la classe [25 ; 30[**, puisque l'effectif cumulé croissant est de 60 (< 100) pour la classe [10 ; 25[, et de 120 (> 100) pour la classe [25 ; 30[.

Gagnez des points !
Déduisez les effectifs à partir des effectifs cumulés croissants par soustraction.

3. La médiane est la valeur correspondant à l'effectif moitié, soit 100.

On trouve environ 28.

Méthode
Déterminez l'abscisse correspondant à une ordonnée de 100.

Problèmes

10 **1.** Au cours de l'année 2015, il a plu entre 18 mm et 97 mm.

L'étendue est $97 - 18 =$ 79 mm.

2. La hauteur moyenne mensuelle des précipitations est :

$$\frac{56 + 97 + 52 + 18 + 53 + 39 + 29 + 44 + 62 + 69 + 88 + 58}{12} \approx 55{,}4\,\text{mm}.$$

3. • On commence par ordonner la série des 12 valeurs (nombre pair de termes) :

18 29 39 44 52 53 56 58 58 62 69 88 97

6 termes — Me — 6 termes

Remarque
Ce tableau correspond à une série non ordonnée de 12 nombres.

La médiane est la demi-somme des 6e et 7e termes.

$$Me = \frac{53 + 56}{2} = 54{,}5$$

• En 2015, **il a plu plus de 54,5 mm au moins la moitié des mois.**

4. • En 2015, dans le village normand, la hauteur totale des précipitations s'élève à : $56 + 97 + 52 + 18 + 53 + 39 + 29 + 44 + 62 + 69 + 88 + 58 = 665$ mm.

L'année ayant compté 132 jours de pluie, il tombe en moyenne un jour de pluie $665 \div 132 \approx 5$ mm d'eau.

• À Biarritz, il est tombé 1 522 mm en 113 jours.

Une journée de pluie apporte en moyenne 1 522 ÷ 113 = 13,5 mm d'eau.

• En conclusion, il pleut moins fréquemment à Biarritz qu'en Normandie (113 jours contre 132 jours) mais les précipitations sont beaucoup plus abondantes dans le pays basque qu'en Normandie.

11 **1. a)** La taille moyenne m d'un nourrisson est :

$$m = \frac{42+45+45+46+47+47+48+49+49+50+50+50+50+51+51+52+54+57}{18}$$

$m \approx 49{,}1$ cm

Rappel
Moyenne $= \dfrac{\text{somme des tailles}}{\text{nombre de bébés}}$.

b) Le plus petit bébé mesure 42 cm et le plus grand 57 cm.

L'étendue de la série est : 57 – 42 = 15.

c) La série compte 18 termes (nombre pair). La médiane se calcule donc comme la demi-somme des deux termes « centraux » :

42 45 45 46 47 47 48 49 (49) (50) 50 50 50 51 51 52 54 57

9 termes — 9 termes

Me

$$\text{Me} = \frac{49+50}{2} = 49{,}5\,\text{mm}$$

Remarque
Dans ce cas, il y a exactement 50 % des valeurs ⩽ Me.

2. 9 bébés sur 18 ont une taille supérieure ou égale à 49,5 cm, soit un pourcentage de $\dfrac{9}{18} = 0{,}5 = \dfrac{50}{100} = 50\ \%$.

Remarque
Un peu plus de 50 % des valeurs sont comprises entre Q_1 et Q_3.

Vers le brevet

12 **1. a)** • La cellule F3 contient la fréquence d'apparition de la note 12, arrondie à 3 chiffres après la virgule.

La note 12 apparaît 5 fois sur un total de 26 notes.

$\dfrac{5}{26} \approx 0{,}192$.

• La cellule K3 contient le total des fréquences de la ligne 3. Elle contient donc le nombre 1.

L'astuce du prof

Vous pouvez vérifier que la somme des fréquences des cellules B3 à J3 vaut bien 1.

b) Les fréquences cumulées croissantes s'obtiennent par somme :

	A	B	C	D	E	F	G	H	I	J	K
1	Note	6	7	9	10	12	14	15	16	19	Total
2	Effectif	3	4	4	1	5	2	4	1	2	26
3	Fréquence	0,115	0,154	0,154	0,038	0,192	0,077	0,154	0,038	0,077	
4	Fréquence cumulée croissante	0,115	0,269	0,423	0,462	0,654	0,731	0,885	0,923	1	

2. a) La cellule K2 contient la somme des effectifs, de la cellule B2 à la cellule J2.

On saisit en K2 :

=SOMME(B2:J2) ou

=B2+C2+D2+E2+F2+G2+H2+I2+J2

L'astuce du prof

Décomposez le calcul, puis repérez les cellules correspondantes.

b) En saisissant dans la cellule B3 la formule =B2/K2, on obtient bien 0,115 qui est la valeur du quotient : 3 ÷ 26.

↑ ↑

B2 K2

En tirant cette formule dans la cellule C3, celle-ci devient =C2/L2. Or, aucune donnée n'est dans la cellule O2. Le quotient ne peut donc pas s'effectuer, et un message d'erreur apparaît.

	A	B	C	D	E	F	G	H	I	J	K
1	Note	6	7	9	10	12	14	15	16	19	Total
2	Effectif	3	4	4	1	5	2	4	1	2	26
3	Fréquence	0,115	#####	#####	#####	#####	#####	#####	#####	#####	#DIV/0 !
4	Fréquence cumulée croissante	0,115	#####	#####	#####	#####	#####	#####	#####	#####	

• Pour obtenir les fréquences d'apparition des notes :

– en C3, on doit avoir =C2/K2 ;

– en D3, on doit avoir =D2/K2 ;

– en E3, on doit avoir =E2/K2…

On obtient ces formules par recopie de la cellule B3 en « bloquant » la colonne K. Pour cela, on ajoute le symbole $.

Gagnez des points !
Le symbole $ placé devant la lettre de colonne permet de fixer celle-ci.

Ainsi en B3, on doit saisir la formule :

=B2/$K2.

c) En B4, on a entré : =SOMME($B3:B3) ou =SOMME($B2:B2)/26

Soit les **réponses (B) et (D)**.

3. a) La note moyenne obtenue au devoir est :

$$\frac{3\times6+4\times7+4\times9+1\times10+5\times12+2\times14+4\times15+1\times16+2\times19}{26}$$

$\approx$ 11,3

Rappel :
Avec un tableau :

Valeurs	x_1	x_2	x_3	...
Effectifs	n_1	n_2	n_3	

La moyenne est :

$$\frac{n_1x_1+n_2x_2+n_3x_3+\dots}{n_1+n_2+n_3+\dots}$$

b) 5 + 2 + 4 + 1 + 2 = 14 élèves sur les 26 ont une note supérieure ou égale à 11,3.

La fréquence correspondante vaut : $\frac{14}{26}$ = 0,54.

4. Les notes vont de 6 à 19.

L'étendue est e = 19 – 6 = 13.

5. a) Il y a 26 notes (nombre pair). La médiane est donc la demi-somme des deux termes « du milieu » (des 13e et 14e termes) :

6 6 6 7 7 7 7 9 9 9 9 10 12 | 12 12 12 12 14 14 15 15 15 15 …

13 notes | 13 notes

$$\text{Me} = \frac{12+12}{2} = 12$$

Remarque
Pour déterminer la 13e note, on peut aussi cumuler les effectifs jusqu'à atteindre ou dépasser 13.

Note	6	7	9	10	12
Effectif	3	4	4	1	5
Effectif cumulé	3	7	11	12	17

b. Dans cette classe de 26 élèves, 14 élèves sur 26 (5 + 2 + 4 + 1 + 2) ont obtenu une note supérieure ou égale à la médiane (12).

Le pourcentage d'élèves correspondant est $\frac{14}{26} \approx 0{,}54$ soit 54 %.

13 **1.** • La moyenne m_A des 18 élèves de 3e A est :

$$m_A = \frac{11+6+10+10+13+7+11+8+7+11+18+18+12+15+15+12+8+7}{18} = \frac{199}{18}$$

$m_A \approx 11{,}1$ (moyenne arrondie au dixième)

• La moyenne m_B des 17 élèves de 3e B est :

$$m_B = \frac{7+8+9+12+18+16+7+13+19+8+13+13+8+13+8+9+7}{17} = \frac{188}{17}$$

$m_B \approx 11{,}1$ (moyenne arrondie au dixième)

• **On constate que les deux classes ont la même moyenne.**

2. • Déterminons la note médiane de la 3e A.

On ordonne la liste des 18 notes dans le sens croissant :

6 7 7 7 8 8 10 10 (11 11) 11 12 12 13 15 15 18 18

9 notes — 9 notes

$$\text{Me}_A = \frac{11+11}{2} = 11$$

La note médiane en 3e A est 11.

L'astuce du prof
Faites un schéma pour vous aider à déterminer la médiane.

• De même, on détermine la note médiane en 3e B, après avoir ordonné les 17 notes de la plus petite à la plus grande :

7 7 7 8 8 8 8 9 (9) 12 13 13 13 13 16 18 19

8 notes — 8 notes

$$\text{Me}_B = 9$$

La note médiane en 3e B est 9.

L'astuce du prof
Écrire la liste des notes, autant de fois que chacune apparaît, permet de trouver la médiane plus facilement.

3. En 3e A, la note médiane est 11. Cela signifie qu'au moins la moitié des élèves ont obtenu une note supérieure ou égale à 11.

En 3e B, la note médiane étant de 9, la moitié au moins des élèves ont obtenu 9 ou plus.

On peut donc en conclure que **la classe de 3e A a mieux assimilé le cours que la classe de 3e B.**

Remarque
La médiane est plus représentative du niveau de la classe que la moyenne.

4. • Parmi les élèves des deux classes étudiées, aucune note n'est inférieure à 5. Ainsi, le graphique 3 (dont la partie jaune représente les notes comprises entre 0 et 5) ne représente pas l'une de ces deux classes.

• En 3e A, 6 élèves sur 18, soit $\frac{6}{18} = \frac{1}{3}$ des élèves, ont une note comprise dans [5 ; 10[, ce que l'on retrouve sur le graphique 2.

Autre méthode
Vous pouviez aussi conclure en étudiant la proportion d'élèves ayant entre 10 et 15.

En 3e B, 9 élèves sur 18, soit $\frac{9}{18} = \frac{1}{2}$ (la moitié) des élèves, ont une note comprise dans [5 ; 10[, ce que l'on retrouve sur le graphique 1.

• En conclusion, **le graphique 1 représente la 3e B et le graphique 2 représente la 3e A.**

14 **1.** Le club compte 30 adhérents. Le nombre d'adhérents de 16 ans est $30 - 7 - 6 - 10 = \boxed{7}$.

2. Il y a 6 adhérents de 15 ans parmi 30.

$\frac{6}{30} = 0,2 = \boxed{20\ \%}$ des adhérents ont 15 ans.

3. L'âge moyen des adhérents est :

$$\frac{7 \times 14 + 6 \times 15 + 7 \times 16 + 10 \times 17}{30} \approx \boxed{15,7 \text{ ans}}.$$

4.

Âge (en années)	14	15	16	17	Total
Nombre d'adhérents	7	6	7	10	30
Mesure de l'angle en degrés	$\frac{7}{30} \times 180 = 42$	$\frac{6}{30} \times 180 = 36$	$\frac{7}{30} \times 180 = 42$	$\frac{10}{30} \times 180 = 60$	180

Diagramme semi-circulaire :

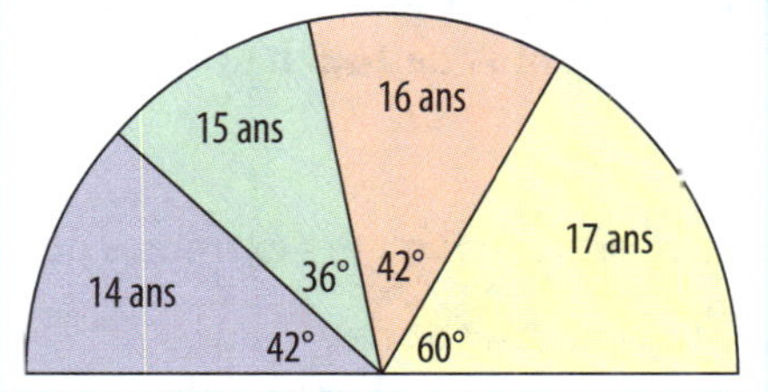

Remarque
Le nombre d'adhérents et la mesure de l'angle sont proportionnels.

Rappel
• Les effectifs cumulés croissants s'obtiennent par addition des effectifs.
• Fréquence $= \frac{\text{effectif}}{\text{effectif total}}$.

Exercices d'approfondissement

15

Temps	De 0 à 3 h	De 3 à 7 h	De 7 à 12 h	De 12 à 20 h	De 20 à 30 h	De 30 à 50 h
Effectif	8	20	42	57	32	18
Effectif cumulé croissant	8	$20 + 8 = 28$	$28 + 42 = 70$	$70 + 57 = 127$	$127 + 32 = 159$	$159 + 18 = 177$
Fréquence cumulée croissante	$\frac{8}{177} \approx 5\%$	$\frac{28}{177} \approx 16\%$	$\frac{70}{177} \approx 40\%$	$\frac{127}{177} \approx 72\%$	$\frac{159}{177} \approx 90\%$	100 %

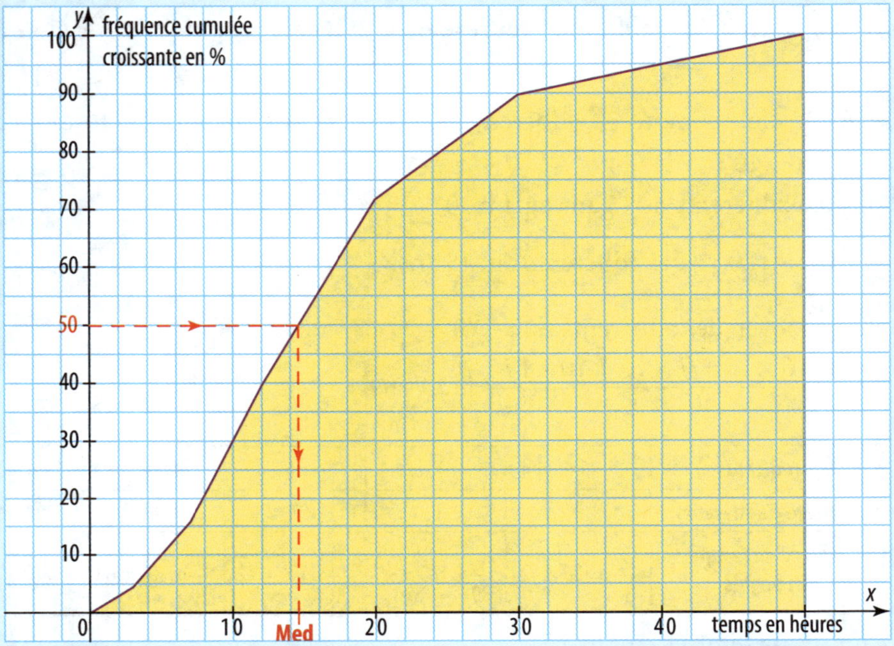

La médiane correspond à un effectif cumulé croissant de 50 %, soit Med ≈ 14,5. **Ainsi, la moitié des élèves de 3e au moins passent plus de 14,5 heures devant un écran chaque semaine.**

16 • L'étendue de *S* vaut 58 : c'est la différence entre les valeurs extrêmes de la série. Soit $a - b = 58$ ou $b = a + 58$ (égalité n° 1).

• La moyenne des 5 valeurs de *S* vaut 40.

$(a + 27 + 33 + 52 + b)/5 = 40$

$a + 27 + 33 + 52 + b = 40 \times 5$

$a + b = 200 - 112$ soit $a + b = 88$ (égalité n° 2)

• D'après l'égalité n° 1 : $b = a + 58$.

On obtient alors, en récrivant l'égalité n° 2 : $a + (a + 58) = 88$.

$2a + 58 = 88$

$2a = 88 - 58 = 30$

$a = 30 \div 2$ soit $\boxed{a = 15}$

• En revenant à l'égalité n° 1, on déduit :

$b = a + 58 = 15 + 58$, soit $\boxed{b = 73}$.

Méthode

Traduisez les données de l'énoncé par deux égalités.

L'astuce du prof

En reportant l'expression de *b* dans la seconde égalité, vous vous ramenez à une équation du premier degré que vous savez résoudre.

CHAPITRE 11

Probabilités

DE QUOI S'AGIT-IL ?

L'étude de la compréhension des jeux de hasard et des phénomènes aléatoires a poussé les mathématiciens à développer les calculs des probabilités.
Ce chapitre en propose les bases : définitions, vocabulaire spécifique et premiers calculs.

1 Généralités

1 Vocabulaire

- Une **expérience** est dite **aléatoire** lorsqu'elle a plusieurs issues (ou résultats) possibles et qu'on ne peut pas prévoir laquelle de ces issues sera réalisée.

Remarque
On connaît les résultats possibles, mais on ne peut pas prévoir celui qui se produira.

- Un **événement** est constitué par une ou des issues de l'expérience.

Exemple

L'expérience qui consiste à lancer un dé est une expérience aléatoire.

Les issues possibles sont 1, 2, 3, 4, 5 et 6.

Obtenir un résultat pair est un événement réalisé par 3 issues : 2, 4 et 6.

Remarque
Un événement peut aussi ne contenir qu'une seule issue.

2 Probabilité

- Lorsqu'on répète un grand nombre de fois la même expérience aléatoire, la fréquence de réalisation d'un événement devient proche d'un nombre appelé **probabilité** de l'événement.
- Une probabilité est un **nombre** compris entre 0 et 1.
- La probabilité d'un événement est la somme des probabilités des issues qui le composent.
- La somme des probabilités des issues est égale à 1.
- Quand les issues ont toutes la même probabilité d'être réalisées, on dit qu'il s'agit d'une situation d'**équiprobabilité**.
- Quand les issues sont équiprobables, pour calculer la probabilité d'un événement, on utilise la formule :

$$p(\text{A}) = \frac{\text{Nombre d'issues qui réalisent A}}{\text{Nombre total d'issues}}$$

→ Bien comprendre

À chaque issue de l'expérience aléatoire, on associe un nombre compris entre 0 et 1. Ce nombre est appelé probabilité de l'issue.

Exemple

Dans l'expérience aléatoire précédente, si le dé est bien équilibré, on considère que chaque face a autant de chances qu'une autre d'apparaître. La probabilité d'une issue est donc $\frac{1}{6}$.

Si A est l'événement « obtenir un résultat pair », alors :

$$p(\mathrm{A}) = \underbrace{\frac{1}{6}}_{\text{Obtenir 2}} + \underbrace{\frac{1}{6}}_{\text{Obtenir 4}} + \underbrace{\frac{1}{6}}_{\text{Obtenir 6}} = \frac{\overbrace{3}^{\text{Nombre d'issues qui réalisent A}}}{\underbrace{6}_{\text{Nombre total d'issues}}} = \frac{1}{2}$$

2 Événements particuliers

- Deux événements sont **incompatibles** s'ils ne peuvent pas se produire en même temps.

Exemple

Dans un lancer de dé, les événements « obtenir un nombre inférieur à 2 » et « obtenir un nombre supérieur à 3 » sont incompatibles.

> **Remarque**
> Deux événements sont incompatibles lorsqu'ils n'ont aucune issue en commun.

- L'**événement contraire** de A noté (non A) est l'événement qui se réalise lorsque A ne se réalise pas. On a $\boldsymbol{p}$ **(A) +** $\boldsymbol{p}$ **(non A) = 1.**

> **Remarque**
> L'événement contraire d'un événement A est formé des issues qui ne réalisent pas A.

Exemple

« Obtenir un nombre pair » et « obtenir un nombre impair » sont contraires.

- Un événement est dit **impossible** si sa probabilité est nulle (il ne se produit jamais).

- Un événement est dit **certain** si sa probabilité est égale à 1 (il se produit obligatoirement).

QCM

1 Des choix à faire

Corrigé p. 218

Cochez la (ou les) réponse(s) correcte(s).

1. La probabilité d'un événement peut être égale à :

a) $\frac{5}{4}$ **b)** $\frac{4}{5}$ **c)** 25 %

2. Si la probabilité d'un événement vaut 1, alors cet événement est :

a) certain **b)** impossible **c)** contraire

3. Soit un événement de probabilité 0,25.

Son événement contraire a une probabilité de :

a) $\frac{3}{4}$ **b)** 0,25 **c)** 0,5

4. On lance un dé à six faces numérotées de 1 à 6.

La probabilité d'obtenir un multiple de 3 est :

a) 0 **b)** 0,5 **c)** $\frac{1}{3}$

2 Vrai ou Faux ?

Corrigé p. 218

Cochez la bonne réponse.

On tire au hasard une boule dans une urne ne contenant que des boules rouges et des boules blanches.

1. S'il y a 30 % de boules rouges, la probabilité de tirer une boule blanche est 0,7. ☐ V ☐ F

2. S'il y a 5 boules rouges et 5 boules blanches, alors la probabilité de tirer une boule rouge est $\frac{1}{2}$. ☐ V ☐ F

3. S'il y a deux fois plus de boules rouges que de boules blanches, la probabilité de tirer une boule rouge est le double de celle de tirer une boule blanche. ☐ V ☐ F

4. Si la probabilité de tirer une boule rouge est 0,6, alors la probabilité de tirer une boule blanche est $\frac{1}{5}$. ☐ V ☐ F

5. Les événements « tirer une boule blanche » et « tirer une boule rouge » sont incompatibles. ☐ V ☐ F

6. Les événements « tirer une boule blanche » et « tirer une boule rouge » sont contraires. ☐ V ☐ F

Exercices d'entraînement

3 Calcul mental

2 min Corrigé p. 219

Complétez comme dans l'exemple sans utiliser la calculatrice : $\frac{1}{2} = 0,5 = 50\,\%$.

- $\frac{1}{5}$ = ... = ...
- $\frac{2}{3} \simeq$ .... $\simeq$ ....
- .... = ... = 12 %
- $\frac{1}{100}$ = ... = ...
- .... = 0,8 = ...
- .... = ... = 25 %

4 Méli-mélo

10 min Corrigé p. 219

1. On lance un dé équilibré à six faces numérotées 1, 2, 3, 4, 5 et 6.

Quelle est la probabilité d'obtenir un nombre strictement supérieur à 3 ?

2. On lance une pièce de monnaie deux fois de suite.

Quelle est la probabilité d'obtenir 2 fois « face » ?

3. On considère un dé à six faces dont trois faces sont numérotées 1 ; deux faces numérotées 2 et une face numérotée 4.

Calculez la probabilité d'obtenir un chiffre pair.

4. Dans une urne, on place 100 jetons numérotés : 00, 01, 02, …, 98, 99.

On choisit un jeton au hasard dans cette urne.

Quelle est la probabilité que le chiffre 1 figure dans le numéro ?

5 Ça tourne !

10 min Corrigé p. 220

On fait tourner la roue ci-dessous et on relève le numéro indiqué par la flèche.

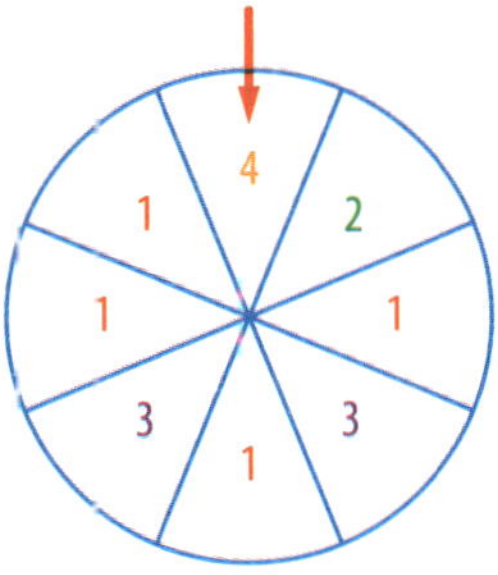

1. Réalisez l'arbre des possibles en indiquant sur chaque branche les probabilités correspondantes.

2. Calculez la probabilité de l'événement A : « obtenir un chiffre supérieur ou égal à 2 ».

Méthode

1. On représente l'arbre en utilisant autant de branches qu'il y a d'issues possibles.

2. Sur chaque branche, on indique la probabilité correspondante.

3. On vérifie que la somme des probabilités inscrites sur chaque branche fait bien 1.

4. On utilise l'arbre pour calculer les probabilités en sachant que la probabilité d'un événement est égale à la somme des probabilités qui le composent.

Problèmes

6 Des boules de couleur numérotées

★ 20 min Corrigé p. 220

On considère l'urne contenant les boules ci-contre.

1. On tire au hasard une boule et on regarde le numéro inscrit.

a) Citez les issues de cette expérience. Ont-elles autant de chances de se réaliser ?

b) Déterminez la probabilité de l'événement A : « la boule porte le numéro 1 ».

2. On tire au hasard une boule et on regarde la couleur.

a) Citez les issues de cette expérience. Ont-elles autant de chances de se réaliser ?

b) Déterminez la probabilité de l'événement B : « la boule est verte ».

3. On tire au hasard une boule et on regarde le numéro et la couleur.

a) Complétez le tableau ci-contre.

	Vert	Bleu	Total
1			
2			
3			
Total			

b) Déterminez la probabilité de l'événement C : « la boule est verte et porte le numéro 1 ».

c) On sait que l'on a tiré une boule bleue. Quelle est la probabilité qu'elle porte le numéro 2 ?

7 Un dé très curieux

★★ 15 min ➔ Corrigé p. 221

On lance un dé à six faces truqué. Les probabilités de chacune des faces d'apparaître ne sont pas toutes égales. En notant $p(1)$ la probabilité d'obtenir la face 1, $p(2)$ la probabilité d'obtenir la face 2, etc., on a :

$p(1) = p(2) = p(3)$, $p(4) = p(5) = p(5)$ et $p(6) = 3 \times p(1)$.

1. Montrez que $p(1) = \frac{1}{12}$.

2. Complétez le tableau ci-contre.

Face	1	2	3	4	5	6
Probabilité						

3. a) Calculez la probabilité d'obtenir une face paire.

b) Calculez la probabilité de ne pas obtenir le chiffre 1.

➔ Méthode

1. On utilise le résultat : « la somme des probabilités des issues d'une expérience aléatoire est égale à 1 ». Toutes les probabilités s'expriment en fonction de $p(1)$.

2. On complète le tableau en utilisant les données de l'énoncé.

3. La probabilité d'un événement est la somme des probabilités des issues qui le composent. L'événement « ne pas obtenir 1 » est le contraire de l'événement « obtenir 1 ».

8 Les téléphones

20 min ➔ Corrigé p. 222

Une entreprise fabrique des téléphones mobiles avec deux options possibles ajoutées au modèle standard que l'on notera option A et option B.

Sur un échantillon de 1 000 commandes, une étude statistique a fait apparaître les résultats suivants :

– 20 % des commandes sont faites avec l'option A ;

– parmi les commandes avec l'option A, 15 % ont aussi l'option B ;

– parmi les commandes sans l'option A, 4 % ont l'option B.

1. Complétez le tableau :

Nombre de commandes	avec option A	sans option A	Total
avec option B			
sans option B			
Total			1 000

2. On prend une commande au hasard dans l'échantillon. On définit les événements suivants :

– A : « la commande comprend l'option A » ;
– B : « la commande comprend l'option B ».

a) Calculez la probabilité de l'évènement A, puis celle de l'événement B.

b) Soit l'évènement C : « la commande comporte les deux options ». Calculez la probabilité de l'événement C.

c) Soit l'évènement D : « la commande comporte une et une seule option ». Déterminez la probabilité de l'évènement D.

3. On choisit une commande au hasard parmi les commandes avec option A de l'échantillon.

Soit l'évènement E : « la commande ne comprend pas l'option B ». Déterminez la probabilité de l'évènement E.

Vers le brevet

9 Dans le sac

15 min Corrigé p. 223

Un sac contient 10 boules rouges, 6 boules noires et 4 boules jaunes. Chacune de ces boules a la même probabilité d'être tirée. On tire une boule au hasard.

1. Calculez la probabilité pour que cette boule soit rouge.

2. Calculez la probabilité pour que cette boule soit noire ou jaune.

3. Calculez la somme des deux probabilités trouvées aux deux questions précédentes.

Le résultat était-il prévisible ? Pourquoi ?

4. On ajoute dans ce sac des boules bleues. Le sac contient alors 10 boules rouges, 6 boules noires, 4 boules jaunes et les boules bleues.

On tire une boule au hasard. Sachant que la probabilité de tirer une boule bleue est égale à $\frac{1}{5}$, calculez le nombre de boules bleues.

10 La loterie

20 min Corrigé p. 224

Une loterie comporte 300 billets qui ont tous été vendus. Chaque billet comporte 3 cases à gratter :

– 200 billets font apparaître après grattage la mention PERDU ;
– les 100 autres billets sont numérotés de 001 à 100, avec un chiffre par case.

Le numéro 013 gagne un téléphone à 300 € ; le numéro 007 gagne une tablette à 150 € ; les numéros terminés par le chiffre 0 gagnent 5 € ; ceux terminés par le chiffre 5 gagnent 2 €.

L'imprimeur facture 30 € la série de 100 billets numérotés et 0,2 € par billet marqué PERDU.

1. Donnez le nombre de billets se terminant par le chiffre 0, le nombre de billets se terminant par le chiffre 5.

2. Quelle est la valeur totale des lots mis en jeu ? En déduire la dépense totale pour l'organisateur de la loterie.

3. Le prix d'un billet est fixé à 3 €. Tous les lots ont été réclamés. Quel est le bénéfice de la loterie ?

4. Pierre a acheté un billet pris au hasard parmi les 300 billets.

a) Quelle est la probabilité qu'il ait choisi un billet avec la mention PERDU ?

b) Quelle est la probabilité qu'il gagne un lot de valeur supérieure ou égale à 5 € ?

c) Il gratte la case centrale : le chiffre 0 apparaît. Il déclare alors : « J'ai maintenant 2 chances sur 10 de gagner quelque chose. »

Est-ce vrai ou faux ? Justifiez cette réponse en utilisant la liste possible de tous les billets avec le chiffre 0 dans la case centrale.

Exercice d'approfondissement

11 Avec un peu de méthode, on doit y arriver …

15 min Corrigé p. 225

Un jeu se déroule en deux étapes.

- On fait tourner la roue ci-contre. On note la couleur obtenue.
- Puis, on tire une boule de l'urne ci-contre. On note la couleur obtenue.

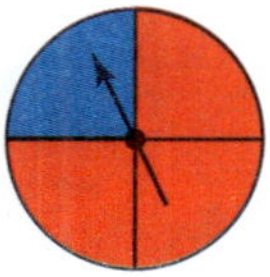

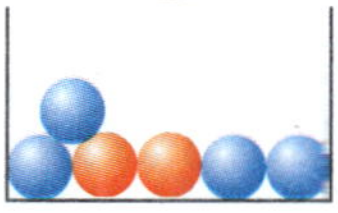

A-t-on plus de chances d'obtenir deux fois la couleur rouge ou deux fois la couleur bleue ?

CORRIGÉS

QCM

1 **1.** La probabilité d'un événement est un nombre compris entre 0 et 1.

- $\frac{5}{4} > 1$.
- $0 \leqslant \frac{4}{5} \leqslant 1$.
- 25 % =0,25 et $0 \leqslant 0{,}25. \leqslant 1$.

> **Méthode**
> On compare chacun des nombres avec 0 et 1.

Réponse : **b)** $\frac{4}{5}$ et **c)** 25 %.

2. Par définition, la probabilité d'un événement certain est 1.

Réponse : **a)** certain.

3. Pour un événement A, on a la relation $p(\text{non A}) = 1 - p(\text{A})$.
On en déduit que si $p(\text{A}) = 0{,}25$, alors $p(\text{non A}) = 1 - 0{,}25 = 0{,}75 = \frac{3}{4}$.

Réponse : **a)** $\frac{3}{4}$.

4. Les issues de cette expérience sont : 1, 2, 3, 4, 5, 6. Parmi ces six issues, il y a deux multiples de 3 : 3 et 6. On en déduit que la probabilité d'obtenir un multiple de 6 est $\frac{2}{6} = \frac{1}{3}$.

> **Remarque**
> On a deux chances sur six d'obtenir un multiple de 3.

Réponse : **c)** $\frac{1}{3}$.

2 **1. Vrai →** Il n'y a que des boules rouges et des boules blanches dans l'urne. La probabilité de tirer une boule blanche est la proportion de boules blanches dans l'urne.

> **Rappel**
> Une probabilité peut s'écrire sous la forme d'un pourcentage.

Il y a 30 % de boules rouges, il y a donc 70 % de boules blanches. La probabilité de tirer une boule blanche est 70 %, soit 0,7.

2. Vrai → Il y a autant de boules rouges que de boules blanches. Les probabilités de tirer une boule rouge ou une boule blanche sont toutes deux égales à 0,5 soit $\frac{1}{2}$.

3. Vrai → Comme il y a deux fois plus de boules rouges que de boules blanches, on a deux fois plus de chances d'obtenir une boule rouge qu'une boule blanche.

4. Faux → La probabilité de tirer une boule rouge est 0,6. Donc la probabilité de tirer une boule blanche est $1 - 0{,}6 = 0{,}4$ et $\frac{4}{10} = \frac{2}{5}$.

Rappel
Ce résultat n'est valable que s'il n'y a que des boules rouges et des boules blanches dans l'urne.

5. Vrai → Les événements « tirer une boule blanche » et « tirer une boule rouge » ne peuvent pas se produire en même temps, donc ces événements sont incompatibles.

6. Vrai → L'événement contraire de « tirer une boule blanche » est « ne pas tirer une boule blanche », soit « tirer une boule rouge ».

Exercices d'entraînement

3

- $\frac{1}{5} = \boxed{0{,}2 = 20\,\%}$
- $\frac{2}{3} \simeq \boxed{0{,}67 \simeq 67\,\%}$
- $\frac{12}{100} = \frac{3}{25} = \boxed{0{,}12 = 12\,\%}$
- $\frac{1}{100} = \boxed{0{,}01 = 1\,\%}$
- $\frac{8}{10} = \frac{4}{5} = \boxed{0{,}8 = 80\,\%}$
- $\frac{25}{100} = \frac{1}{4} = \boxed{0{,}25 = 25\,\%}$

4 **1.** Parmi les six issues, trois sont strictement supérieures à 3 : 4, 5 et 6.

La probabilité d'obtenir un nombre strictement supérieur à 3 est $\frac{3}{6}$, soit $\frac{1}{2}$.

En d'autres termes, on a une chance sur deux d'obtenir un nombre strictement supérieur à 3.

Rappel
On calcule la probabilité comme : $\frac{\text{nombre d'issues favorables}}{\text{nombre d'issues au total}}$.

2. On compte le nombre d'issues de cette expérience à l'aide d'un arbre.

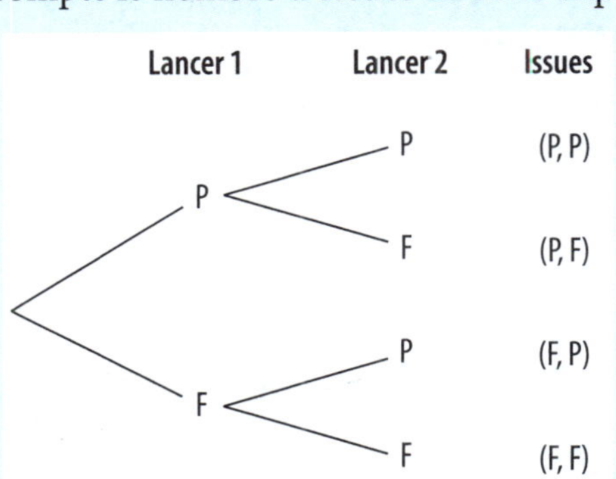

Remarque
Les quatre issues ont la même probabilité : on dit qu'elles sont équiprobables.

CORRIGÉS

Il y a quatre issues possibles. On a autant de chances d'obtenir l'une d'entre elles. **La probabilité d'obtenir deux fois « face » (F, F) est $\frac{1}{4}$.**

3. Sur les six faces du dé, trois faces portent un chiffre pair (deux portent le numéro 2 et une le numéro 4). On a donc 3 chances sur 6 d'obtenir un chiffre pair. Finalement, **la probabilité d'obtenir un chiffre pair est $\frac{3}{6}$, soit $\frac{1}{2}$.**

4. On compte le nombre de jetons qui portent le chiffre 1 dans leur numéro. Le chiffre 1 apparaît dans les numéros : 1, 11, 12, 13, 14, 15, 16, 17, 18, 19, 21, 31, 41, 51, 61, 71, 81 et 91. Cela représente 18 numéros.

On a donc 18 chances sur 100 d'obtenir le chiffre 1 sur un jeton. **La probabilité que le chiffre 1 figure dans le numéro est $\frac{18}{100} = 0{,}18$.**

5 **1.** Cette expérience a quatre issues possibles : 1, 2, 3 et 4. L'arbre des possibles a donc 4 branches.

Il y a 8 secteurs identiques sur la roue. Quatre secteurs portent le numéro 1. On a donc 4 chances sur 8 d'obtenir le chiffre 1. On en déduit que la probabilité d'obtenir le chiffre 1 est $\frac{4}{8}$ soit $\frac{1}{2}$.

On procède de la même façon pour les autres numéros. On obtient alors l'arbre ci-contre.

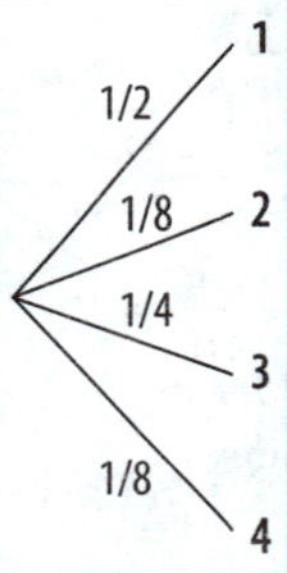

2. L'événement A est constitué de trois issues : 2, 3 et 4.

La probabilité d'obtenir le 2 est $\frac{1}{8}$, celle d'obtenir le 3 est $\frac{1}{4}$ et celle d'obtenir le 4 est $\frac{1}{8}$.

> **Méthode**
> Pour calculer la probabilité d'un événement, on ajoute les probabilités des issues qui le composent.

On en déduit que **la probabilité de l'événement A est $\frac{1}{8} + \frac{1}{4} + \frac{1}{8} = \frac{4}{8} = \frac{1}{2}$.**

Problèmes

6 **1. a)** Les boules portent trois numéros différents : 1, 2 et 3.

Les issues sont donc : 1, 2 et 3.

Il n'y a pas autant de boules qui portent le numéro 1, le numéro 2 et le numéro 3. On en déduit que **les issues n'ont pas autant de chances de se réaliser.**

b) Dans l'urne, cinq boules portent le numéro 1. Au total, il y a 14 boules. On a donc 5 chances sur 14 d'obtenir une boule portant le numéro 1.
On en déduit que **la probabilité d'obtenir une boule portant le numéro 1 est $\frac{5}{14}$**.

2. a) Les boules dans l'urne sont soit bleues, soit vertes. Donc cette expérience n'a que deux issues. Il y a autant de boules vertes que de boules bleues. Donc **on a autant de chances d'obtenir une boule verte qu'une boule bleue.**

> **Remarque**
> Dans cette question, on ne s'intéresse plus aux numéros des boules. On ne regarde que la couleur.

b) Il y a deux issues dans cette expérience. Elles ont autant de chances de se réaliser. On en déduit que **la probabilité d'obtenir une boule verte est $\frac{1}{2}$.**

3. a) Le tableau suivant donne les répartitions (couleurs/numéros) des boules dans l'urne.

	Vert	Bleu	Total
n° 1	2	3	5
n° 2	3	3	6
n° 3	2	1	3
Total	7	7	14

b) Deux boules vertes portent le numéro 1. On en déduit que **la probabilité d'obtenir une boule verte portant le numéro 1 est $\frac{2}{14}$, soit $\frac{1}{7}$.**

c) La boule tirée est bleue. Il y a 7 boules bleues au total. Sur ces 7 boules bleues, 3 portent le numéro 2. **La probabilité de tirer une boule portant le numéro 2, sachant que cette boule est bleue, est donc $\frac{3}{7}$.**

> **Remarque**
> Dans cette question, on sait que la boule tirée est bleue. L'ensemble de référence change : il est maintenant constitué des boules bleues.

> **Rappel**
> La somme des probabilités des issues d'une expérience est égale à 1.

7 **1.** On exprime toutes les probabilités en fonction de $p(1)$.

- $p(1) = p(2) = p(3)$.
- $p(4) = p(5) = p(6) = 3 \times p(1)$.

L'égalité $p(1) + p(2) + p(3) + p(4) + p(5) + p(6) = 1$ s'écrit :

$p(1) + p(1) + p(1) + 3p(1) + 3p(1) - 3p(1) = 1$

soit $12p(1) = 1$.

On en déduit que $p(1) = \frac{1}{12}$.

2. On peut, grâce au résultat précédent, compléter le tableau.

Face	1	2	3	4	5	6
Probabilités	$\frac{1}{12}$	$\frac{1}{12}$	$\frac{1}{12}$	$\frac{3}{12}$	$\frac{3}{12}$	$\frac{3}{12}$

3. a) Il y a trois façons d'obtenir une face paire : obtenir le 2, le 4 ou le 6. La probabilité d'obtenir une face paire est donc :

$$\underbrace{\frac{1}{12}}_{\text{Obtenir le 2}} + \underbrace{\frac{3}{12}}_{\text{Obtenir le 4}} + \underbrace{\frac{3}{12}}_{\text{Obtenir le 6}} = \boxed{\frac{7}{12}}$$

b) L'événement « ne pas obtenir le chiffre 1 » est l'événement contraire de « obtenir le chiffre 1 ».

$p(1) = \frac{1}{12}$, donc **la probabilité de ne pas obtenir le chiffre 1 est $1 - p(1) = 1 - \frac{1}{12} = \frac{11}{12}$.**

Méthode

Si A est un événement et (non A) son contraire, on a $p(\text{non A}) = 1 - p(\text{A})$.

8 **1.** • 20 % des commandes représentent 200 commandes.

200 commandes sont faites avec l'option A.

• 15 % de 200 = 0,15 × 200 = 30.

Parmi les commandes avec l'option A, 30 ont également l'option B.

800 commandes n'ont pas l'option A.

• 4 % de 800 = 0,04 × 800 = 32.

Parmi les commandes sans l'option A, 32 ont l'option B.

Rappel

Calculer 20 % d'un nombre revient à le multiplier par 0,2.

0,2 × 1 000 = 200.

Nombre de commandes	avec option A	sans option A	Total
avec option B	30	32	62
sans option B	170	768	938
Total	200	800	1 000

2. a) $p(\text{A}) = \dfrac{\text{Nombre d'issues qui réalisent A}}{\text{Nombre total d'issues}} = \dfrac{200}{1000} = 0{,}2.$

La probabilité que la commande comporte l'option A est 0,2.

De même, $p(\text{B}) = \dfrac{62}{1000} = 0{,}062.$

La probabilité que la commande comporte l'option B est 0,062.

b) 30 commandes comportent les deux options, donc $p(C) = \frac{30}{1000} = 0,3$.

La probabilité que la commande comporte les deux options est 0,3.

c) 170 commandes comportent l'option A mais pas l'option B, et 32 comportent l'option B mais pas l'option A.

170 + 32 = 202.

Au total, il y a donc 202 commandes qui comportent une et une seule option.

Donc, $p(\mathrm{D}) = \frac{202}{1000} = 0,202$.

La probabilité que la commande comporte une et une seule option est 0,202.

3. La commande choisie comporte l'option A.

$$p(E) = \frac{\text{Nombre de commandes avec option A mais pas option B}}{\text{Nombre de commandes avec option A}} = \frac{170}{200} = 0,85.$$

La probabilité que la commande ne comporte pas l'option B est 0,85.

Remarque
Le nombre total d'issues change dans cette question puisque l'on sait que la commande comporte l'option A.

Vers le brevet

9 Soit R l'événement « obtenir une boule rouge », N l'événement « obtenir une boule noire » et J l'événement « obtenir une boule jaune ».

1. On tire une boule au hasard. La probabilité $p(\mathrm{R})$ que cette boule soit rouge se calcule comme :

$$p(\mathrm{R}) = \frac{\text{Nombre de boules rouges}}{\text{Nombre de boules dans le sac}} = \frac{10}{10+6+4} = \frac{10}{20} = \frac{1}{2} = \boxed{0,5}$$

Méthode
La probabilité d'obtenir une boule rouge correspond à la proportion de boules rouges dans le sac.

2. Chaque boule ayant une seule couleur, $p(\mathrm{N\ ou\ J}) = p(\mathrm{N}) + p(\mathrm{J})$.

$$p(\mathrm{N\ ou\ J}) = \frac{\text{Nombre de boules noires}}{\text{Nombre de boules dans le sac}} + \frac{\text{Nombre de boules jaunes}}{\text{Nombre de boules dans le sac}} = \frac{6}{20} + \frac{4}{20} = \frac{10}{20} = \frac{1}{2} = \boxed{0,5}$$

Méthode
$p(\mathrm{N\ ou\ J})$ est la somme des deux probabilités.

3. • La somme des deux probabilités précédentes est :
$p(\text{R}) + p(\text{N ou J}) = 0{,}5 + 0{,}5 = \boxed{1}$.

• **Ce résultat était prévisible**, car les événements R et (N ou J) sont deux événements contraires. Dans un sac contenant des boules rouges, jaunes et noires, (non R) correspond alors à l'événement « obtenir une boule noire ou une boule jaune » soit (N ou J).

Par suite,
$p(\text{N ou J}) = p(\text{non R}) = 1 - p\,(\text{R}) = 1 - 0{,}5 = 0{,}5.$

Rappel
R est l'événement « obtenir une boule rouge », son événement contraire est (non R) « obtenir une boule qui ne soit pas rouge ».

4. On note x le nombre de boules bleues ajoutées dans le sac. Le sac contient alors un total de $10 + 6 + 4 + x = 20 + x$ boules.

On tire une boule au hasard, la probabilité de tirer une boule bleue vaut $\frac{1}{5}$ et s'écrit $\frac{\text{Nombre de boules bleues}}{\text{Nombre de boules dans le sac}} = \frac{1}{5}$.

$$\frac{x}{20 + x} = \frac{1}{5}$$
$$x \times 5 = (20 + x) \times 1$$
$$5x = 20 + x$$
$$5x - x = 20$$
$$x = \frac{20}{4} = 5.$$

Pensez-y !
On applique le produit en croix.

On a ajouté 5 boules bleues dans le sac.

10 **1.** Parmi les 100 billets numérotés, **il y a 10 billets qui se terminent par 0** :
010, 020, 030, 040, 050, 060, 070, 080, 090, 100.

Parmi les 100 billets numérotés, **il y a 10 billets qui se terminent par 5** :
005, 015, 025, 035, 045, 055, 065, 075, 085, 095.

Conseil
Quand cela est possible, écrivez toutes les possibilités.

2. • 1 billet (le numéro 013) a une valeur de 300 €.

• 1 billet (le numéro 007) a une valeur de 150 €.

• 10 billets (ceux qui se terminent par 0) ont une valeur de 5 € chacun, soit 50 € au total.

• 10 billets (ceux qui se terminent par 5) ont une valeur de 2 € chacun, soit 20 € au total.

300 + 150 + 50 + 20 = 520. **La valeur totale des lots mis en jeu est de 520 €.**

Les coûts d'imprimerie s'élèvent à 30 € pour les 100 billets numérotés auxquels on ajoute 0,2 € par billet marqué PERDU.

$0{,}2 \times 200 = 40$.

$30 + 40 = 70$.

Les coûts d'imprimerie s'élèvent donc à 70 €.

$520 + 70 = 590$

Au total, la dépense totale de l'organisateur est de 590 €.

> **Pensez-y !**
> N'oubliez pas les coûts d'imprimerie dans la dépense totale de l'organisateur !

3. $3 \times 300 = 900$.

Au total, la vente des billets rapporte 900 € à l'organisateur.

$900 - 590 = 310$.

Le bénéfice réalisé est de 310 €.

4. a) Il y a 200 billets avec la mention PERDU. La probabilité d'obtenir un billet avec la mention PERDU est : $\frac{200}{300} = \boxed{\frac{2}{3}}$.

> **Rappel**
> Pour calculer la probabilité d'un événement *A*, utilisez la formule :
> $p(A) = \frac{\text{Nombre d'issues qui réalisent } A}{\text{Nombre total d'issues}}$

b) Il y a 12 billets (le numéro 013, le numéro 007 et ceux qui se terminent par 0) permettant de gagner un lot de valeur supérieure ou égale à 5 €.

Ainsi, la probabilité de gagner un lot de valeur supérieure ou égale à 5 € est $\frac{12}{300} = \frac{1}{25} = \boxed{0{,}04}$.

c) La case centrale étant 0, Pierre peut donc gagner un lot avec les billets 007, 005 et 100. Il y a 10 billets numérotés qui ont un zéro sur la case centrale (001, 002, 003, 004, 005, 006, 007, 008, 009, 100). Ainsi, la probabilité qu'il a de gagner un lot est $\frac{3}{10}$. **Pierre se trompe, il a 3 chances sur 10 de gagner un lot.**

Exercice d'approfondissement

11 Le jeu se déroule en deux étapes. Dans l'arbre suivant, on note (R) pour la couleur rouge et (B) pour la couleur bleue. Il s'agit d'une expérience à deux épreuves puisqu'il y a une succession de deux expériences.

La roue est découpée en 4 secteurs identiques. Il y a 3 secteurs rouges, donc la probabilité d'obtenir le rouge est $\frac{3}{4}$; celle d'obtenir le bleu est $\frac{1}{4}$.

CORRIGÉS

Dans l'urne, il y a 6 boules. Il y a 4 boules bleues. La probabilité d'obtenir une boule bleue est $\frac{4}{6}$, soit $\frac{2}{3}$.

Celle d'obtenir une boule rouge est $\frac{1}{3}$.

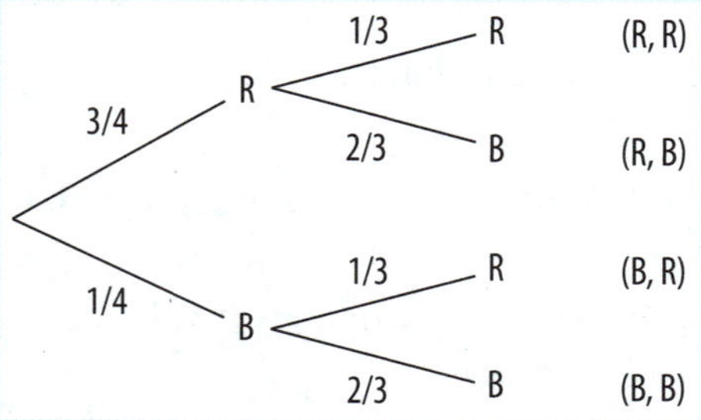

La probabilité d'obtenir deux fois la couleur rouge est $\frac{3}{4} \times \frac{1}{3} = \frac{1}{4}$ et la probabilité d'obtenir deux fois la couleur bleue est $\frac{1}{4} \times \frac{2}{3} = \frac{1}{6}$.

> **Méthode**
> La probabilité d'une issue est le produit des probabilités rencontrées sur le chemin.

Comme $\frac{1}{4} > \frac{1}{6}$, **on a plus de chances d'obtenir deux fois la couleur rouge**.

CHAPITRE 12

Grandeurs composées, longueurs, aires et volumes

DE QUOI S'AGIT-IL ?

Ce chapitre présente les produits et les quotients de grandeurs mesurables (vitesse, puissance…).
On utilise les conversions d'unités ainsi que les formules des calculs d'aire et de volume des figures et solides de référence.

1 Grandeurs composées

1 Définitions

- En sciences, certaines grandeurs peuvent se mesurer. On les appelle des **grandeurs simples**.

Exemples : Les longueurs (en mètres…), les durées (en secondes, heures, jours…).

- D'autres grandeurs sont définies à partir de ces grandeurs simples : ce sont des **grandeurs composées**.

Exemples : L'aire d'un rectangle, la vitesse…

2 Grandeurs produit et quotient

- Une **grandeur produit** est le produit de deux grandeurs (simples, de même nature ou non).

Exemple : L'énergie E est donnée par la formule :

$$E = P \times t$$

E : en wattheures (Wh) ; P : puissance en watts (W) ; t : temps d'utilisation en heures (h)

- Une **grandeur quotient** est le rapport de deux grandeurs (de même nature ou non).

Exemples : La vitesse moyenne v est définie par :

$$v = \frac{d}{t}$$

v : en kilomètres-heure ($km{\cdot}h^{-1}$ ou km/h) ; d : distance parcourue en kilomètres (km) ; t : temps de parcours en heures (h)

Bien comprendre

L'utilisation d'une grandeur produit ou d'une grandeur quotient nécessite une attention toute particulière au niveau des unités de grandeur proposées dans les formules.

2 Aires et volumes des figures et solides de référence

1 Les aires

- **Le triangle**

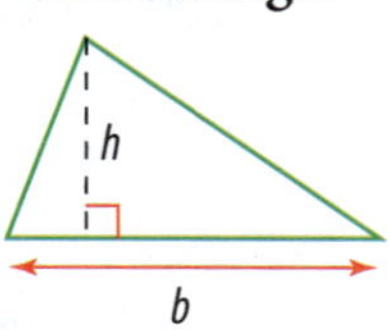

$$\mathcal{A} = \frac{b \times h}{2}$$

- **Le disque**

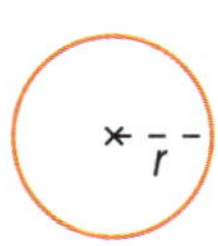

$$\mathcal{A} = \pi r^2$$

Remarque

Une aire est un produit de deux longueurs.

- **Le parallélogramme**

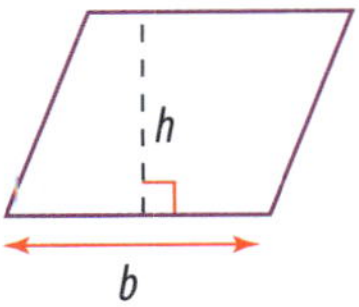

$\mathcal{A} = b \times h$

- **Le trapèze**

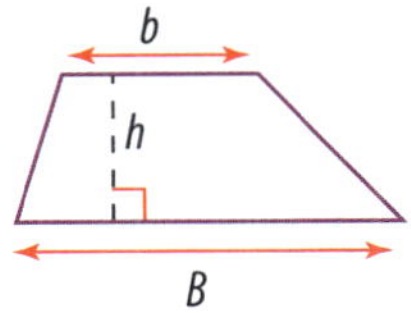

$$\mathcal{A} = \frac{(b + B) \times h}{2}$$

2 Les volumes

- **Le cube**

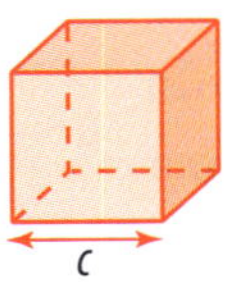

$\mathcal{V} = c^3$

- **Le parallélépipède rectangle** (ou pavé droit)

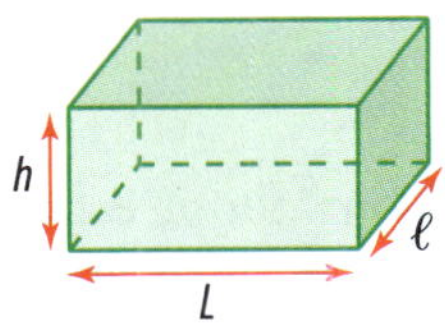

$\mathcal{V} = \ell \times L \times h$

- **Le prisme droit**

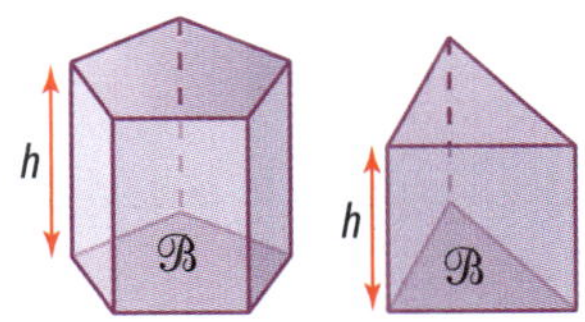

$\mathcal{V}$ = Surface de $\mathcal{B} \times h$

- **La pyramide**

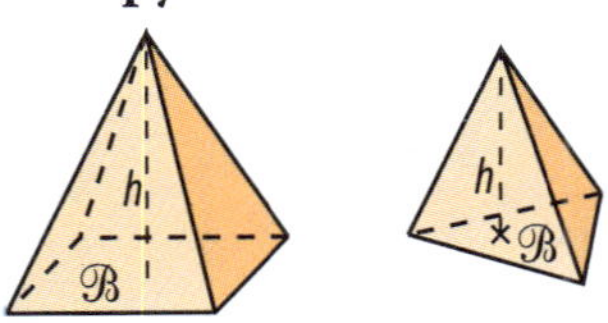

$$\mathcal{V} = \frac{1}{3} \times \text{Surface de } B \times h$$

- **Le cône (de révolution)**

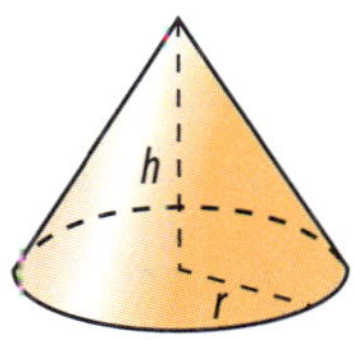

$$\mathcal{V} = \frac{1}{3} \times \pi r^2 \times h$$

Remarque
Le volume du cône est aussi égal à :
$\mathcal{V} = \frac{1}{3} \times \text{base} \times \text{hauteur}$
car la base est un disque d'aire πr^2

- **Le cylindre**

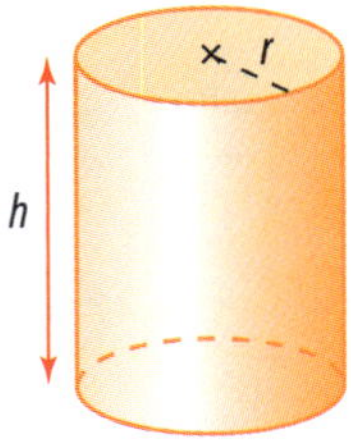

$\mathcal{V} = \pi r^2 h$

- **La boule**

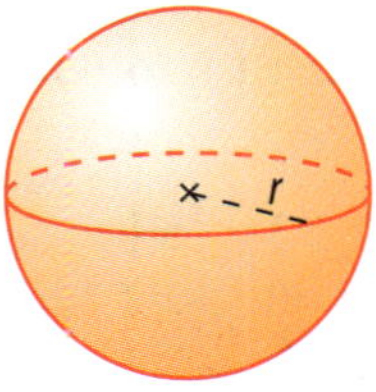

$$\mathcal{V} = \frac{4}{3} \pi r^3$$

Surface = $4\pi r^2$

Remarque
Un volume est un produit de trois longueurs.

QCM

1 Des choix à faire

➔ Corrigé p. 236

Cochez la (ou les) réponse(s) correcte(s).

1. La densité de population est une grandeur :

a) ☐ simple **b)** ☐ produit **c)** ☐ quotient

2. 1 800 cm^3 correspondent à :

a) ☐ 1,8 m^3 **b)** ☐ 1,8 L **c)** ☐ 1 800 cL

3. Le robinet d'une baignoire de contenance 145 L a un débit de 20 L/min.
Pour remplir la baignoire, il faut :

a) ☐ 7 min 25 s **b)** ☐ 7 min 15 s **c)** ☐ plus de 8 min

4. Si on multiplie par 2 le côté d'un cube, son volume est multiplié par :

a) ☐ 2 **b)** ☐ 6 **c)** ☐ 8

5. Le volume d'une boule de rayon 2 est :

a) ☐ $\frac{32\pi}{3}$ **b)** ☐ $\approx 33,5$ **c)** ☐ 16π

6. Cette figure a pour aire 24 :

a) ☐ $\mathcal{F}_1$ **b)** ☐ $\mathcal{F}_2$ **c)** ☐ $\mathcal{F}_3$

$\mathcal{F}_1$

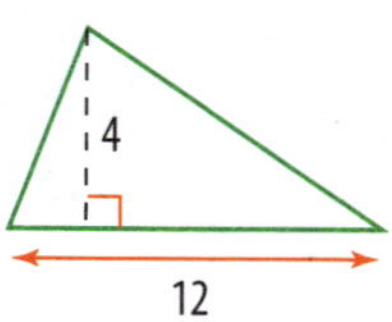

$\mathcal{F}_2$

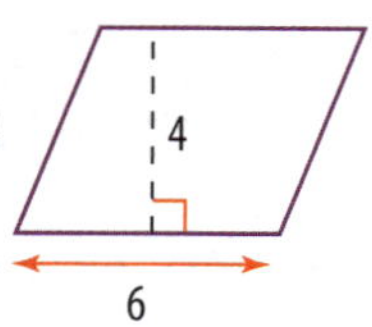

$\mathcal{F}_3$

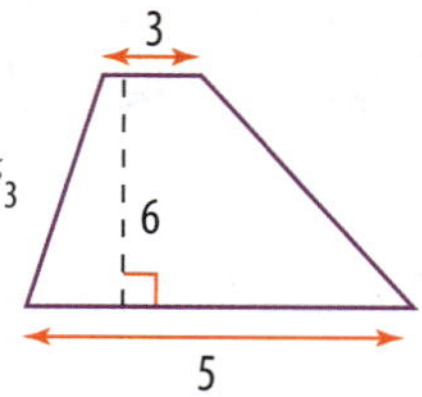

2 Vrai ou Faux ?

➔ Corrigé p. 237

Cochez la bonne réponse.

1. L'aire d'un triangle est une grandeur quotient. ☐ V ☐ F

2. 30 m/s = 108 km/h. ☐ V ☐ F

3. Pour télécharger un fichier de 2,5 Mo, à la vitesse de 120 ko/s, un ordinateur met moins de 21 secondes. (1 Mo = 1 024 ko) ☐ V ☐ F

4. L'aire d'une sphère de rayon *r* est $\frac{4}{3}\pi r^2$. ☐ V ☐ F

5. La surface latérale d'un cube de côté *c* est 6 c^2. ☐ V ☐ F

6. Le volume d'une demi-boule de rayon 5 est environ 262. ☐ V ☐ F

Exercices d'entraînement

3 Calcul mental

15 min ➔ Corrigé p. 237

Cet exercice est fait pour être traité sans la calculatrice.

1. Convertissez les quantités suivantes dans les unités demandées :

$50 \text{ m}^3 = \ldots\ldots\ldots$ L   75 000 m = …….. km

1 hectare = …….. m^2 40 tonnes = …….. kg

2. À quelle vitesse en km/h correspond une vitesse de 5 m/s ?

3. Vous donnerez les valeurs exactes.

a) Quelle est l'aire d'un disque de rayon 4 ?

b) Quel est le volume d'une boule de rayon 2 ?

c) Quel est le volume d'un cube de côté 2 ?

d) Quel est le volume d'un cône de hauteur 3 et de rayon 5 ?

4 Chacun sa vitesse

15 min ➔ Corrigé p. 238

Complétez les données manquantes du tableau :

	Distance parcourue	Temps de parcours	Vitesse
Lièvre	… m	8 s	72 km/h
Escargot	2,04 km	17 j	… m/h
Avion de chasse	2 718 km	…h … min	604 m/s

5 Savoir jongler… avec des formules

10 min ➔ Corrigé p. 238

Complétez les données manquantes relatives à une sphère de rayon r par des valeurs exactes.

Rayon r	0,6 m		7 cm
Aire $\mathscr{A}$		$900\pi \text{ dm}^2$	
Volume $\mathscr{V}$			

6 Un exercice … puissant

15 min ➔ Corrigé p. 239

On donne la formule :

Énergie électrique consommée = puissance × temps

E (en Wh, wattheures) = P (en W) × t (en h)

1. Quelle quantité d'énergie consomme un aspirateur de puissance 2 000 W fonctionnant pendant 45 minutes ?

2. Une centrale vapeur en fonctionnement pendant 1 h 15 a consommé 2 750 Wh. Quelle est sa puissance ?

3. Chauffer un bol de lait dans un micro-ondes à une puissance de 900 W nécessite 25 Wh. Pendant combien de temps le lait chauffe-t-il ?

7 À vue d'œil…

15 min ➔ Corrigé p. 239

Calculez le volume exact de ces trois solides. Que remarquez-vous ?

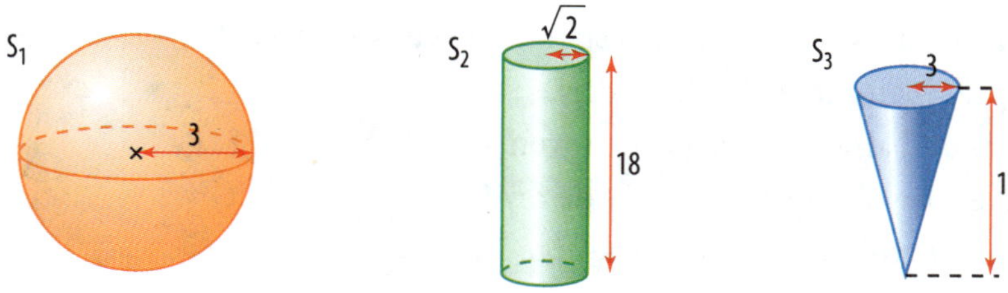

Problèmes

8 Pour bricoler, il faut savoir calculer !

10 min ➔ Corrigé p. 240

Pour faire sa terrasse, Jacques a besoin de 2,15 m^3 de sable. Il possède une remorque supportant au maximum 750 kg.

Le sable ayant une masse volumique de 1 600 kg/m^3, combien de trajets (allers-retours) devra faire Jacques pour ramener son sable de la carrière ?

➔ Comment résoudre ce problème

On procède en deux étapes : d'abord on calcule la masse de sable dont Jacques a besoin. Puis on détermine le nombre de remorques correspondantes.

9 Drôle d'aire…

15 min ➔ Corrigé p. 240

Une surface est constituée d'un parallélogramme $\mathcal{P}$, d'un triangle $\mathcal{T}$ et d'un demi-disque $\mathcal{D}$ comme sur la figure ci-contre. Quelle est son aire ?

(On donnera une valeur arrondie à 0,1 cm^3 près.)

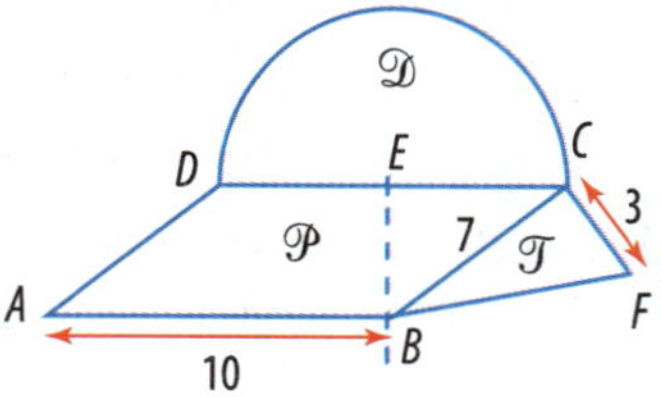

10 La course de chiens de traîneaux

★ 20 min ➔ Corrigé p. 241

Antoine s'entraîne avec un attelage de 6 chiens pour préparer une grande course de chiens de traîneaux.

1. Lors de son dernier entraînement, sa vitesse moyenne était de 21,4 km/h sur une durée d'1 h 42 min. Quelle distance a-t-il parcouru ?

2. La course se déroule en deux manches.

a) Durant la première manche, Antoine parcourt les 19,2 km du parcours en 49 min et 14 s. Il est second au classement général. Quelle est sa vitesse moyenne sur cette étape (arrondie à 10^{-1} près) ?

b) Durant la seconde manche, les conditions étant optimales, le musher (meneur de chiens) a fait son parcours de 33,8 km à la vitesse moyenne de 26,4 km/h.

Antoine remporte-t-il la course sachant que son concurrent principal a bouclé les deux manches en 2 h 07 min 15 s ?

Vers le brevet

11 En musique

15 min ➔ Corrigé p. 242

On admet qu'un morceau de musique représente 3 Mo de mémoire (1 Mo = 1 méga-octet).

1. Combien de morceaux de musique peut-on télécharger sur une clé USB d'une capacité de stockage de 256 Mo ?

2. La vitesse de téléchargement d'un morceau de musique sur le site est de 10 Mo/s (méga-octets par seconde). Combien de morceaux peut-on télécharger en deux minutes ?

3. Sur un autre site, une vidéo de 4 930 Mo est téléchargée en 5 min et 40 s. Quelle est la vitesse de téléchargement (en Mo/s) ?

12 Pour éviter les chocs

10 min ➔ Corrigé p. 242

Pour amortir les chocs contre les autres embarcations ou le quai, on équipe les péniches de « boudins » de protection.

Calculez le volume exact en cm³ d'un « boudin » de protection, puis arrondissez à l'unité près.

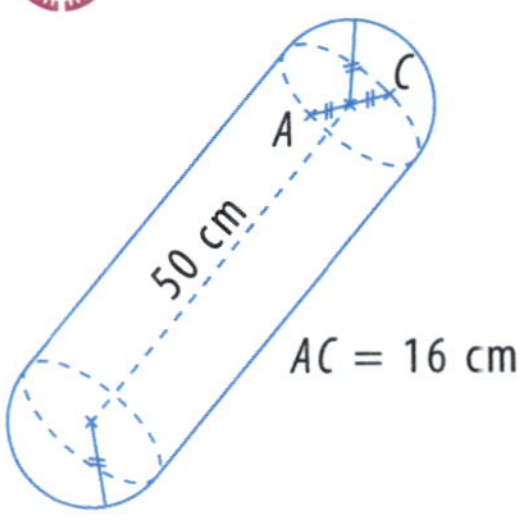

13 Il va y avoir du sport !

15 min ➔ Corrigé p. 243

Un professeur d'éducation physique et sportive fait courir ses élèves autour d'un stade rectangulaire mesurant 90 m de long et 60 m de large.

1. Calculez, en mètres, la longueur d'un tour de stade.

2. Pour effectuer 15 tours en 24 minutes à vitesse constante, combien de temps un élève doit-il mettre pour faire un tour ?

On donnera la réponse en minutes et secondes.

3. Un élève parcourt 6 tours en 9 minutes. Calculez sa vitesse en m/min, puis en km/h.

14 La chimie s'en mêle

25 min ➔ Corrigé p. 243

En travaux pratiques de chimie, les élèves utilisent des récipients, appelés erlenmeyers, comme celui schématisé ci-contre.

Le récipient est rempli d'eau jusqu'au niveau maximum indiqué sur le schéma par une flèche.

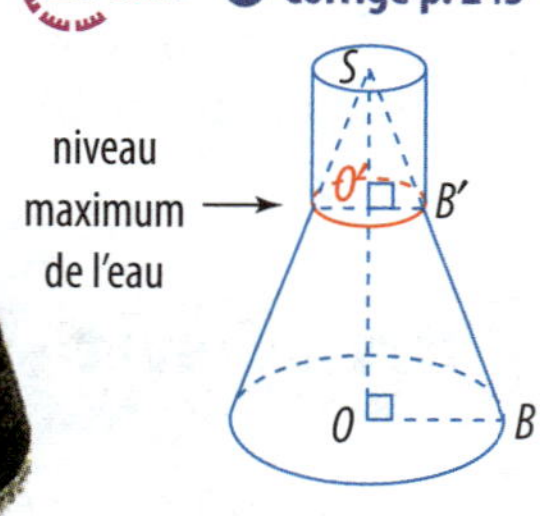

On note :

- C_1 : le grand cône de sommet S et de base le disque de centre O et de rayon OB ;
- C_2 : le petit cône de sommet S et de base le disque de centre O' et de rayon $O'B'$.

On donne : $SO = 12$ cm et $OB = 4$ cm.

1. Le volume $\mathcal{V}$ d'un cône de révolution de rayon R et de hauteur h est donné par la formule : $\mathcal{V} = \frac{1}{3} \times \pi \times R \times h^2$.

Calculez la valeur exacte du volume du cône C_1.

2. Le cône C_2 est une réduction du cône C_1. On donne $SO' = 3$ cm.

a) Quel est le coefficient de cette réduction ?

b) Prouvez que la valeur exacte du volume du cône C_2 est égale à π cm^3.

3. a) En déduire que la valeur exacte du volume d'eau contenu dans le récipient, en cm^3, est 63 π.

b) Donnez la valeur approchée de ce volume d'eau arrondie au cm^3 près.

4. Ce volume d'eau est-il supérieur à 0,2 litre ? Expliquez pourquoi.

Exercice d'approfondissement

15 Joli bijou

★★ 10 min ➔ Corrigé p. 244

Un bijoutier expose dans sa vitrine un collier ayant la forme d'un parallélépipède de 42 cm de long, de 4 mm de large et de 1,5 mm d'épaisseur.

Quel est le prix de ce collier ?

Données

- masse volumique de l'or : $M_v = 19\,300$ kg/m^3 ;
- poids d'une once d'or = 31,10 g ;
- prix d'une once d'or = 653 €.

QCM

1 **1.** Densité de population $= \dfrac{\text{nombre d'habitants}}{\text{superficie}}$

La densité de population est une grandeur quotient.

Réponse : **c)** quotient.

> **Rappel**
> $1\ \text{dm}^3 = 1\ \text{L}$.

2. $1\,800\ \text{cm}^3 = 1{,}8\ \text{dm}^3 = 1{,}8\ \text{L} = 180\ \text{cL}$

$1\,000\ \text{cm}^3 = 1\ \text{dm}^3 = 1\ \text{L} = 100\ \text{cL}$.

Réponse : **b)** 1,8 L.

3. Débit $= \dfrac{\text{volume}}{\text{temps}}$

- Le temps t pour remplir la baignoire de 145 L avec un débit de 20 L/min vérifie : $20 = \dfrac{145}{t}$.

> **Piège à éviter**
> Il faut convertir la partie décimale du résultat en secondes.

Par produit en croix, on déduit : $20\,t = 145$.

Soit $t = \dfrac{145}{20} = 7{,}25\,\text{min}$.

- 7,25 min = 7 min + 0,25 min = 7 min + 0,25 × 60 s = 7 min 15 s.

Réponse : **b)** 7 min 15 s.

> **Rappel**
> Dans un agrandissement ou une réduction de rapport k, les longueurs sont multipliées par k et les volumes par k^3.

4. Quand on multiplie par 2 les longueurs d'une figure, son volume est multiplié par $2^3 = 8$.

Réponse : **c)** 8.

5. Le volume $\mathcal{V}$ d'une boule de rayon 2 est :

$\mathcal{V} = \dfrac{4}{3} \times \pi \times 2^3 = \dfrac{4}{3} \times \pi \times 8 = \dfrac{32}{3}\pi$ (valeur exacte)

$\mathcal{V} \approx 33{,}5$ (valeur approchée)

Réponses : **a)** $\dfrac{32}{3}\pi$ et **b)** $\approx 33{,}5$.

6. Le triangle $\mathcal{F}_1$ a pour aire : $\dfrac{\text{base} \times \text{hauteur}}{2} = \dfrac{4 \times 12}{2} = 24$.

- Le parallélogramme $\mathcal{F}_2$ a pour aire : base × hauteur $= 6 \times 4 = 24$.

• Le trapèze $\mathcal{F}_3$ a pour aire :

$$\frac{(\text{petite base} + \text{grande base}) \times \text{hauteur}}{2} = \frac{(3+5)\times 6}{2} = 24.$$

Réponses : **a)** $\mathcal{F}_1$; **b)** $\mathcal{F}_2$ et **c)** $\mathcal{F}_3$.

2 **1. Faux** → L'aire d'un triangle s'écrit :

$$\frac{\text{base} \times \text{hauteur}}{2} = 0,5 \times \text{base} \times \text{hauteur}.$$

C'est le produit de deux longueurs.

2. Vrai → 30 m/s = 30 × 3 600 m/h
= 108 000 m/h
= 108 km/h.

3. Faux → 2,5 Mo = 2,5 × 1 024 ko = 2 560 ko.

Le temps de téléchargement correspondant est :

$2560 \div 120 \approx 21,3\,\text{s} > 21\,\text{s}$.

4. Faux → Le volume d'une sphère de rayon r est $\frac{4}{3}\pi r^3$.

5. Vrai → Un cube de côté c est constitué de 6 faces carrées de côté c. La surface latérale du cube est alors $6 \times c^2$.

6. Vrai → Le volume $\mathcal{V}$ d'une demi-boule de rayon 5 vaut :

$$\mathcal{V} = \frac{1}{2} \times \frac{4}{3} \times \pi \times 5^3 \approx 262.$$

Remarque
L'aire d'un triangle est une grandeur produit.

L'astuce du prof
Pour convertir une vitesse de m/s en km/h, on la multiplie par 3,6.

Aide
1 Mo = 1 024 ko.

Rappel
Le volume d'une boule de rayon r est :
$\mathcal{V} = \frac{4}{3} \times \pi \times r^3$.

Exercices d'entraînement

3 **1.** 50 m³ = 50 000 L

75 000 m = 75 km

1 hectare = 10 000 m²

40 tonnes = 40 000 kg

2. 5 m/s = 5 × 60 m/min = 300 m/min
= 300 × 60 m/h = 18 000 m/h = 18 km/h

3. a) L'aire $\mathcal{A}$ d'un disque de rayon r est πr^2.

Avec $r = 4$, $\mathcal{A} = \pi r^2 = \pi \times 16 = 16\,\pi$.

b) Le volume $\mathcal{V}$ d'une boule de rayon r est $\frac{4}{3}\pi r^3$.

Gagnez des points !
1 m³ = 1 000 L.
1 km = 1 000 m.
1 T = 1 000 kg.

L'astuce du prof
Pour convertir une vitesse de m/s à km/h, multipliez par 3,6.

Avec $r = 2$, on calcule $\mathcal{V} = \frac{4}{3}\pi \times 2^3 = \frac{4}{3}\pi \times 2 \times 2 \times 2 = \frac{4}{3}\pi \times 8 = \boxed{32\frac{\pi}{3}}$.

c) Le volume $\mathcal{V}$ d'un cube de côté c est c^3.

Avec $c = 4$, on obtient $\mathcal{V} = 4^3 = 4 \times 4 \times 4 = 16 \times 4 = \boxed{64}$.

d) Le volume $\mathcal{V}$ d'un cône de hauteur h et de rayon r est $\frac{1}{3}\pi r^2 h$.

> **Pensez-y !**
> Simplifiez le 3 du $\frac{4}{3}$ avec le 6 de la hauteur.

Avec $h = 6$ et $r = 2$, on obtient $\mathcal{V} = \frac{1}{3}\pi \times 2^2 \times 6 = \frac{1}{\cancel{3}}\pi \times 4 \times \cancel{3} \times 2 = \boxed{8\pi}$.

4 • Un lièvre court à la vitesse de 72 km/h.

Il parcourt 72 km en une heure, soit 7 200 m en une heure.

De plus, 1 h = 60 min = 60 × 60 s = 3 600 s.

En une seconde, ce lièvre parcourt 7 200 ÷ 3600 = 2 m.

En 8 secondes, ce lièvre parcourt 8 × 2 = $\boxed{6 \text{ m}}$.

• Un escargot parcourt 2,04 km en 17 jours.

2,04 km = 2 040 m

17 jours = 17 × 24 h = 408 h.

La vitesse de cet escargot en m/h est : $\frac{2040}{408} = \boxed{5 \text{ m/h}}$.

> **Piège à éviter**
> Attention aux unités !
> La vitesse donnée est en m/s, donc d est en m et t en s.

• Un avion de chasse vole à la vitesse de 604 m/s.

2 718 km = 2 718 000 m.

Le temps t de parcours correspondant en secondes vérifie : $604 = \frac{2718000}{t}$.

Soit $604 \times t = 2\,718\,000$ ou $t = \frac{2\,718\,000}{604} = 4\,500$,

> **Méthode**
> • Convertissez le temps calculé t, qui est en s, en h.
> • Puis calculez la partie décimale en min.

$t = 4500 \text{ s} = \frac{4500}{60} \text{ min} = 75 \text{ min} = 60 \text{ min} + 15 \text{ min} = \boxed{1 \text{ h } 15 \text{ min}}$.

5 • Une sphère S_1 a pour rayon $r = 0{,}6$ m. Son aire exacte est :

$\mathcal{A}_1 = 4\pi r^2 = 4 \times \pi \times 0{,}6^2 = 1{,}44\pi \text{ m}^2$.

Son volume exact est $\mathcal{V}_1 = \frac{4}{3}\pi r^3 = \frac{4}{3} \times \pi \times 0{,}6^3 = \boxed{0{,}288\pi \text{ m}^3}$.

• Une sphère S_2 a pour aire $\mathcal{A}_2 = 900\pi \text{ dm}^2$.

Déterminons son rayon r.

De $\mathcal{A}_2 = 4\pi r^2$, il vient : $4\pi r^2 = 900\pi$.

Soit $4r^2 = 900$.

$r^2 = \dfrac{900}{4} = 225$

$r = \sqrt{225}$ ou $r = -\sqrt{225}$

$r = 15$ ou $r = -15$.

La solution négative n'est pas acceptable, car un rayon est une grandeur positive. On conclut $r = 15$ dm.

Le volume exact de S_2 est : $\mathcal{V}_2 = \dfrac{4}{3}\pi r^3 = \dfrac{4}{3} \times \pi \times 15^3 = \boxed{4500\pi \text{ dm}^3}$.

Rappel
Un nombre et son opposé ont même carré.

• Une sphère S_3 a pour rayon $r = 7$ cm.

Son aire exacte est $\mathcal{A}_3 = 4\pi r^2 = 4 \times \pi \times 7^2 = 196\pi \text{ cm}^2$.

Son volume exact est $\mathcal{V}_3 = \dfrac{4}{3}\pi r^3 = \dfrac{4}{3} \times \pi \times 7^3 = \boxed{\dfrac{1372}{3}\pi \text{ cm}^3}$.

6 **1.** Calculons l'énergie E consommée par l'aspirateur avec $P = 2\,000$ W

et $t = 45$ min $= 45 \div 60$ h $= 0{,}75$ h :

$E = P \times t = 2\,000 \times 0{,}75 = \boxed{1\,500 \text{ Wh}}$.

Remarque
L'énergie est une grandeur produit.

2. La puissance P de la centrale vapeur, sachant que $t = 1$ h 15 min $= \left(1 + \dfrac{15}{60}\right)$ h $= 1{,}25$ h et

$E = 2\,750$ Wh, vérifie : $2\,750 = P \times 1{,}25$.

$P = 2\,750 \div 1{,}25 = \boxed{2\,200 \text{ W}}$.

Piège à éviter
Calculez t sous forme décimale en utilisant la relation : $1 \text{ min} = \dfrac{1}{60}$ h.

3. Le temps de chauffage t du lait dans le micro-ondes de puissance $P = 900$ W nécessitant une énergie $E = 25$ Wh vérifie : $25 = 900 \times t$. D'où :

$t = \dfrac{25}{900} \text{ h} = \dfrac{1}{36} \text{ h} = \dfrac{1}{36} \times 60 \text{ min} = \dfrac{60}{36} \text{ min} = \dfrac{5}{3} \text{ min}$

$= \dfrac{3}{3} \text{ min} + \dfrac{2}{3} \text{ min} = 1 \text{ min} + \dfrac{2}{3} \text{ min} = 1 \text{ min} + \dfrac{2}{3} \times 60 \text{ s} = \boxed{1 \text{ min } 40 \text{ s}}$.

Méthode
La valeur de t obtenue est en heures. Convertissez-la en heures, minutes et secondes.

7 • Le volume $\mathcal{V}_1$ de la boule S_1 de rayon 3 est :

$\mathcal{V}_1 = \dfrac{4}{3} \times \pi \times 3^3 = \dfrac{4}{3} \times \pi \times 27 = \dfrac{108}{3}\pi = \boxed{36\pi}$.

Méthode
Pour déterminer la valeur exacte, calculez seulement $\dfrac{4}{3} \times 3^3$.

• Le volume $\mathcal{V}_2$ du cylindre S_2 de hauteur 18 et de rayon $\sqrt{2}$ est :

$\mathcal{V}_2 = \pi \times (\sqrt{2})^2 \times 18 = \pi \times 2 \times 18 = \boxed{36\pi}$.

CORRIGÉS

• Le volume $\mathcal{V}_3$ du cône S_3 de hauteur 12 et de rayon 3 est :

$$\mathcal{V}_3 = \frac{1}{3} \times \pi \times 3^2 \times 12 = \frac{1}{3} \times \pi \times 9 \times 12 = \boxed{36\pi}.$$

• On remarque que **les trois solides ont le même volume**.

Problèmes

8 On utilise la formule : masse volumique $= \dfrac{\text{masse}}{\text{volume}}$.

• La masse m associée à un volume de 2,15 m³ de sable vérifie :

$$1\,600 = \frac{m}{2{,}15}.$$

Soit $m = 1\,600 \times 2{,}15 = 3\,440$ kg.

• De plus, $\dfrac{3\,440}{750} \approx 4{,}6$.

Jacques devra faire 5 allers-retours pour ramener le sable de la carrière.

> **Remarque**
> 4 voyages ne suffisent pas. Quant au 5e, il ne sera pas complet !

9 On décompose l'aire des trois surfaces.

• L'aire $\mathcal{A}_{\mathcal{D}}$ du demi-disque de centre E et de rayon EC est :

$$\mathcal{A}_{\mathcal{D}} = \frac{1}{2} \times (\pi r^2) = \frac{1}{2} \times \pi \times EC^2 = \frac{1}{2} \times \pi \times 5^2 \approx 39{,}3 \text{ cm}^2.$$

• L'aire $\mathcal{A}_{\mathcal{T}}$ du triangle rectangle BCF est :

$$\mathcal{A}_{\mathcal{T}} = \frac{\text{base} \times \text{hauteur}}{2} = \frac{BC \times CF}{2} = \frac{7 \times 3}{2} = 10{,}5 \text{ cm}^2.$$

• L'aire $\mathcal{A}_3$ du parallélogramme $ABCD$ est :

$\mathcal{A}_3 = \text{base} \times \text{hauteur}$.

Il faut calculer la hauteur h du parallélogramme qui correspond à la longueur EB.
Dans le triangle EBC rectangle en E, d'après le théorème de Pythagore, on écrit :

$BC^2 = BE^2 + CE^2$

$7^2 = 5^2 + CE^2$

$49 = 25 + CE^2$

$CE^2 = 49 - 25 = 24$

$CE = \sqrt{24} = 2\sqrt{6}$

> **Méthode**
> Quand on connaît deux longueurs sur trois dans un triangle rectangle, on peut utiliser le théorème de Pythagore pour calculer la longueur manquante.

Par suite : $\mathcal{A}_{\mathcal{P}} = 10 \times 2\sqrt{6} \approx 49 \text{ cm}^2$.

• Finalement, la surface a pour aire :

$\mathcal{A}_{\mathcal{D}} + \mathcal{A}_{\mathcal{T}} + \mathcal{A}_{\mathcal{P}} \approx 39{,}3 + 10{,}5 + 49 = \boxed{98{,}8 \text{ cm}^2}$.

10 **1.** La distance d parcourue par Antoine à la vitesse moyenne $v = 21{,}4$ km/h en un temps $t = 1$ h 42 minutes est $d = v \times t$.

$$t = 1 \text{ h } 42 \text{ min} = 1 \text{ h} + \frac{42}{60} \text{ h} = \left(\frac{60}{60} + \frac{42}{60}\right) \text{h} = \frac{102}{60} \text{ h}$$

$$d = v \times t = 21{,}4 \times \frac{102}{60} = 36{,}38 \text{ km}$$

Antoine a parcouru 36,38 km.

2. a) La vitesse moyenne v d'Antoine sur la première étape vérifie $v = \dfrac{d}{t}$ avec $d = 33{,}8$ km.

et $t = 49 \text{ min } 14 \text{ s} = \dfrac{49}{60} \text{ h} + \dfrac{14}{3\,600} \text{ h} = \left(\dfrac{49 \times 60 + 14}{3\,600}\right) \text{h} = \dfrac{2\,954}{3\,600}$ h.

$$\text{D'où } v = 19{,}2 \div \frac{2\,954}{3\,600} = 33{,}8 \times \frac{3\,600}{2\,954}$$

$v \approx 23{,}4$ km/h.

Sur la première manche, **la vitesse moyenne d'Antoine est de 23,4 km/h.**

> **Méthode**
> Il faut convertir t en heures sachant que $1 \text{ min} = \dfrac{1}{60}\text{h}$ et $1 \text{ s} = \dfrac{1}{3\,600}\text{h}$.

b) • Le temps de parcours t (en h) de la seconde manche vérifie $t = \dfrac{d}{v}$ avec $d = 33{,}8$ km et $v = 26{,}4$ km/h.

$$t = \frac{33{,}8}{26{,}4} \text{ h}$$

> **Méthode**
> Il faut convertir l'ecriture décimale de t en heures, minutes et secondes.

$t \approx 1{,}2803 \text{ h} = 1 \text{ h} + 0{,}2803 \text{ h}$

$0{,}2803 \text{ h} = 0{,}2806 \times 60 \text{ min} = 16{,}818 \text{ min} = 16 \text{ min} + 0{,}818 \text{ min}$

$0{,}818 \text{ min} = 0{,}818 \times 60 \text{ s} \approx 49 \text{ s}$

Finalement, Antoine boucle la seconde étape en 1 h 16 min 49 s.

• Antoine a fait la course en un temps total de :

49 min 14 s + 1 h 16 min 49 s = 1 h 65 min 63 s = 2 h 5 min 63 s = 2 h 6 min 3 s.

Son concurrent principal a fait le parcours en 2 h 07 min 15 s.

En conclusion, Antoine a remporté la course !

> **Gagnez des points !**
> N'oubliez pas de conclure quant à la victoire du musher.

CORRIGÉS

Vers le brevet

11 **1.** On cherche combien de morceaux de musique de 3 Mo peuvent être stockés sur une clé USB de 256 Mo.

$256 \div 3 \approx 85{,}3$.

Une clé peut donc contenir 85 morceaux de musique.

> **Piège à éviter**
> Le nombre de morceaux à télécharger est un entier.

2. 2 min = 2 × 60 = 120 s.

La vitesse de téléchargement étant de 10 Mo/s, en 2 minutes, on télécharge : 10 × 120 = 1 200 Mo de musique.

Un morceau occupant 3 Mo, cela correspond à 1 200 ÷ 3 = **400 morceaux de musique.**

3. 5 min 40 s = (5 × 60 + 40) s = 340 s

Le téléchargement de 4 930 Mo en 340 s correspond à une vitesse de téléchargement associée v telle que :

$v = 4\,930 \div 340 =$ $\boxed{14{,}5 \text{ Mo/s}}$

> **Rappel**
> Vitesse de téléchargement $= \dfrac{\text{capacité téléchargée}}{\text{temps de téléchargement}}$

12 Le volume $\mathcal{V}$ d'un « boudin » de protection est celui de deux demi-boules (donc d'une boule complète) de rayon $R = AC \div 2 = 16 \div 2$ cm = 8 cm, et d'un cylindre de même rayon $R = 8$ cm et de hauteur $h = 50$ cm.

> **Piège à éviter**
> L'énoncé donne le diamètre des boules, alors qu'on a besoin du rayon R.

$$\mathcal{V} = \frac{4}{3}\pi \times 8^3 + \pi \times 8^2 \times 50$$

$$\mathcal{V} = \frac{4}{3}\pi \times 512 + \pi \times 64 \times 50$$

$$\mathcal{V} = \frac{2048\pi}{3} + 3200\,\pi$$

$$\mathcal{V} = \frac{2048\pi}{3} + \frac{9600\pi}{3}$$

$\boxed{\mathcal{V} = \dfrac{11648\pi}{3}}$. C'est le volume exact en cm^3.

$\boxed{\mathcal{V} \approx 12\,198 \text{ cm}^3}$. C'est le volume arrondi au cm^3 près.

13 **1.** Le périmètre $\mathcal{P}$ du stade est :

$\mathcal{P} = 2 \times (90 + 60) = \boxed{300 \text{ m}}$.

> **Rappel**
> Le périmètre d'un rectangle de longueur L et largeur l est $2 \times (L + l)$

2. L'élève parcourt 15 tours en 24 minutes.

Il parcourt donc 1 tour en $\frac{24}{15}$ min = 1,6 min.

1,6 minute correspond à 1 minute et 0,6 minute, soit $0{,}6 \times 60 = 36$ s.

L'élève parcourt un tour en 1 min 36 s.

3. • L'élève parcourt 6 tours, soit $6 \times 300 = 1\,800$ m en 9 minutes. Sa vitesse correspondante v en m/min est :

$v = \frac{1800}{9} = 200$ m/min

• Convertissons v en km/h :

$\boxed{v = 200 \text{ m/min}}$

L'élève parcourt 200 m en 1 minute, soit 0,2 km en 1 minute.

> **Rappel**
> 1 km = 1 000 m.

De plus, 1 heure = 60 minutes.

L'élève parcourt donc $0{,}2 \times 60 = 12$ km en 1 heure.

La vitesse de l'élève est 12 km/h.

14 **1.** Le volume $\mathcal{V}_1$ du cône C_1 de rayon $R = OB = 4$ cm et de hauteur $h = SO = 12$ cm est :

$\mathcal{V}_1 = \frac{1}{3} \times \pi \times 4^2 \times 12$

$\boxed{\mathcal{V}_1 = 64\pi \text{ cm}^2}$ (valeur exacte).

> **Rappel**
> Le volume d'un cône est :
> $\frac{1}{3} \times \pi \times R^2 \times h$.

2. a) Le cône C_2 est une réduction du cône C_1 de coefficient :

$\frac{\text{longueur réduite}}{\text{longueur initiale}} = \frac{SO'}{SO} = \frac{3}{12} = \boxed{\frac{1}{4}}$.

b) On en déduit la valeur exacte du volume $\mathcal{V}_2$ du cône C_2 :

$\mathcal{V}_2 = \left(\frac{1}{4}\right)^3 \times \mathcal{V}_1$

$\mathcal{V}_2 = \left(\frac{1}{4}\right)^3 \times 64\pi = \frac{1}{64} \times 64\pi$

$\boxed{\mathcal{V}_2 = \pi \text{ cm}^3}$.

> **Rappel**
> Dans un agrandissement ou une réduction de rapport k, les volumes sont multipliés par k^3.

3. a) Le récipient est constitué du cône C_1, « amputé » du cône C_2. Le volume $\mathcal{V}$ d'eau contenu dans le récipient vaut alors :

$\mathcal{V} = \mathcal{V}_1 - \mathcal{V}_2 = 64\pi - \pi = \boxed{63\pi}$ (valeur exacte).

On trouve bien le résultat annoncé.

b) La valeur approchée correspondante est :

$\mathcal{V} = 63\pi \approx \boxed{198\ \text{cm}^3}$.

4. Pour comparer $\mathcal{V}$ à 0,2 L, on convertit le résultat en litres : 198 cm^3 = 0,198 dm^3 = 0,198 L.

0,198 L < 0,2 L.

En conclusion, **le volume d'eau $\mathcal{V}$ est inférieur à 0,2 L.**

Rappel

• Conversion des volumes :

m^3			dm^3			cm^3		

• 1 dm^3 = 1 L.

Exercice d'approfondissement

15 • Calculons le volume $\mathcal{V}$ du collier.

Le collier est un parallélépipède de longueur L = 42 cm, de largeur l = 4 mm = 0,4 cm et d'épaisseur h = 1,5 mm = 0,15 cm.

$\mathcal{V} = L \times \ell \times h = 42 \times 0{,}4 \times 0{,}15 = 2{,}52\ \text{cm}^3$.

• Déterminons la masse m du collier.

On utilise la formule $m = M_v \times \mathcal{V}$

avec M_v = 19 300 kg/m^3 et $\mathcal{V} = 2{,}52\ \text{cm}^3 = 2{,}52 \times 10^{-6}\ \text{m}^3$:

$m = 19\,300 \times 10^{-6} = 0{,}048\,636$ kg.

Piège à éviter

Vérifiez les unités dans chaque formule !

• Calculons la quantité d'once d'or du collier.

m = 0,048 636 kg = 48,636 g.

Sachant qu'une once d'or pèse 31,10 g, le collier contient :

$48{,}636 \div 31{,}10 \approx 1{,}564$ once d'or.

• On peut finalement calculer le prix du collier.

Une once d'or coûtant 653 €, le collier coûte $1{,}564 \times 653 \approx$ $\boxed{1\,021{,}29\ €}$.

CHAPITRE 13

Géométrie dans le plan

DE QUOI S'AGIT-IL ?

Dans ce chapitre sont introduites les notions indispensables à connaître en géométrie : les droites remarquables du triangle, les propriétés des figures de référence, les théorèmes fondamentaux…

1 Les transformations du plan

1 La symétrie axiale

Le symétrique d'un point A par rapport à une droite d est le point A' tel que d soit la médiatrice du segment $[AA']$.

Sur la figure ci-contre, le triangle ABC a pour image le triangle $A'B'C'$ dans la symétrie d'axe d.

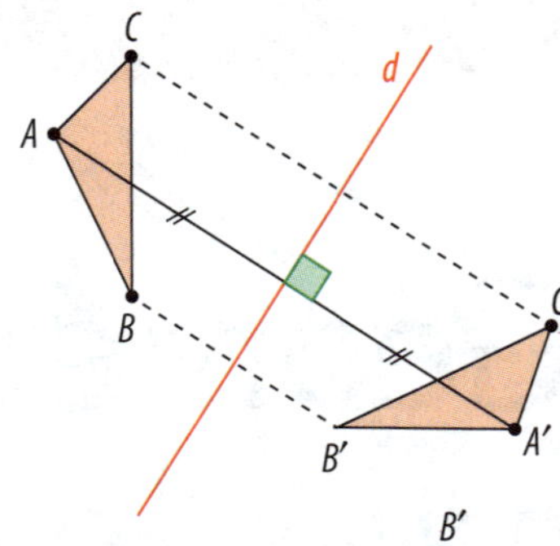

2 La symétrie centrale

Le symétrique d'un point A par rapport à un point O est le point A' tel que O soit le milieu du segment $[AA']$.

Sur la figure ci-contre, le triangle ABC a pour image le triangle $A'B'C'$ dans la symétrie de centre O.

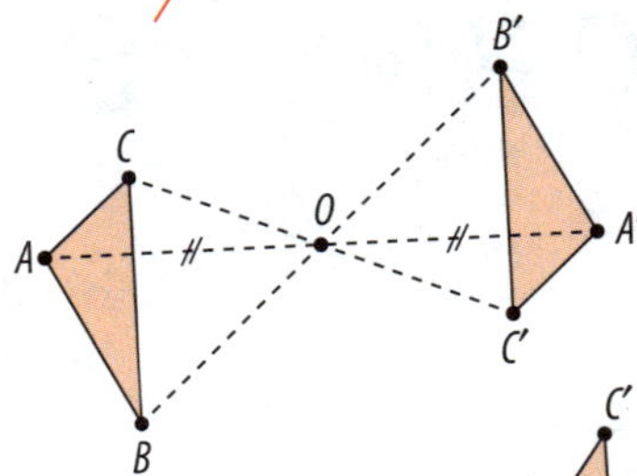

3 La translation

L'image d'un point A par une translation est un point A' que l'on déplace d'une certaine distance.

Sur la figure ci-contre, le triangle ABC a pour image le triangle $A'B'C'$ dans la translation qui transforme A en A'.

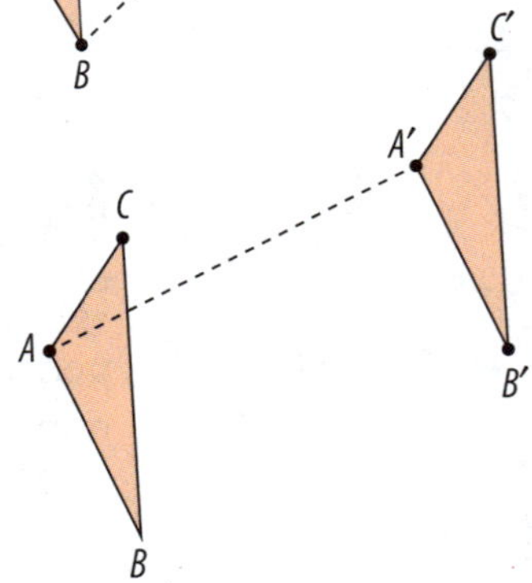

4 La rotation

L'image d'un point A par la rotation de centre O et d'angle α est le point A' tel que :

- $OA = OA'$;
- $\widehat{AOA'} = \alpha$.

Le sens de la rotation est le sens inverse des aiguilles d'une montre.

Sur la figure ci-contre, le triangle ABC a pour image le triangle $A'B'C'$ dans la rotation de centre O et d'angle $\alpha = 60°$.

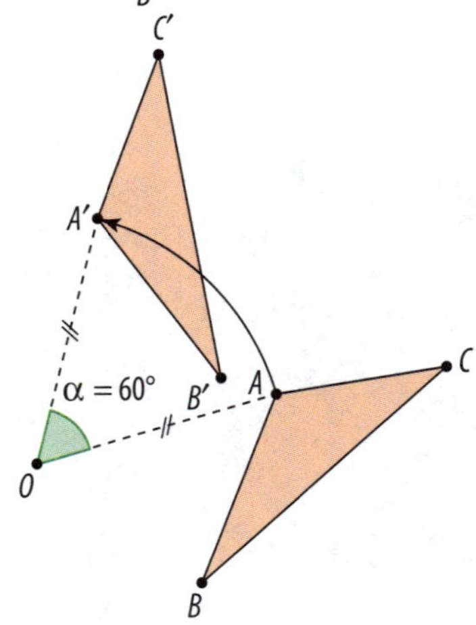

2 Les triangles

1 Droites remarquables dans le triangle

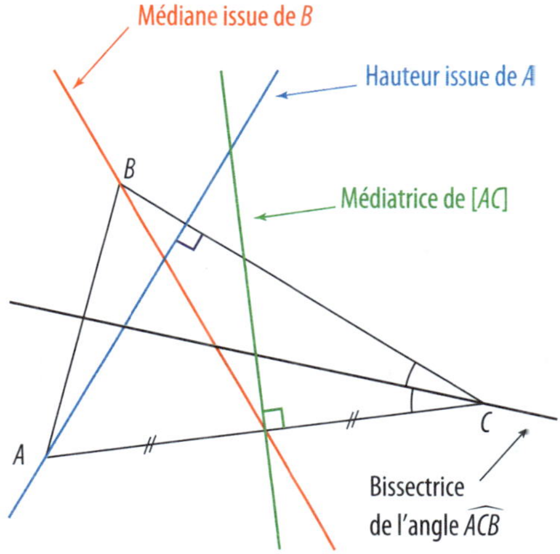

- Une **médiane** est une droite qui passe par un sommet et par le milieu du côté opposé à ce sommet.

La droite rouge est la médiane issue de B.

- Une **médiatrice** est une droite qui passe au milieu d'un segment et qui lui est perpendiculaire.

La droite verte est la médiatrice du côté $[AC]$.

- Une **hauteur** est une droite qui passe par un sommet et qui est perpendiculaire au côté opposé à ce sommet.

La droite bleue est la hauteur issue de A.

- Une bissectrice est une droite qui partage un angle en deux angles de même mesure. La droite noire est la bissectrice de l'angle $\widehat{ACB}$.

Bien comprendre

- Les trois médianes sont concourantes en un point G appelé **centre de gravité** du triangle.
- Les trois hauteurs sont concourantes en un point H appelé **orthocentre** du triangle.
- Les trois médiatrices sont concourantes en un point qui est le **centre du cercle circonscrit** au triangle.
- Les trois bissectrices sont concourantes en un point qui est le **centre du cercle inscrit** dans le triangle.

2 Triangles égaux

a. Définition

Si deux triangles ont leurs trois côtés respectivement de même longueur, alors on dit qu'ils sont égaux.

Deux triangles égaux sont superposables.

b. Théorèmes

- Si deux triangles ont un angle de même mesure compris entre deux côtés de même longueur, alors ils sont égaux.

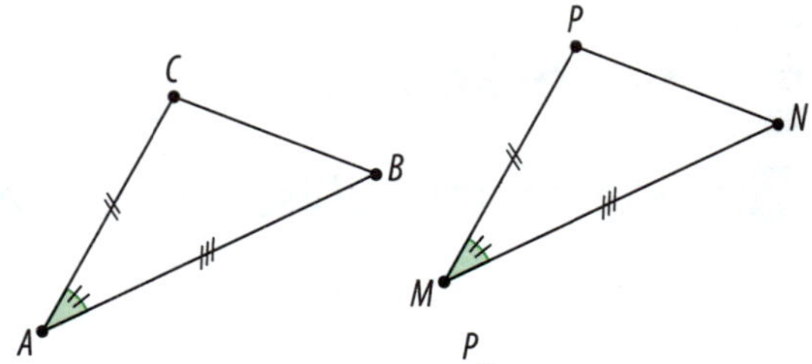

- Si deux triangles ont un côté de même longueur adjacent à deux angles de même mesure, alors ils sont égaux.

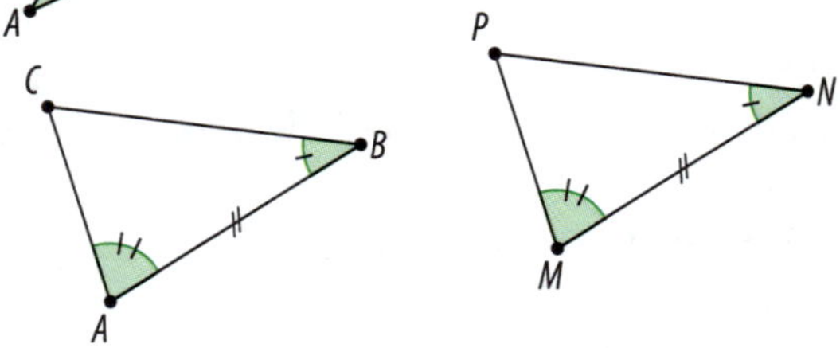

3 Les parallélogrammes

1 Définition et propriétés

Un parallélogramme est un quadrilatère dont les côtés opposés sont parallèles.

Ici, $(AB) // (CD)$ et $(AD) // (BC)$.

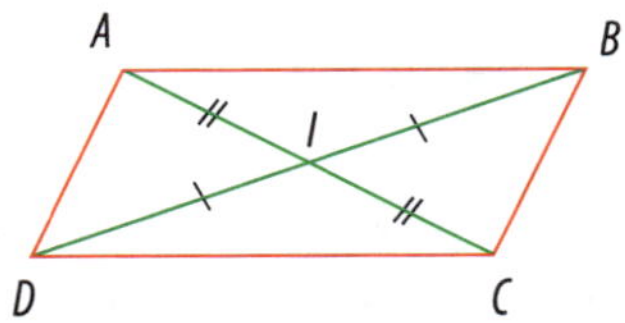

Propriétés

- Les diagonales d'un parallélogramme se coupent en leur milieu.
- $AB = CD$ et $AD = BC$.
- Les angles opposés sont égaux : $\widehat{A} = \widehat{C}$ et $\widehat{B} = \widehat{D}$.

Bien comprendre

Pour montrer qu'un quadrilatère est un parallélogramme, on peut :
- montrer que ses côtés opposés sont parallèles.
- montrer que ses diagonales se coupent en leur milieu.
- montrer qu'il a deux côtés opposés parallèles et de même longueur.

2 Parallélogrammes particuliers

- **Pour montrer qu'un parallélogramme est un rectangle**, on peut :

– montrer que ses diagonales ont la même longueur.

– montrer qu'il a un angle droit.

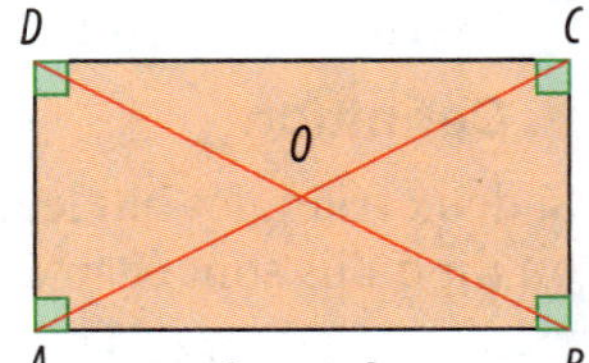

Rectangle

- **Pour montrer qu'un parallélogramme est un losange**, on peut :

– montrer que ses diagonales sont perpendiculaires.

– montrer qu'il a deux côtés consécutifs de même longueur.

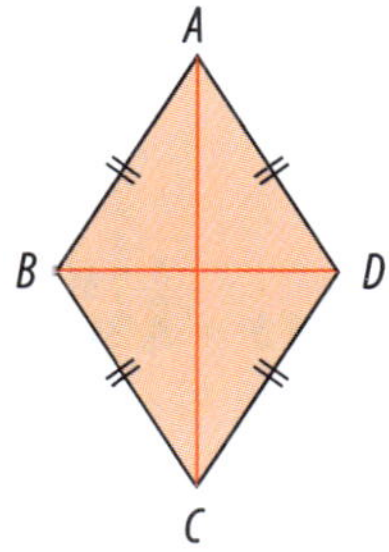

Losange

- **Pour montrer qu'un rectangle est un carré**, on peut :

– montrer que ses diagonales sont perpendiculaires.

– montrer qu'il a deux côtés consécutifs de même longueur.

- **Pour montrer qu'un losange est un carré**, on peut :

– montrer que ses diagonales ont la même longueur.

– montrer qu'il a un angle droit.

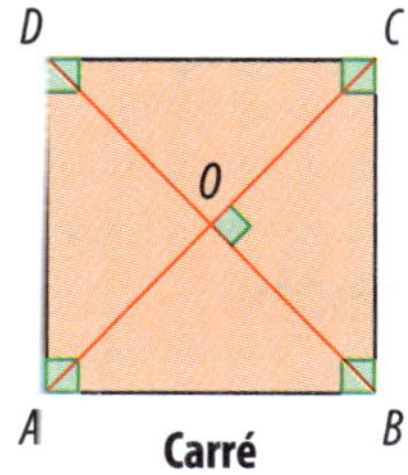

Carré

4 Les théorèmes et propriétés de base

1 Droites des milieux

- **Théorème 1**

Dans un triangle, la droite qui passe par le milieu d'un côté parallèlement à un deuxième côté passe par le milieu du troisième côté.

(AC) // (IJ) et I est le milieu de $[AB]$, donc J est le milieu de $[BC]$.

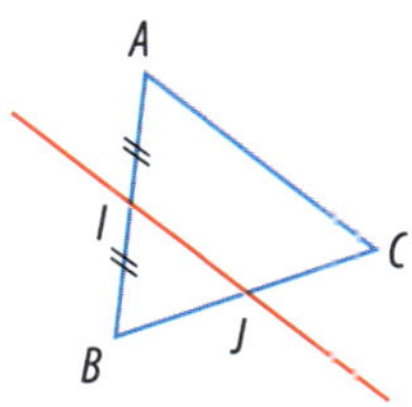

- **Théorème 2**

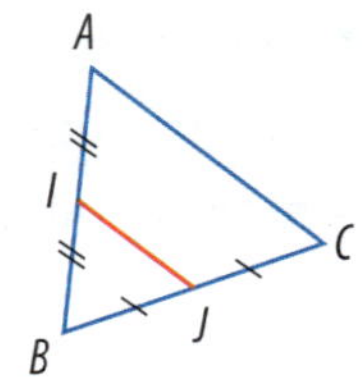

Dans un triangle, la droite qui passe par le milieu de deux côtés est parallèle au troisième côté.

I est le milieu de [*AB*] et *J* le milieu de [*BC*], donc :

$(IJ) \mathbin{//} (AC)$ et $IJ = \frac{1}{2}AC$.

2 Le théorème de Pythagore – Réciproque et contraposée

- **Le théorème**

Si *ABC* est un triangle rectangle en *A*, alors : $AB^2 + AC^2 = BC^2$.

Remarque
Ce théorème permet de calculer une longueur dans un triangle rectangle lorsque les deux autres sont connues.

- **La réciproque**

Si dans un triangle *ABC*, $AB^2 + AC^2 = BC^2$, alors *ABC* est rectangle en *A*.

Remarque
Ce théorème permet de montrer qu'un triangle est rectangle quand ses trois longueurs sont connues.

- **La contraposée**

Si dans un triangle *ABC*, $AB^2 + AC^2 \neq BC^2$, alors *ABC* n'est pas rectangle en *A*.

Remarque
Ce théorème permet de montrer qu'un triangle n'est pas rectangle quand ses trois longueurs sont connues.

3 Cercle et triangle rectangle

- Soit $\mathscr{C}$ un cercle de diamètre [*AB*]. Si *M* est un point de ce cercle, alors le triangle *AMB* est rectangle en *M*.
- Réciproquement, si *AMB* est un triangle rectangle en *M*, alors *M* est sur le cercle de diamètre [*AB*].

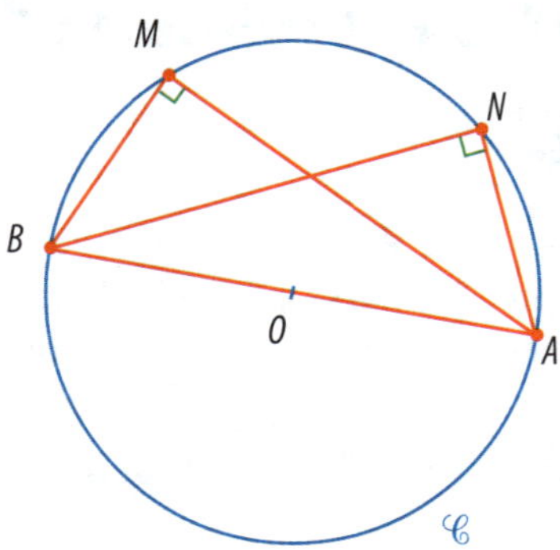

QCM

1 Des choix à faire

Corrigé p. 254

Cochez la (ou les) réponse(s) correcte(s).

1. ABC est un triangle isocèle de sommet A, alors :

a) ☐ la hauteur issue de A est aussi la médiane issue de A

b) ☐ $\widehat{A} = \widehat{B}$ **c)** ☐ $\widehat{B} = \widehat{C}$

2. Les hauteurs dans un triangle quelconque sont concourantes en un point qui est :

a) ☐ l'orthocentre

b) ☐ le centre de gravité

c) ☐ le centre du cercle circonscrit

3. Dans un triangle équilatéral :

a) ☐ tous les angles mesurent 60°

b) ☐ les droites remarquables sont confondues

c) ☐ le centre du cercle circonscrit est aussi le centre du cercle inscrit

2 Vrai ou Faux ?

Corrigé p. 254

Cochez la bonne réponse.

$\mathscr{C}$ est un cercle de centre A et de diamètre $BC = 8$ cm.
D est un point du cercle tel que $CD = 6{,}4$ cm.
d est la droite perpendiculaire à (BC) passant par A.

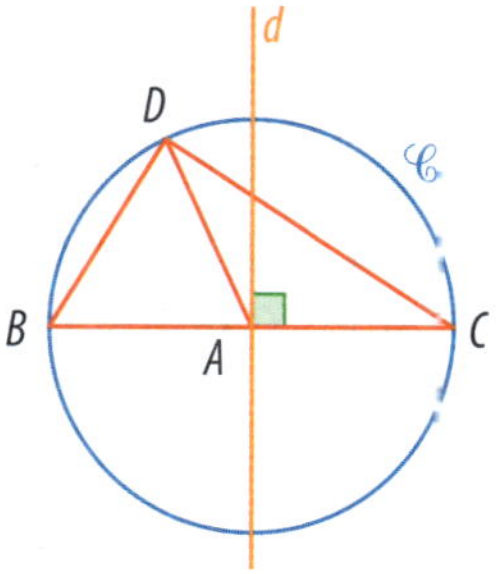

1. BCD est un triangle rectangle.	☐ V	☐ F
2. ACD est un triangle isocèle.	☐ V	☐ F
3. $BD = 5$ cm.	☐ V	☐ F
4. d est une hauteur pour le triangle BCD.	☐ V	☐ F
5. ABD est un triangle équilatéral.	☐ V	☐ F
6. (AD) est une médiane pour le triangle BCD.	☐ V	☐ F
7. La médiatrice de $[CD]$ passe par A.	☐ V	☐ F

Exercices d'entraînement

3 Rectangle ou non ?…

15 min Corrigé p. 255

Les triangles ci-dessous sont-ils rectangles ? Justifiez.

1.

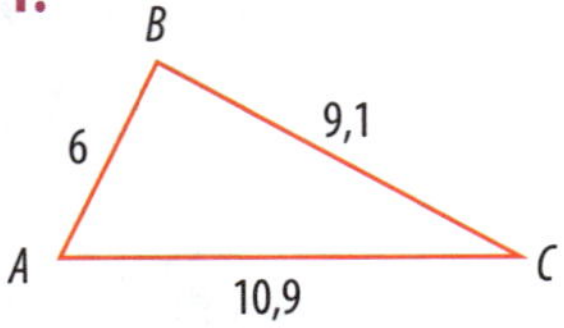

2.

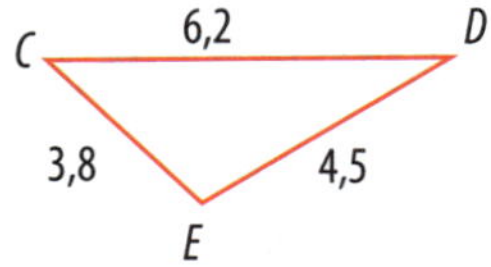

3.

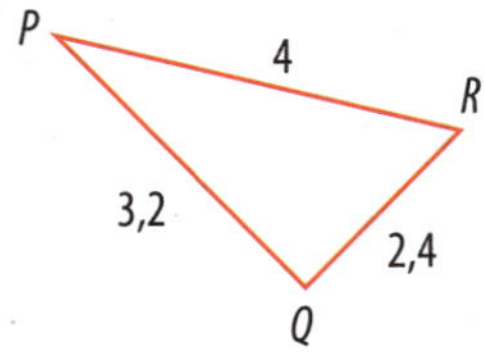

Méthode

1. On repère le plus grand côté du triangle.
2. On fait deux calculs séparés :
- le carré du plus grand côté ;
- la somme des carrés des deux autres côtés.
3. Si les résultats sont égaux, alors la réciproque du théorème de Pythagore permet de conclure que le triangle est rectangle. Sinon, la contraposée du théorème de Pythagore permet de montrer que le triangle n'est pas rectangle.

4 Avec les droites remarquables

10 min Corrigé p. 256

Sur la figure ci-contre, O est le centre du cercle. Les points B, C, D et E sont des points du cercle et les droites (DC) et (EB) se coupent en G. Démontrez que les droites (GF) et (DB) sont perpendiculaires.

5 Il faudra bien choisir son triangle !

10 min Corrigé p. 256

Soit $ABCD$ un parallélogramme de centre O.

La parallèle à (BC) passant par O coupe (AB) en M.

Les droites (CM) et (BD) se coupent en N. On appelle I le milieu de $[BC]$.

1. Démontrez que M est le milieu de $[AB]$.
2. Démontrez que les points A, N et I sont alignés.

Problème

6 Une figure bien compliquée

15 min Corrigé p. 257

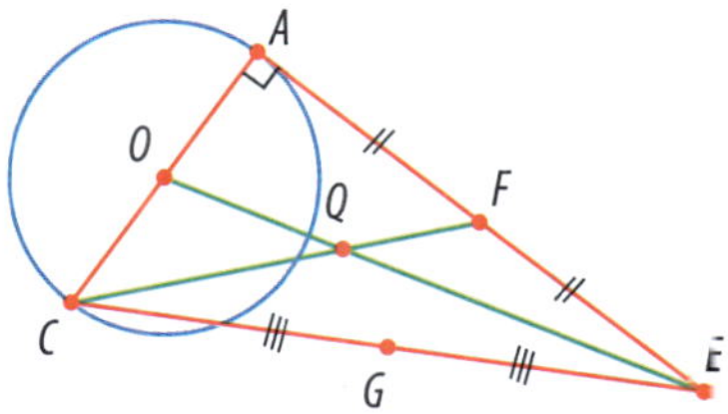

On considère un cercle de centre O et de diamètre AC. Le triangle ACE est rectangle en A, F est le milieu de $[AE]$ et G celui de $[EC]$.

1. Démontrez que le triangle OGC est rectangle.

2. Démontrez que $AG = GC$.

3. a) Quel est le centre de gravité du triangle AEC ? Que peut-on en déduire pour les points A, Q et G ?

b) Quel est le centre du cercle circonscrit du triangle AEC ?

Vers le brevet

7 Des triangles équilatéraux

20 min Corrigé p. 258

ABC et CDE sont deux triangles équilatéraux de côté 3 cm. A, C et E sont alignés.

1. Tracez une figure exacte, en respectant les longueurs données, complétez-la au fur et à mesure.

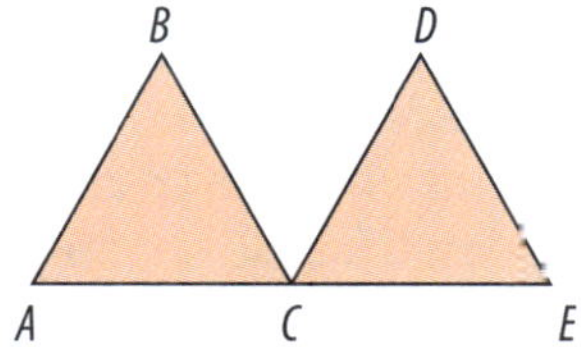

2. Prouvez que les points A, B, D, E sont sur un même cercle ; indiquez le centre et le rayon de ce cercle.

3. Prouvez que ABE est un triangle rectangle.

4. Calculez les mesures des côtés et des angles du triangle ABE.

5. Prouvez que BCD est un triangle équilatéral.

Exercice d'approfondissement

8 Un problème d'alignement

15 min Corrigé p. 259

Sur cette figure, $ABCD$ est un carré, et AEB et CBF sont des triangles équilatéraux.

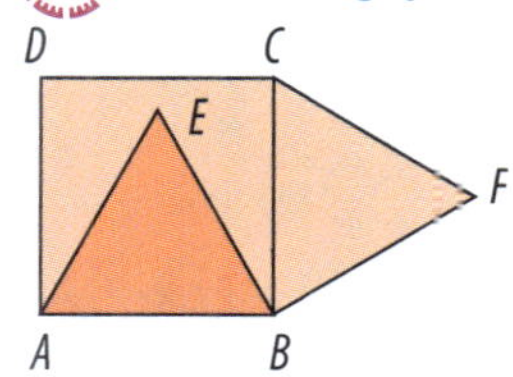

Calculez les angles $\widehat{CDE}$ et $\widehat{CDF}$.

Que peut-on en déduire pour les points D, E et F ?

QCM

1 **1.** Dans un triangle isocèle de sommet A, la hauteur issue de A est aussi la médiane issue de A.

De plus, les angles à la base sont égaux.

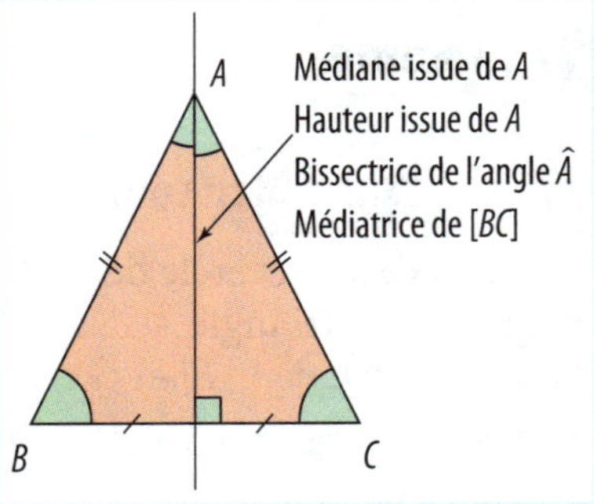

Réponses : **a)** la hauteur issue de A est aussi la médiane issue de A et **c)** $\widehat{B} = \widehat{C}$.

2. Les hauteurs d'un triangle sont concourantes en un point appelé orthocentre du triangle.

Réponse : **a)** l'orthocentre.

Rappel
Des droites concourantes sont des droites qui n'ont qu'un seul point d'intersection.

3. Les angles d'un triangle équilatéral mesurent tous 60° et les droites remarquables sont confondues. De ce fait, le centre du cercle circonscrit est aussi le centre du cercle inscrit.

Réponses : **a)** tous les angles mesurent 60°, **b)** les droites remarquables sont confondues, et **c)** le centre du cercle circonscrit est aussi le centre du cercle inscrit.

2 **1. Vrai →** $[BC]$ est un diamètre du cercle et D est un point de ce cercle. On en déduit que BCD est un triangle rectangle en D.

Pensez-y !
Pour appliquer ce théorème, vous devez connaître un diamètre du cercle.

2. Vrai → $[AD]$ et $[AC]$ sont des rayons du cercle. On en déduit $AC = AD$. Donc ACD est isocèle en A.

3. Faux → Dans le triangle BCD rectangle en D, d'après le théorème de Pythagore, on a :

$$DB^2 + DC^2 = BC^2$$
$$DB^2 + 6{,}4^2 = 8^2$$
$$DB^2 = 64 - 40{,}96$$
$$DB^2 = 23{,}04$$
$$DB = \sqrt{23{,}04} = 4{,}8 \neq 5$$

Gagnez des points !
Précisez toujours le triangle rectangle dans lequel vous appliquez le théorème de Pythagore.

4. Faux → d ne passe pas par un sommet du triangle BCD, donc d n'est pas une hauteur pour ce triangle.

Pensez-y !
Une hauteur passe forcément par un sommet du triangle.

5. Faux → On a $AD = AB = 4$ cm (ce sont des rayons du cercle), mais $BD = 4{,}8$ cm.

Donc ABD n'a pas trois côtés de même longueur : ce n'est pas un triangle équilatéral.

6. Vrai → La droite (AD) passe par un sommet du triangle BCD (le point D) et par le milieu du côté opposé à ce point (le point A), donc (AD) est une médiane pour le triangle BCD.

7. Vrai → On a $AD = AC$, donc A est sur la médiatrice du segment $[CD]$.

Rappel
Si un point M est équidistant (à la même distance) de A et de B, alors il est sur la médiatrice de $[AB]$.

Exercices d'entraînement

3 **1.** Le plus grand côté est $[AC]$.

- $AC^2 = 10{,}9^2 = 118{,}81$
- $AB^2 + BC^2 = 6^2 + 9{,}1^2 = 118{,}81.$

On en déduit l'égalité : $AB^2 + BC^2 = AC^2$.

D'après la réciproque du théorème de Pythagore, **le triangle *ABC* est rectangle en *B*.**

Remarque
$[AC]$ étant le plus grand côté, si le triangle est rectangle, il ne peut l'être qu'en B.

2. Le plus grand côté est $[CD]$.

- $CD^2 = 6{,}2^2 = 38{,}44$
- $EC^2 + ED^2 = 3{,}8^2 + 4{,}5^2 = 34{,}69.$

On en déduit que $EC^2 + ED^2 \neq CD^2$.

D'après la contraposée du théorème de Pythagore, **le triangle *CDE* n'est pas rectangle en *E*.**

Remarque
Si le triangle avait été rectangle, il aurait vérifié l'égalité du théorème de Pythagore.

3. Le plus grand côté est $[PR]$.

- $PR^2 = 4^2 = 16$
- $QP^2 + QR^2 = 3{,}2^2 + 2{,}4^2 = 16.$

On en déduit l'égalité : $QP^2 + QR^2 = PR^2$.

D'après la réciproque du théorème de Pythagore, **le triangle *PQR* est rectangle en *Q*.**

4 • [*DB*] est un diamètre du cercle et *C* et *E* sont des points du cercle. On en déduit que les triangles *DCB* et *DEB* sont des triangles rectangles respectivement en *C* et en *E*.

L'astuce du prof
Intéressez-vous aux hauteurs du triangle *DBG*.

• Par conséquent :

– dans le triangle *DGB*, (*DE*) est perpendiculaire à (*BG*), ce qui signifie que (*DE*) est la hauteur issue de *D* dans ce triangle ;

– dans le triangle *DGB*, (*BC*) est perpendiculaire à (*DG*), ce qui signifie que (*BC*) est la hauteur issue de *B* dans ce triangle.

• Les hauteurs (*DE*) et (*BC*) se coupent en *F*. On en déduit que *F* est l'orthocentre du triangle *DBG*.

Les hauteurs dans un triangle sont concourantes. La droite (*GF*) est donc la troisième hauteur (celle issue de *G*) du triangle *DBG*.

Puisqu'une hauteur est une droite qui passe par un sommet et qui est perpendiculaire au côté opposé, alors (*GF*) est perpendiculaire à (*DB*).

5 **1.** Voici la figure correspondant à l'énoncé.

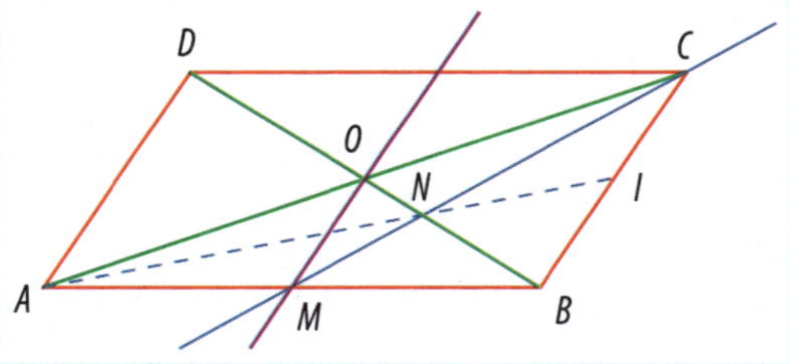

Pensez-y !
Même si la consigne ne l'indique pas, pour ce genre d'exercice, il est nécessaire de faire une figure.

Dans le triangle *ADB* :

• comme les diagonales d'un parallélogramme se coupent en leur milieu, *O* est le milieu de [*DB*] ;

• (*OM*) // (*AD*).

Remarque
Dans une démonstration, citez les hypothèses qui permettent ensuite d'utiliser le théorème.

Dans un triangle, si une droite passe par le milieu d'un côté en étant parallèle à un autre côté, alors elle passe par le milieu du troisième côté.

On en déduit que ***M* est le milieu de [*AB*]**.

2. Dans le triangle *ABC* :

• *M* est le milieu de [*AB*], donc la droite (*CM*) est la médiane issue de *C* ;

• *O* est le milieu de [*BD*], donc la droite (*BO*) est la médiane issue de *B*.

Les droites (*CM*) et (*BO*) se coupent en *N*. On en déduit que *N* est le point de concours des trois médianes du triangle *ABC*.

Comme I est le milieu de $[BC]$, la droite (AI) est la troisième médiane (celle issue du sommet A). Elle passe donc par le point N (point de concours des trois médianes).

Par conséquent, **les points A, N et I sont alignés.**

Remarque
Les médianes sont concourantes en un point appelé centre de gravité du triangle.

Problème

6 **1.**

À savoir

Montrer que le triangle OGC est rectangle revient à montrer que (OG) et (AC) sont perpendiculaires. Une démonstration peut se dérouler en plusieurs étapes.

Ici, on commence par montrer que les droites (OG) et (AE) sont parallèles, puis que les droites (OG) et (AC) sont perpendiculaires.

Dans le triangle ACE, O et G sont les milieux de $[AC]$ et $[EC]$.

Dans un triangle, si une droite passe par le milieu de deux côtés, alors elle est parallèle au troisième côté. On en déduit que $(OG) // (AE)$.

Par conséquent, on a $(OG) // (AE)$ et $(AE) \perp (AC)$.

Si deux droites sont parallèles, toute perpendiculaire à l'une est perpendiculaire à l'autre. Donc $(OG) \perp (AC)$.

Le triangle OGC est donc rectangle en O.

2. La droite (OG) est perpendiculaire à $[AC]$ et passe par son milieu O. Donc la droite (OG) est la médiatrice du segment $[AC]$. Puisque G est sur la médiatrice de $[AC]$, alors $GA = GC$.

Rappel
La médiatrice d'un segment est la droite formée des points équidistants (à égale distance) des deux extrémités du segment.

3. a) Dans le triangle AEC :

- O est le milieu de $[AC]$, donc (OE) est une médiane ;
- F est le milieu de $[AE]$, donc (FC) est une médiane.

(OE) et (FC) se coupent en Q, donc **Q est le centre de gravité du triangle AEC.**

Comme G est le milieu de $[EC]$, (AG) est la troisième médiane. Elle passe donc aussi par Q. On en déduit que **les points A, Q et G sont alignés.**

b) Le triangle AEC est rectangle en A. Le centre du cercle circonscrit d'un triangle rectangle se situe au milieu de l'hypoténuse.

Le milieu de l'hypoténuse $[EC]$ étant G, **G est le centre du cercle circonscrit au triangle AEC.**

Vers le brevet

7 **1.** Figure de l'exercice ci-contre.

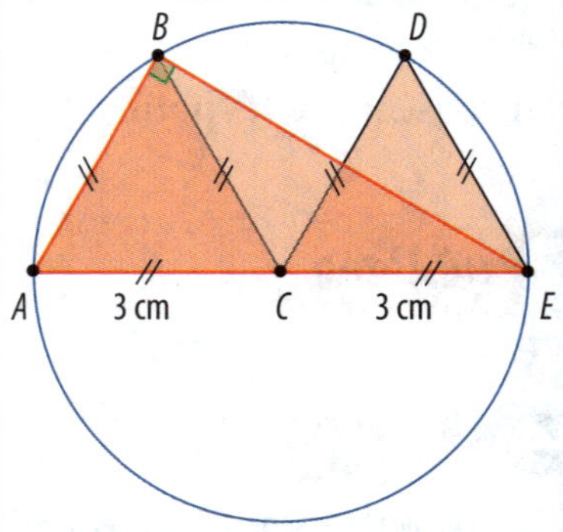

2. Les triangles ABC et CDE sont équilatéraux. Donc $CA = CB = CD = CE = 3$ cm. On en déduit que **les points A, B, D et E sont sur le cercle de centre C et de rayon 3 cm**.

3. Le triangle ABE est inscrit dans le cercle de centre C et de rayon 3 cm.

De plus, $[AE]$ est un diamètre de ce cercle. Par conséquent, **le triangle ABE est rectangle en B.**

4. • **Calcul des longueurs du triangle ABE**

$\boxed{AB = 3 \text{ cm}}$ (car c'est un côté du triangle équilatéral ABC).

$AE = 2 \times 3 = \boxed{6 \text{ cm}}$.

Dans le triangle ABE rectangle en B, d'après le théorème de Pythagore, on écrit :

$$AB^2 + BE^2 = AE^2$$
$$3^2 + BE^2 = 6^2$$
$$BE^2 = 36 - 9$$
$$\boxed{BE = \sqrt{27} \text{ cm}}$$

> **Pensez-y !**
> Quand un triangle est rectangle et que l'on connaît deux longueurs, on calcule la troisième avec le théorème de Pythagore.

> **Remarque**
> On ne demande pas de valeur approchée : on écrit le résultat sous forme exacte en simplifiant éventuellement.

• **Calcul des angles du triangle ABE**

$\boxed{\widehat{B} = 90°}$.

$\boxed{\widehat{A} = 60°}$ (car c'est un angle du triangle ABC qui est équilatéral).

$\widehat{E} = 180 - 90 - 60 = \boxed{30°}$.

> **Pensez-y !**
> Un triangle équilatéral a trois angles égaux à 60°.

5. L'angle $\widehat{ACE}$ est plat. Il mesure donc 180°. D'où $\widehat{ACB} + \widehat{BCD} + \widehat{ECD} = 180°$.

Par conséquent, $\widehat{BCD} = 180 - (\widehat{ACE} + \widehat{ECD}) = 180 - 60 - 60 = 60°$.

Le triangle BCD est isocèle, car $CB = CD$ et il a un angle de 60°, **c'est donc un triangle équilatéral**.

CORRIGÉS

Exercice d'approfondissement

8 • **Calcul de l'angle $\widehat{CDE}$**

Le triangle *AED* est isocèle, car *AD* = *AE* (le triangle *AEB* est équilatéral et *ABCD* est un carré, donc tous les côtés sont de même longueur).

Dans un triangle isocèle, les angles à la base sont égaux. Donc $\widehat{ADE} = \widehat{AED}$.

ABCD est un carré, donc $\widehat{DAB} = 90°$.

D'où : $\widehat{DAE} = \widehat{DAB} - \widehat{EAB} = 90 - 60 = 30°$.

Dans un triangle, la somme des angles fait 180°, donc en appliquant ce résultat au triangle *AED*, on obtient :

$$\underbrace{\widehat{DAE}}_{=30°} + \widehat{ADE} + \underbrace{\widehat{AED}}_{=\widehat{ADE}} = 180°.$$

D'où $2\widehat{ADE} = 180 - 30 = 150°$. On en déduit : $\widehat{ADE} = \dfrac{150}{2} = 75°$.

Comme *ABCD* est un carré, $\widehat{CDA} = 90°$, donc

$\widehat{CDE} = 90 - \widehat{ADE} = 90 - 75 = \boxed{15°}$.

• **Calcul de l'angle $\widehat{CDF}$**

On a $\widehat{DCF} = \widehat{DCB} + \widehat{BCF} = 90 + 60 = 150°$. Le triangle *CDF* est isocèle, car *CD* = *CF*, donc ses angles à la base sont égaux, soit $\widehat{CDF} = \widehat{CFD}$.

Dans un triangle, la somme des angles fait 180°, donc en appliquant ce résultat au triangle *CDF*, on obtient :

$$\underbrace{\widehat{DCF}}_{=150°} + \widehat{CDF} + \underbrace{\widehat{CFD}}_{=\widehat{CDF}} = 180°.$$

D'où $2\widehat{CDF} = 180 - 150 = 30°$. On en déduit : $\widehat{CDF} = \dfrac{30}{2} = \boxed{15°}$.

Comme $\widehat{CDE} = \widehat{CDF} = 15°$, on en déduit que **les points *D*, *E* et *F* sont alignés**.

CHAPITRE 14

Trigonométrie dans le triangle rectangle

DE QUOI S'AGIT-IL ?

Dans le triangle rectangle, la trigonométrie fait le lien entre les longueurs des côtés et les mesures des angles. On découvre ainsi le cosinus, le sinus et la tangente d'un angle, définis comme des quotients de longueurs.

1 Cosinus, sinus, tangente d'un angle aigu

Dans un triangle ABC rectangle en A, on a :

- $\sin\widehat{C} = \dfrac{\text{côté opposé à } \widehat{C}}{\text{hypoténuse}} = \dfrac{AB}{BC}$.
- $\cos\widehat{C} = \dfrac{\text{côté adjacent à } \widehat{C}}{\text{hypoténuse}} = \dfrac{AC}{BC}$.
- $\tan\widehat{C} = \dfrac{\text{côté opposé à } \widehat{C}}{\text{côté adjacent } \widehat{C}} = \dfrac{AB}{AC}$.

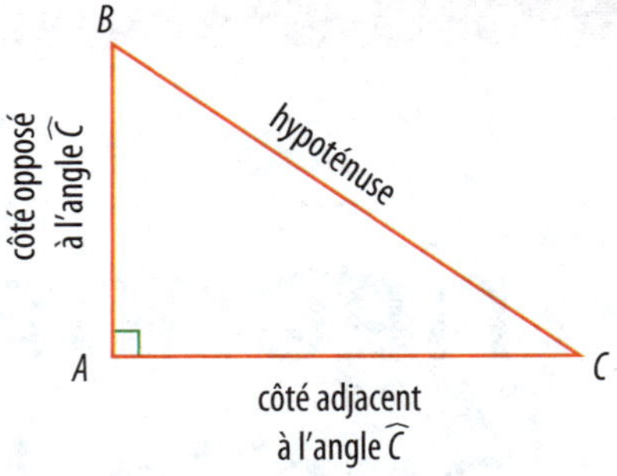

Pour mémoriser ces formules, on peut utiliser le moyen mnémotechnique suivant SOHCAHTOA.

Les trois premières lettres pour la formule : Sinus = Opposé sur Hypoténuse.

Les trois suivantes pour Cosinus = Adjacent sur Hypoténuse.

Les trois dernières pour Tangente = Opposé sur Adjacent.

Bien comprendre

- Les côtés adjacents et opposés dépendent de l'angle que l'on choisit.
- Les formules du cosinus, du sinus et de la tangente permettent de calculer des longueurs de segments et des mesures d'angles.

2 Autres relations trigonométriques

- Si x est la mesure en degrés d'un angle aigu, on a la relation suivante :

$$\cos^2 x + \sin^2 x = 1$$

- On peut calculer la tangente d'un angle à partir du sinus et du cosinus :

$$\tan x = \frac{\sin x}{\cos x}$$

Remarque

Cette formule permet de calculer le sinus d'un angle dont on connaît le cosinus, et vice versa.

QCM

1 Des choix à faire

➔ Corrigé p. 268

Cochez la (ou les) réponse(s) correcte(s).

Les questions suivantes concernent la figure ci-après.

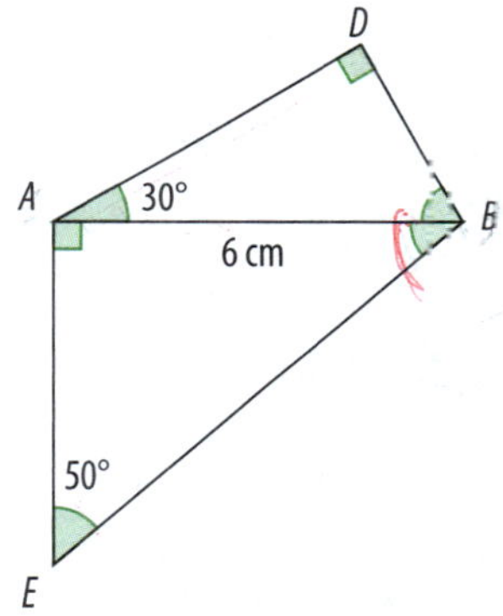

1. $\cos \widehat{AEB}$ est égal à :

a) ☐ $\dfrac{AE}{EB}$ **b)** ☐ environ 0,64 **c)** ☐ $\dfrac{AB}{EB}$

2. $\widehat{BAD}$ est égal à :

a) ☐ 0,5 **b)** ☐ $\dfrac{AD}{BA}$ **c)** ☐ $\dfrac{BD}{BA}$

3. BD est égal à :

a) ☐ 3 **b)** ☐ $AB \times \sin 30°$ **c)** ☐ $\dfrac{1}{2}AB$

4. $\cos \widehat{ABE}$ est égal à :

a) ☐ $\dfrac{BD}{AB}$ **b)** ☐ $\dfrac{6}{EB}$ **c)** ☐ $\dfrac{AE}{EB}$

5. La valeur approchée au dixième de EB est :

a) ☐ 7,8 **b)** ☐ 4,6 **c)** ☐ 9,3

2 Vrai ou Faux ?

➔ Corrigé p. 269

Cochez la bonne réponse.

Les questions se rapportent à la figure de l'exercice précédent.

1. La droite (AB) est la bissectrice de l'angle $\widehat{DBE}$.	☐ V	☐ F
2. $\sin \widehat{BAD} = \cos \widehat{DBA}$.	☐ V	☐ F
3. $AD \approx 5{,}2$.	☐ V	☐ F
4. $\tan \widehat{BAD} = \dfrac{AD}{BD}$.	☐ V	☐ F
5. $\cos^2 \hat{E} + \sin^2 \hat{E} = 0$.	☐ V	☐ F
6. $\cos \widehat{DBA} = \dfrac{BE}{DE}$.	☐ V	☐ F

Exercices d'entraînement

3 Le B.A-BA (acte 1)

15 min ➔ Corrigé p. 270

Dans chacun des cas suivants, calculez la valeur de x (on en donnera une valeur approchée au dixième).

1.

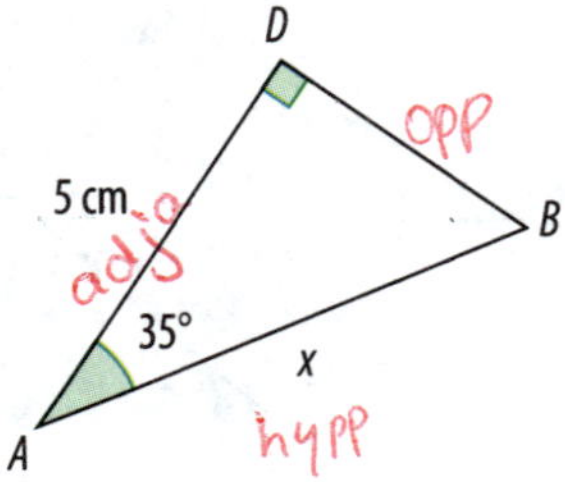

2.

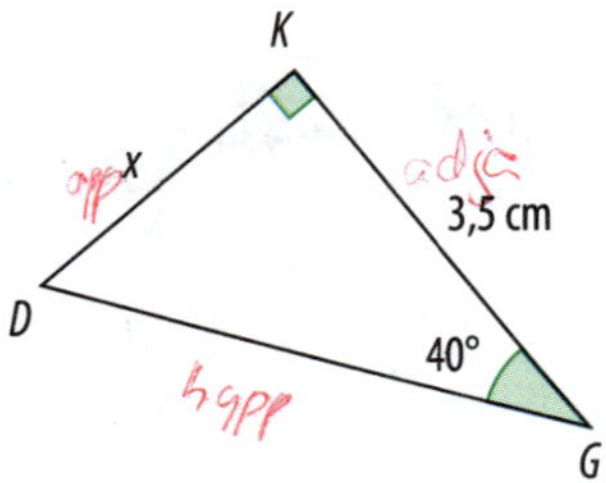

3.

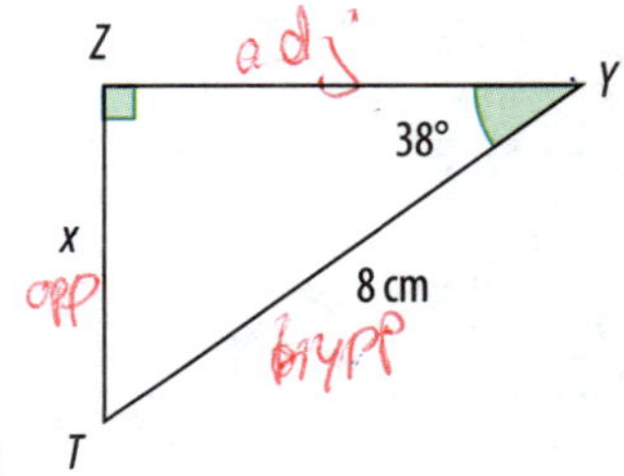

> **➔ Méthode**
>
> **1.** Relativement à l'angle connu, on identifie la nature du côté connu et celle du côté à déterminer.
>
> **2.** On choisit parmi le cosinus, le sinus ou la tangente, celui qui met en relation les deux côtés identifiés.
>
> **3.** On écrit la formule que l'on va appliquer.
>
> **4.** On calcule la longueur cherchée par produit en croix.

4 Le B.A-BA (acte 2)

15 min ➔ Corrigé p. 270

Dans chacun des cas suivants, calculez la valeur de x (on en donnera une valeur approchée au dixième de degré).

1.

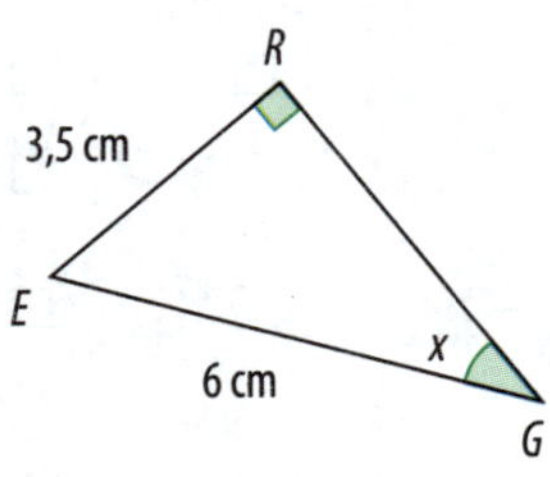

2.

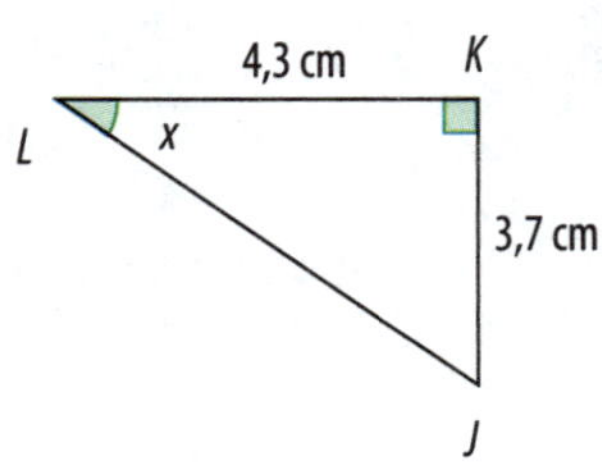

3.

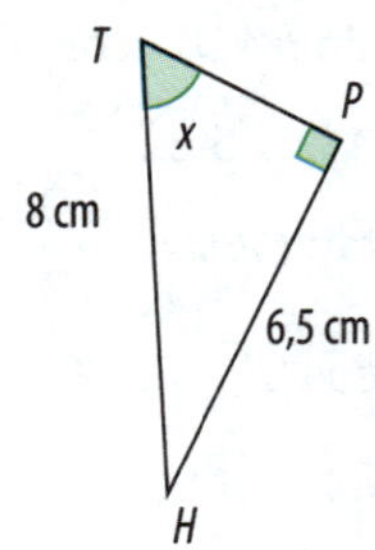

Méthode

1. Relativement à l'angle dont on cherche une mesure (ici x), on identifie la nature des deux côtés connus (hypoténuse, côté adjacent ou opposé).

2. On choisit parmi le cosinus, le sinus ou la tangente de x, celui qui met en relation les deux côtés identifiés.

3. On calcule la valeur du cosinus, le sinus ou la tangente de x.

4. En utilisant les touches SHIFT cos ou SHIFT sin ou SHIFT tan de la calculatrice, on déduit une valeur approchée (parfois exacte) de x.

5 Trois triangles en un

10 min Corrigé p. 271

En utilisant la figure ci-contre :

1. calculez, au dixième près, la longueur AH.

2. calculez, au dixième près, la longueur AC.

3. calculez l'arrondi au degré près de la mesure de l'angle $\widehat{BCH}$.

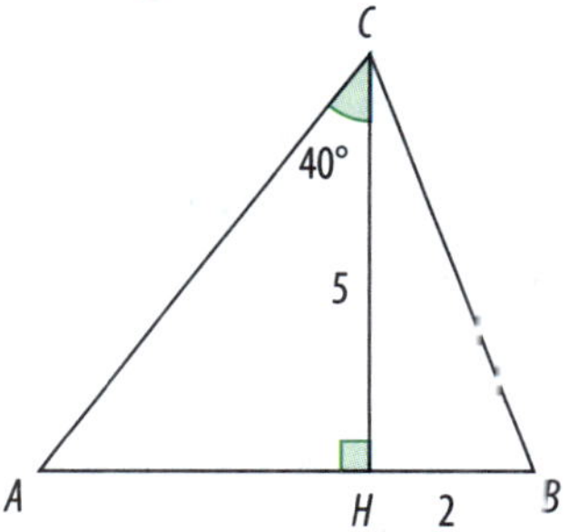

Problèmes

6 Bien choisir son triangle…

★ 15 min Corrigé p. 272

Sur la figure ci-contre :

- O est le centre du cercle ;
- $DB = 8$ cm.
- $\widehat{CAD} = 55°$.

1. Justifiez que le triangle BAD est rectangle.

2. Calculez la valeur arrondie au millimètre de AD.

3. Calculez la valeur arrondie au millimètre de AC.

4. La droite (DC) est-elle la médiatrice de $[AO]$? Justifiez.

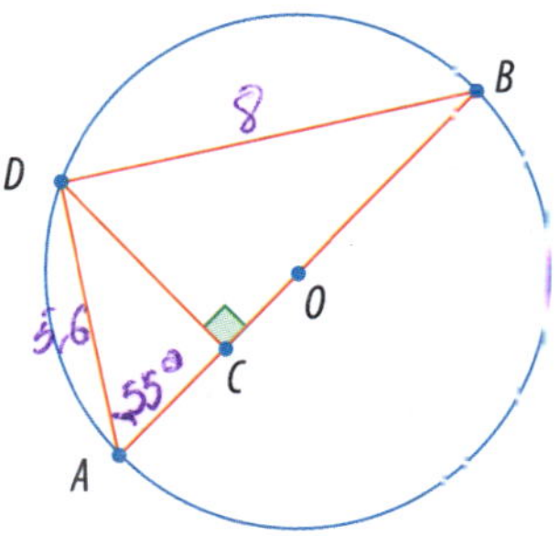

Comment résoudre ce problème

1. Il s'agit de l'application d'un théorème de cours qu'il faut énoncer.

2. En précisant le triangle rectangle, on écrit la formule de trigonométrie qui convient.

3. On procède comme précédemment, mais dans un autre triangle rectangle que l'on précisera.

4. Pour savoir si (DC) est la médiatrice de $[AO]$, on doit encore calculer une longueur en se servant de la trigonométrie.

7 Sans valeurs approchées !

★★ 10 min Corrigé p. 273

Dans cet exercice, on utilisera le tableau suivant qui donne les valeurs exactes de cos 30°, cos 60°, sin 30° et sin 60°.

x	30°	60°
$\cos x$	$\frac{\sqrt{3}}{2}$	$\frac{1}{2}$
$\sin x$	$\frac{1}{2}$	$\frac{\sqrt{3}}{2}$

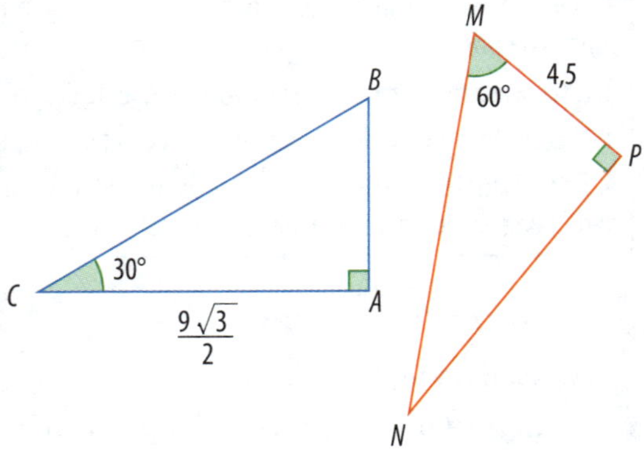

Montrez que les longueurs du triangle ABC sont égales aux longueurs du triangle MNP.

Vers le brevet

8 Ce coup-là, on dessine

15 min Corrigé p. 274

1. Construisez un triangle ABC rectangle en C tel que $AC = 5$ cm et $\widehat{BAC} = 40°$.

2. Calculez la longueur BC. (On donnera une valeur arrondie au millimètre.)

3. a) Où se trouve le centre O du cercle circonscrit au triangle ABC ? Justifiez.

b) Tracez ce cercle.

4. Déduisez-en la mesure de l'angle $\widehat{BOC}$.

9 Encore des triangles !

15 min Corrigé p. 275

La figure n'est pas tracée en vraie grandeur. Elle n'est pas à reproduire.

AHC est un triangle rectangle en H. La droite passant par A et perpendiculaire à la droite (AC) coupe la droite (HC) en B.

On sait que $AH = 4{,}8$ cm et $HC = 6{,}4$ cm.

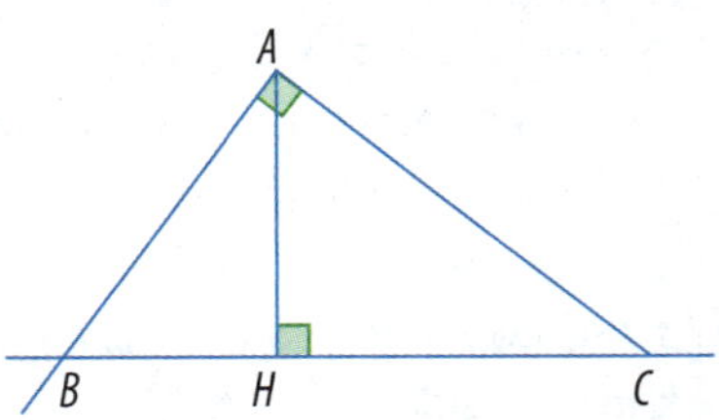

1. a) Justifiez l'égalité : $\widehat{ACH} = 90° - \widehat{HAC}$.

b) Justifiez l'égalité : $\widehat{BAH} = 90° - \widehat{HAC}$.

c) Que peut-on en déduire pour les angles $\widehat{ACH}$ et $\widehat{BAH}$?

2. a) Montrez que $\widehat{ACH} = \dfrac{3}{4}$.

b) En utilisant le triangle BAH, exprimez $\tan \widehat{BAH}$ en fonction de BH.

3. Déduisez des questions **1** et **2** que $BH = 3{,}6$ cm.

4. Calculez la mesure en degrés arrondie au degré de l'angle $\widehat{ACH}$.

Exercices d'approfondissement

10 On démontre une bien belle formule…

★★ 10 min ➔ Corrigé p. 276

1. En utilisant la figure ci-contre et le théorème de Pythagore, démontrez la formule :

$$\cos^2 x + \sin^2 x = 1$$

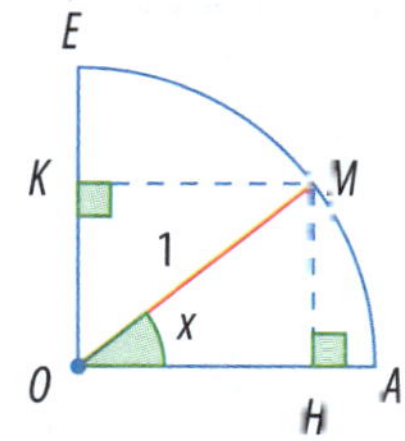

2. a) Application

Calculez la valeur exacte de $\sin x$, sachant que $\cos x = \dfrac{1}{2}$.

b) Déduisez-en la valeur exacte de $\tan x$.

11 Le triangle n'est pas rectangle !

★★ 20 min ➔ Corrigé p. 276

Sur la figure ci-contre, a désigne la longueur BC, b la longueur AC et c la longueur AB.

Démontrez que :

$$\frac{a}{\sin \widehat{A}} = \frac{c}{\sin \widehat{C}}$$

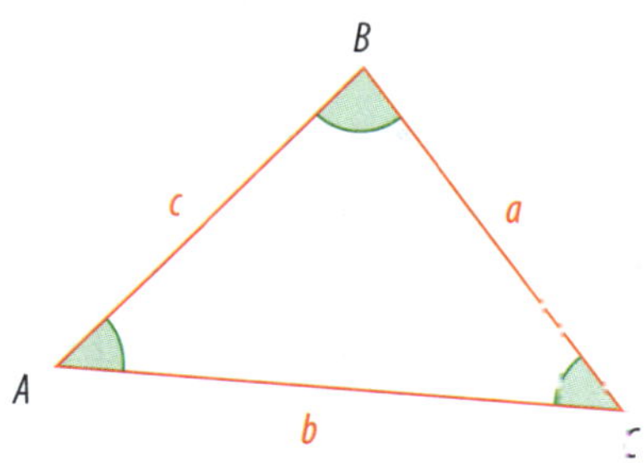

QCM

1 **1.** Dans le triangle AEB rectangle en A,

$$\cos \widehat{AEB} = \frac{\text{côté adjacent à } \widehat{AEB}}{\text{hypoténuse}} = \frac{AE}{EB}.$$

De plus, $\cos \widehat{AEB} = \cos 50° \approx 0{,}64$

Réponses : **a)** $\frac{AE}{EB}$ et **b)** environ 0,64.

Méthode
Indiquez toujours le triangle dans lequel vous appliquez la formule.

2. Dans le triangle ABD rectangle en D,

$$\sin \widehat{BAD} = \frac{\text{côté opposé à } \widehat{BAD}}{\text{hypoténuse}} = \frac{BD}{BA}.$$

De plus, $\sin \widehat{BAD} = \sin 30° = 0{,}5$.

Réponses : **a)** 0,5 et **c)** $\frac{BD}{BA}$.

Remarque
La valeur de sin 30° est une valeur exacte.

3. Dans le triangle ABD rectangle en D,

$$\sin \widehat{BAD} = \frac{BD}{BA}.$$

$$\sin 30° = \frac{BD}{BA} \text{ soit } \frac{\sin 30°}{1} = \frac{BD}{BA}.$$

Par produit en croix, on obtient :

$$BD = \sin 30° \times AB = \frac{1}{2} \times AB = 6 \times \sin 30° = 3.$$

Réponses : **a)** 3 ; **b)** $AB \times \sin 30°$ et **c)** $\frac{1}{2}AB$.

Méthode
Si $\frac{a}{b} = \frac{c}{d}$ alors $a \times d = b \times c$.

4. Dans le triangle AEB rectangle en A,

$$\cos \widehat{ABE} = \frac{\text{côté adjacent à } \widehat{ABE}}{\text{hypoténuse}} = \frac{AB}{EB} = \frac{6}{EB}.$$

Réponse : **b)** $\frac{6}{EB}$.

5. Dans le triangle AEB rectangle en A,

$$\cos\widehat{ABE} = \frac{\text{côté adjacent à } \widehat{ABE}}{\text{hypoténuse}} = \frac{AB}{EB} = \frac{6}{EB}.$$

Or $\widehat{ABE} = 180 - 90 - 50 = 40°$.

Par produit en croix, on écrit :

$$EB \times \cos\widehat{ABE} = 6, \text{ d'où } EB = \frac{6}{\cos 40°} \approx 7{,}8.$$

> **Rappel**
> La somme des angles dans un triangle vaut 180°.

Réponse : **a)** 7,8.

2 **1. Faux →** Dans le triangle ABD,

$\widehat{ABD} = 180 - 30 - 90 = 60°$.

Dans le triangle ABE, $\widehat{ABE} = 180 - 50 - 90 = 40°$.

On en déduit que (AB) n'est pas la bissectrice de l'angle $\widehat{DBE}$.

> **Rappel**
> La bissectrice d'un angle est une droite qui le partage en deux angles de même mesure.

2. Vrai → Dans le triangle ABD,

$$\sin\widehat{BAD} = \frac{\text{côté opposé à } \widehat{BAD}}{\text{hypoténuse}} = \frac{BD}{AB}.$$

et $$\cos\widehat{DBA} = \frac{\text{côté adjacent à } \widehat{DBA}}{\text{hypoténuse}} = \frac{BD}{AB}.$$

Donc $\sin\widehat{BAD} = \cos\widehat{DBA}$.

> **Remarque**
> On a aussi $\sin\widehat{DBA} = \cos\widehat{BAD}$.

3. Vrai → Dans le triangle ABD,

$$\cos\widehat{BAD} = \frac{\text{côté adjacent à } \widehat{BAD}}{\text{hypoténuse}} = \frac{AD}{AB}.$$

Donc $\cos 30° = \dfrac{AD}{6}$.

Soit $AD = 6 \times \cos 30° \approx 5{,}2$.

> **Méthode**
> Faites le bilan des données pour choisir si vous utilisez cos, sin ou tan.

4. Faux → Dans le triangle AED rectangle en D,

$$\tan\widehat{BAD} = \frac{\text{côté opposé à } \widehat{BAD}}{\text{côté adjacent à } BAD} = \frac{BD}{AD}.$$

5. Faux → $\cos^2\hat{E} + \sin^2\hat{E} = 1$.

6. Faux → On ne fait de trigonométrie que dans un triangle rectangle. Le triangle DBE n'est pas rectangle.

Exercices d'entraînement

3 **1.** Dans le triangle ABD rectangle en D, on connaît l'angle $\widehat{A}$ et le côté adjacent à cet angle. On cherche l'hypoténuse.
On utilise donc le cosinus.

$\cos \widehat{A} = \dfrac{\text{côté adjacent à } \widehat{A}}{\text{hypoténuse}} = \dfrac{AD}{AB}$. D'où $\cos 35° = \dfrac{5}{x}$.

Pensez-y !
N'oubliez pas que $\cos 35° = \dfrac{\cos 35°}{1}$.

Par produit en croix, $x \times \cos 35° = 5$, soit $x = \dfrac{5}{\cos 35°} \approx 6{,}1$ cm.

2. Dans le triangle DKG rectangle en K, on connaît l'angle $\widehat{G}$ et le côté adjacent à cet angle. On cherche le côté opposé. On utilise donc la tangente.

$\tan \widehat{G} = \dfrac{\text{côté opposé à } \widehat{G}}{\text{côté adjacent à } G} = \dfrac{KD}{KG}$. D'où $\tan 40° = \dfrac{x}{3{,}5}$.

Rappel
Une valeur approchée au dixième est donnée avec un chiffre après la virgule.

Par produit en croix, on trouve :
$x = 3{,}5 \times \tan 40° \approx 2{,}9$ cm.

3. Dans le triangle TZY rectangle en Z, on connaît l'angle $\widehat{Y}$ et l'hypoténuse.
On cherche le côté opposé à cet angle. On utilise donc le sinus.

$\sin \widehat{Y} = \dfrac{\text{côté opposé à } \widehat{Y}}{\text{hypoténuse}} = \dfrac{ZT}{TY}$. D'où $\sin 38° = \dfrac{x}{8}$.
Par produit en croix, on a $x = 8 \times \sin 38° \approx 4{,}9$ cm.

Rappel
L'hypoténuse est toujours le côté en face de l'angle droit.

4 **1.** Dans le triangle EGR rectangle en R, on cherche la mesure de l'angle $\widehat{G}$. Par rapport à cet angle, on connaît le côté opposé et l'hypoténuse.
On utilise donc le sinus.

L'astuce du prof
Ne donnez pas de valeur approchée de $\dfrac{3{,}5}{6}$. Utilisez la calculatrice avec cette valeur sans oublier les parenthèses autour de la fraction.

$\sin \widehat{G} = \dfrac{\text{côté opposé à } \widehat{G}}{\text{hypoténuse}} = \dfrac{RE}{GE} = \dfrac{3{,}5}{6}$.

D'où (avec la calculatrice), $x = \widehat{G} = \sin^{-1}\left(\dfrac{3{,}5}{6}\right) \approx \boxed{35{,}7°}$.

2. Dans le triangle LKJ rectangle en K, on cherche la mesure de l'angle $\widehat{L}$.
Par rapport à cet angle, on connaît le côté opposé et le côté adjacent. On utilise donc la tangente.

$\tan \widehat{L} = \dfrac{\text{côté opposé à } \widehat{L}}{\text{côté adjacent à } \widehat{L}} = \dfrac{KJ}{KL} = \dfrac{3{,}7}{4{,}3}$.

D'où (avec la calculatrice), $x = \widehat{L} = \tan^{-1}\left(\dfrac{3{,}7}{4{,}3}\right) \approx \boxed{40{,}7°}$.

3. Dans le triangle TPH rectangle en P, on cherche la mesure de l'angle $\widehat{T}$. Par rapport à cet angle, on connaît le côté opposé et l'hypoténuse. On utilise donc le sinus.

$$\sin \widehat{T} = \frac{\text{côté opposé à } \widehat{T}}{\text{hypoténuse}} = \frac{PH}{TH} = \frac{6{,}5}{8}.$$

D'où (avec la calculatrice), $x = \widehat{T} = \sin^{-1}\left(\frac{6{,}5}{8}\right)$

soit $x \approx$ 54,3°.

Méthode

Pour calculer un angle dans un triangle rectangle, on a besoin de connaître deux de ses longueurs.

5 **1.** Dans le triangle ACH rectangle en H, on connaît l'angle $\widehat{ACH}$ et le côté adjacent à cet angle. On cherche le côté opposé. On utilise donc la tangente.

$$\tan \widehat{ACH} = \frac{\text{côté opposé à } \widehat{ACH}}{\text{côté adjacent à } \widehat{ACH}} = \frac{AH}{CH}.$$

D'où $\tan 40° = \frac{AH}{5}$.

Par produit en croix, $AH = 5 \times \tan 40°$ soit $AH \approx$ 4,2 cm.

Remarque

Il est impératif de préciser le triangle rectangle dans lequel vous appliquez les formules, car il y a deux triangles rectangles sur la figure.

2. Dans le triangle ACH rectangle en H, on connaît l'angle $\widehat{ACH}$ et le côté adjacent à cet angle. On cherche l'hypoténuse. On utilise donc le cosinus.

$$\cos \widehat{ACH} = \frac{\text{côté adjacent à } \widehat{ACH}}{\text{hypoténuse}} = \frac{CH}{AC}.$$

D'où $\cos 40° = \frac{5}{AC}$.

Par produit en croix, $AC \times \cos 40° = 5$, soit $AC = \frac{5}{\cos 40°}$ soit $AC \approx$ 6,5 cm.

Remarque

Connaissant les deux longueurs dans le triangle rectangle ACH, on pouvait également utiliser le théorème de Pythagore.

3. Dans le triangle BCH rectangle en H, on cherche la mesure de l'angle $\widehat{BCH}$. Par rapport à cet angle, on connaît le côté opposé et le côté adjacent. On utilise donc la tangente.

$$\tan \widehat{BCH} = \frac{\text{côté opposé à } \widehat{BCH}}{\text{côté adjacent à } \widehat{BCH}} = \frac{BH}{CH} = \frac{2}{5}.$$

D'où (en utilisant la calculatrice), $\widehat{BCH} = \tan^{-1}\left(\frac{2}{5}\right)$ soit $\widehat{BCH} \approx$ 21,8°.

CORRIGÉS

Problèmes

6 **1.** $[AB]$ est un diamètre du cercle et D est un point du cercle, on en déduit que **le triangle ABD est rectangle en D.**

> **À savoir**
>
> Soit $\mathscr{C}$ un cercle de diamète $[AB]$. Si M est un point de ce cercle, alors le triangle ABM est rectangle en M. Réciproquement, si AMB est un triangle rectangle en M, alors M est un point du cercle de diamètre $[AB]$.

2. Dans le triangle ABD rectangle en D, on connaît l'angle $\widehat{BAD}$ et le côté opposé à cet angle. On cherche le côté adjacent. On utilise donc la tangente.

$$\tan \widehat{BAD} = \frac{\text{côté opposé à } \widehat{BAD}}{\text{côté adjacent à } \widehat{BAD}} = \frac{BD}{AD}.$$

> **Remarque**
>
> Notez les données sur la figure. On a $\widehat{CAD} = \widehat{BAD}$.

D'où $\tan 55° = \dfrac{8}{AD}$.

Par produit en croix, on trouve $AD \times \tan 55° = 8$.

$AD = \dfrac{8}{\tan 55°}$ soit $AD \approx$ 5,6 cm.

3. Dans le triangle ACD rectangle en C, on connaît l'angle $\widehat{CAD}$ et l'hypoténuse. On cherche le côté adjacent. On utilise donc le cosinus.

$$\cos \widehat{CAD} = \frac{\text{côté adjacent à } \widehat{CAD}}{\text{hypoténuse}} = \frac{AC}{AD}.$$

D'où $\cos 55° \approx \dfrac{AC}{5{,}6}$.

Par produit en croix, on a $AC \approx \cos 55° \times 5{,}6 \approx$ 3,2 cm.

4. La droite (DC) est perpendiculaire au segment $[AO]$. Ce sera sa médiatrice si et seulement si C est le milieu de $[AO]$.

Calculons AB dans le triangle rectangle ABD.

Dans ce triangle, on connaît l'angle $\widehat{BAD}$ et le côté opposé à cet angle. On cherche l'hypoténuse. On utilise donc le sinus.

> **Rappel**
>
> La médiatrice d'un segment est la droite qui passe par le milieu du segment et qui lui est perpendiculaire.

$$\sin \widehat{BAD} = \frac{\text{côté opposé à } \widehat{BAD}}{\text{hypoténuse}} = \frac{DB}{AB}.$$

D'où $\sin 55° = \dfrac{8}{AB}$.

Par produit en croix, on écrit $AB \times \sin 55° = 8$, soit $AB = \dfrac{8}{\sin 55°} \approx 9{,}8$ cm.

Par conséquent, le rayon du cercle est d'environ 4,9 cm. Comme $AC \approx 3{,}2$ cm, C n'est pas le milieu de $[AO]$.

Finalement, **(DC) n'est pas la médiatrice de $[AO]$.**

7 • **Calcul des longueurs des côtés du triangle ABC**

Dans le triangle rectangle ABC rectangle en A, on connaît l'angle $\widehat{C}$ et le côté adjacent à cet angle.

On cherche le côté BC, soit l'hypoténuse. On utilise donc le cosinus.

$$\cos \widehat{C} = \frac{\text{côté adjacent à } \widehat{C}}{\text{hypoténuse}} = \frac{AC}{BC}.$$

> **Remarque**
> Dans le tableau, on lit $\cos 30° = \dfrac{\sqrt{3}}{2}$.

D'où $\cos 30° = \dfrac{\frac{9\sqrt{3}}{2}}{BC}$. Par produit en croix,

$$BC \times \cos 30° = \frac{9\sqrt{3}}{2}, \text{ soit } BC \times \frac{\sqrt{3}}{2} = \frac{9\sqrt{3}}{2}, \text{ d'où } BC = \frac{\frac{9\sqrt{3}}{2}}{\frac{\sqrt{3}}{2}} = 9.$$

On cherche dans ce même triangle le côté AB. On peut utiliser le sinus.

$$\sin \widehat{C} = \frac{\text{côté opposé à } \widehat{C}}{\text{hypoténuse}} = \frac{AB}{BC}.$$

> **Pensez-y !**
> $\widehat{B} = 90 - 30 = 60°$.
> On pouvait également utiliser $\cos \widehat{B}$ pour déterminer AB.

D'où $\sin 30° = \dfrac{AB}{9}$.

Par produit en croix, $AB = 9 \times \sin 30° = 9 \times \dfrac{1}{2} = 4{,}5$.

• **Calcul des longueurs des côtés du triangle MNP**

Dans le triangle MNP rectangle en P, on connaît l'angle $\widehat{M}$ et le côté adjacent à cet angle.

On cherche le côté MN, soit l'hypoténuse. On utilise donc le cosinus.

$$\cos \widehat{M} = \frac{\text{côté adjacent à } \widehat{M}}{\text{hypoténuse}} = \frac{MP}{MN}.$$

> **Remarque**
> Dans le tableau, on lit $\cos 60° = \dfrac{1}{2}$.

D'où $\cos 60° = \dfrac{4{,}5}{MN}$.

Par produit en croix, $MN \times \cos 60° = 4{,}5$

soit $MN \times \dfrac{1}{2} = 4{,}5$, d'où $MN \times \dfrac{4{,}5}{\frac{1}{2}} = 4{,}5 \times \dfrac{2}{1} = 9$.

On cherche dans ce même triangle le côté NP. On peut utiliser le sinus.

$\sin \widehat{M} = \dfrac{\text{côté opposé à } \widehat{M}}{\text{hypoténuse}} = \dfrac{NP}{MN}$.

Remarque
Dans le tableau, on lit $\sin 60° = \dfrac{\sqrt{3}}{2}$.

D'où $\sin 60° = \dfrac{NP}{9}$.

Par produit en croix, on a :

$NP = 9 \times \sin 60° = 9 \times \dfrac{\sqrt{3}}{2} = \dfrac{9\sqrt{3}}{2}$.

On en déduit que **les longueurs du triangle *ABC* sont égales à celles du triangle *MNP*.**

Remarque
De tels triangles sont appelés triangles isométriques.

Vers le brevet

8 **1. Programme de construction**

- On trace le segment [CA] de 5 cm.
- On trace la perpendiculaire à (CA) passant par C.
- À l'aide du rapporteur, on repère un angle de 40° en A.

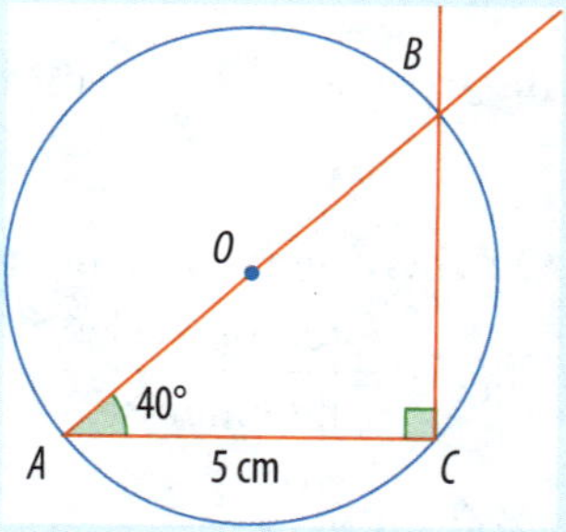

2. Dans le triangle ABC rectangle en C, on connaît l'angle $\widehat{A}$ et le côté adjacent à cet angle. On cherche le côté opposé. On utilise donc la tangente.

$\tan \widehat{A} = \dfrac{\text{côté opposé à } \widehat{A}}{\text{côté adjacent à } \widehat{A}} = \dfrac{BC}{AC}$.

D'où $\tan 40° = \dfrac{BC}{5}$.

Par produit en croix, on obtient : $BC = 5 \times \tan 40° =$ 4,2 cm.

À savoir

Quand l'unité est le centimètre, la valeur arrondie au millimètre est donnée avec un chiffre après la virgule. Pour déterminer cet arrondi, on regarde le deuxième chiffre après la virgule. S'il est égal à 0, 1, 2, 3 ou 4, on garde le deuxième chiffre, sinon, on l'augmente d'une unité.

Ici, par exemple, l'arrondi de 4,19 est 4,2 car le deuxième chiffre est 9.

3. a) Le triangle ABC est rectangle en C, donc C est un point du cercle de diamètre [AB]. On en déduit que **le centre du cercle circonscrit se situe au milieu de [*AB*].**

b) Le triangle BOC est isocèle, car OC et OB sont des rayons du cercle et sont donc égaux.

On en déduit que $\widehat{OBC} = \widehat{OCB}$. Or (en se plaçant dans le triangle ABC) :

Rappel
Dans un triangle isocèle, les angles à la base sont égaux.

$\widehat{OBC} = 180 - 90 - 40 = 50°$.

Par conséquent, $\widehat{OBC} = \widehat{OCB} = 50°$, d'où $\widehat{BOC} = 180 - 50 - 50 = \boxed{80°}$.

9 **1. a)** Dans le triangle AHC,

$\widehat{ACH} + \widehat{AHC} + \widehat{HAC} = 180$,

$\widehat{ACH} + 90 + \widehat{HAC} = 180$

$\widehat{ACH} = 180 - 90 - \widehat{HAC} = 90 - \widehat{HAC}$.

Rappel
Dans un triangle rectangle, la somme des angles aigus fait 90°.

b) On a $\widehat{BAH} + \widehat{HAC} = \widehat{BAC}$. L'angle $\widehat{BAC}$ est rectangle, donc il mesure 90°. On en déduit $\widehat{BAH} = 90 - \widehat{HAC}$.

c) Les angles $\widehat{BAH}$ et $\widehat{ACH}$ sont tous les deux égaux à $90 - \widehat{HAC}$, on en déduit qu'**ils sont égaux**.

2. a) Dans le triangle ACH rectangle en H,

$$\tan \widehat{ACH} = \frac{\text{côté opposé à } \widehat{ACH}}{\text{côté adjacent à } \widehat{ACH}} = \frac{AH}{CH}.$$

$$\text{D'où } \tan \widehat{ACH} = \frac{4,8}{6,4} = \frac{48}{64} = \frac{3 \times 16}{4 \times 16} = \boxed{\frac{3}{4}}.$$

b) Dans le triangle BAH rectangle en H,

$$\tan \widehat{BAH} = \frac{\text{côté opposé à } \widehat{BAH}}{\text{côté adjacent à } \widehat{BAH}} = \frac{BH}{AH}.$$

$$\text{D'où } \tan \widehat{BAH} = \boxed{\frac{BH}{4,8}}.$$

3. D'après la question **1. c)**, on sait que $\widehat{BAH} = \widehat{ACH}$, donc $\tan \widehat{BAH} = \tan \widehat{ACH}$.

On en déduit l'égalité : $\dfrac{3}{4} = \dfrac{BH}{4,8}$.

Remarque
Si deux angles sont égaux, alors leurs tangentes sont égales.

Par produit en croix, $BH \times 4 = 3 \times 4,8$,

soit $BH = \dfrac{3 \times 4,8}{4} = \boxed{3,6 \text{ cm}}$.

4. On a $\tan \widehat{ACH} = \dfrac{3}{4}$, d'où $\widehat{ACH} = \tan^{-1}\left(\dfrac{3}{4}\right)$. On obtient $\widehat{ACH} \approx \boxed{37°}$.

CORRIGÉS

Exercices d'approfondissement

10 **1.** • Dans le triangle OMH rectangle en H, $\cos x = \dfrac{OH}{OM} = \dfrac{OH}{1}$.
Par produit en croix, $\cos x = OH$.

• Dans le triangle OMH rectangle en H, $\sin x = \dfrac{HM}{OM} = \dfrac{HM}{1}$.
Par produit en croix, $\sin x = HM$.

• Dans le triangle OHM rectangle en H, d'après le théorème de Pythagore,
$OH^2 + HM^2 = OM^2$ soit $\boxed{\cos^2 x + \sin^2 x = 1}$.

> **Remarque**
> $(\cos x)^2 = \cos^2 x$ et
> $(\sin x)^2 = \sin^2 x$

2. a) On utilise l'égalité précédente avec $\cos x = 0{,}5$.

On obtient : $\left(\dfrac{1}{2}\right)^2 + \sin^2 x = 1$ ou $\sin^2 x = 1 - \dfrac{1}{4} = \dfrac{3}{4}$

$\sin x = \sqrt{\dfrac{3}{4}}$ ou $\sin x = -\sqrt{\dfrac{3}{4}}$

$\sin x = \dfrac{\sqrt{3}}{2}$ ou $\sin x = -\dfrac{\sqrt{3}}{2}$

> **Remarque**
> Si $a > 0$, l'équation $X^2 = a$ a deux solutions $\sqrt{a}$ et $(-\sqrt{a})$.

Mais $\sin x$ est un nombre compris entre 0 et 1, on en déduit que $\boxed{\sin x = \dfrac{\sqrt{3}}{2}}$.

b) Avec la relation $\tan x = \dfrac{\sin x}{\cos x}$, on déduit $\tan x = \dfrac{\frac{\sqrt{3}}{2}}{\frac{1}{2}} = \dfrac{\sqrt{3}}{2} \times \dfrac{2}{1} = \boxed{\sqrt{3}}$.

11 Traçons la hauteur issue de B comme l'illustre la figure ci-dessous.

• Dans le triangle ABH rectangle en H, $\sin \widehat{A} = \dfrac{BH}{AB}$, soit $\sin \widehat{A} = \dfrac{BH}{c}$.

On en déduit par produit en croix, $BH = c \sin \widehat{A}$.

• Dans le triangle CBH rectangle en H, $\sin \widehat{C} = \dfrac{BH}{BC}$,

soit $\sin \widehat{C} = \dfrac{BH}{a}$.

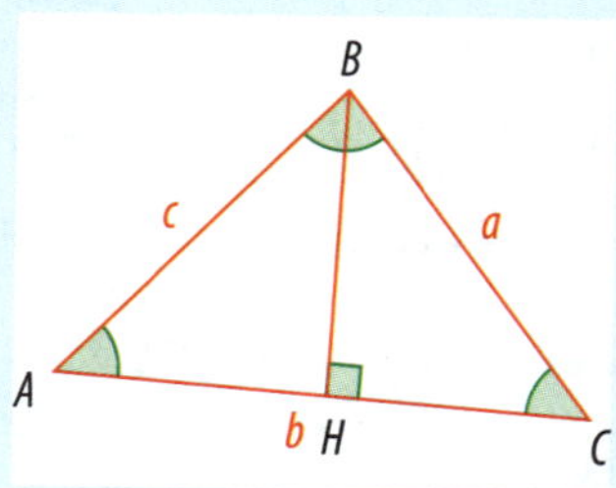

On en déduit par produit en croix, $BH = a \sin \widehat{C}$.
Par conséquent, $a \sin \widehat{C} = c \sin \widehat{A}$,
d'où $\boxed{\dfrac{a}{\sin \widehat{A}} = \dfrac{c}{\sin \widehat{C}}}$.

CHAPITRE 15

Théorème de Thalès. Agrandissement/Réduction. Homothétie

DE QUOI S'AGIT-IL ?

Dans des configurations précises, le théorème de Thalès permet de calculer des longueurs. Ces mêmes configurations sont liées à des agrandissements/réductions de triangles ou des transformations par homothétie. La réciproque du théorème de Thalès sert à étudier un éventuel parallélisme de droites.

1 Thalès

① Le théorème de Thalès

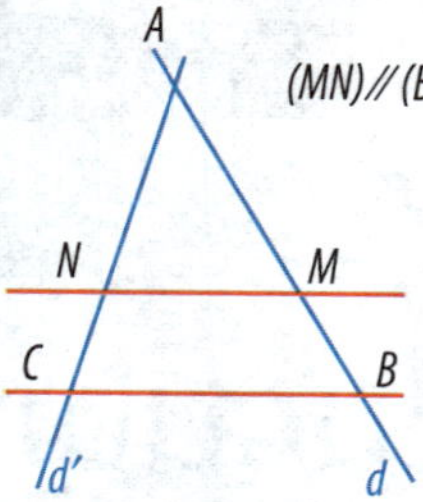

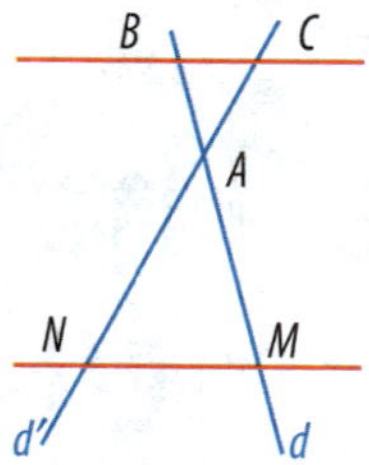

L'astuce du prof
Ces deux figures sont des figures clefs associées au théorème de Thalès.

Si d et d' sont deux droites sécantes en A,
B et M deux points de d,
C et N deux points de d',
et que les droites (MN) et (BC) sont parallèles,
alors : $\dfrac{AM}{AB} = \dfrac{AN}{AC} = \dfrac{MN}{BC}$.

Remarque
Aux numérateurs des trois quotients, figurent les côtés du triangle *AMN* ; aux dénominateurs, les côtés du triangle *ABC*.

② Réciproque du théorème de Thalès

Si d et d' sont deux droites sécantes en A,
B et M deux points de d,
C et N deux points de d',
que les points A, B et M d'une part, les points A, C et N d'autre part sont alignés dans le même ordre,
et que $\dfrac{AM}{AB} = \dfrac{AN}{AC}$,
alors les droites (MN) et (BC) sont parallèles.

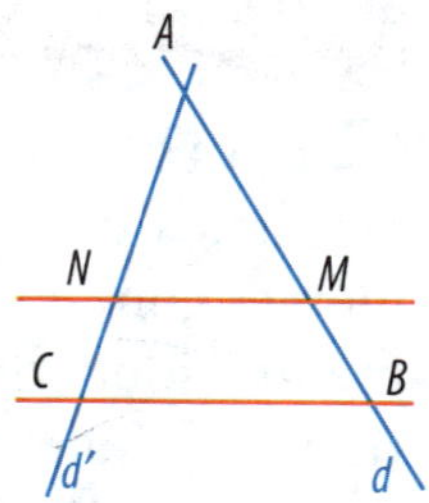

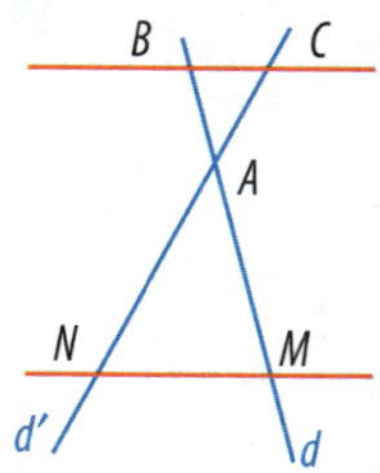

Remarque
L'ordre des points est important !

→ Bien comprendre

- Le théorème de Thalès permet de calculer des longueurs.
- La réciproque du théorème de Thalès sert à démontrer que deux droites sont parallèles.

2 Agrandissement/Réduction

1 Définitions

Soit k un nombre positif.

Lors de l'agrandissement ou de la réduction de rapport k d'une figure (ou d'un solide), les longueurs sont multipliées par k.

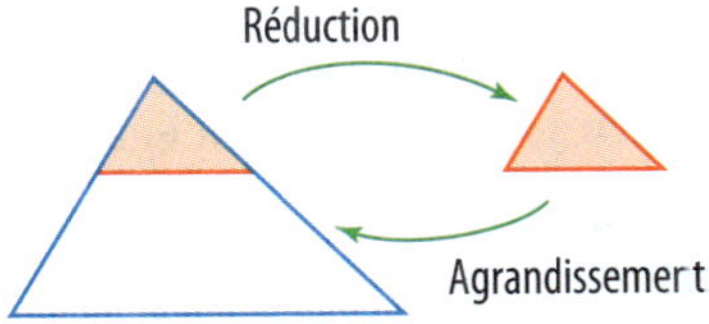

- **$k < 1$** dans le cas d'une réduction ; k est appelé coefficient de réduction.
- **$k > 1$** dans le cas d'un agrandissement ; k est le coefficient d'agrandissement.

Exemples

- Le triangle AMN est une réduction du triangle ABC de coefficient $\frac{AM}{AB} = \frac{2}{3}$.
- Le triangle ABC est un agrandissement du triangle AMN de coefficient $\frac{AB}{AM} = \frac{3}{2}$.

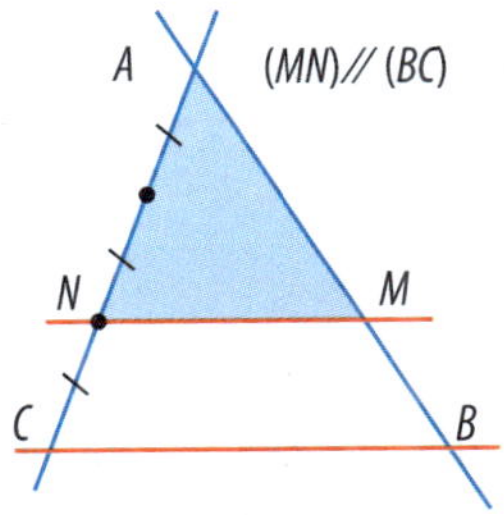

Remarque
Les configurations de Thalès mettent en œuvre des agrandissements ou des réductions de triangles.

Bien comprendre

Si une figure $\mathscr{F}'$ est un agrandissement (respectivement une réduction) d'une figure $\mathscr{F}$ de coefficient k, alors $\mathscr{F}$ est une réduction (respectivement un agrandissement) de $\mathscr{F}'$ de coefficient $\frac{1}{k}$.

2 Propriétés

- Dans un agrandissement ou une réduction, les angles sont conservés.

Bien comprendre

Une figure agrandie ou réduite a la même forme que la figure de départ.

- Dans un agrandissement ou une réduction de rapport k :

– les aires sont multipliées par k^2,

– les volumes sont multipliés par k^3.

Exemple : Dans l'exemple précédent, $\mathscr{A}(AMN) = \left(\frac{2}{3}\right)^2 \times \mathscr{A}(ABC)$.

COURS

3 Triangles semblables et homothéties

1 Triangles semblables

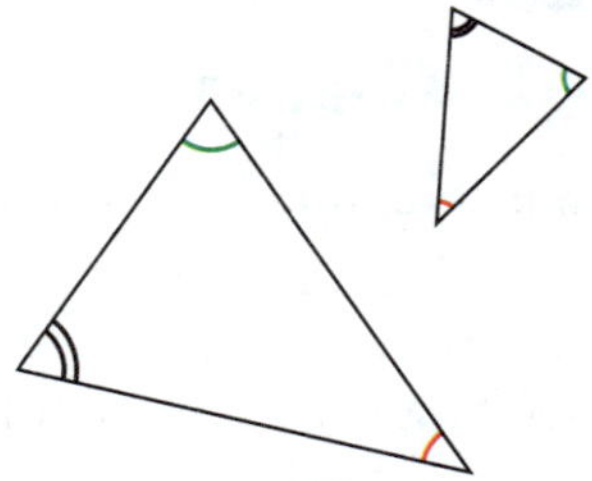

- Deux triangles sont semblables ou de même forme si les angles de l'un sont égaux aux angles de l'autre.
- Deux triangles sont semblables si et seulement s'ils ont leurs côtés deux à deux proportionnels, autrement dit, si l'un est l'agrandissement/réduction de l'autre.

Bien comprendre

Comme la somme des mesures des angles d'un triangle vaut 180°, si deux triangles ont deux angles de même mesure, alors ils sont semblables.

2 Homothéties

a. Définition

On appelle homothétie de centre O et de rapport k la transformation du plan notée $h(O; k)$ qui à tout point M du plan associe le point M' tel que :

- si $k > 0$: M' est du même côté que M par rapport à O et $OM' = kOM$.

Exemple :

L'homothétie de centre O et de rapport 1,5 transforme M en M'.

$M' \in [OM)$ et $OM' = 1{,}5\ OM$.

- si $k < 0$: M' est de l'autre côté de M par rapport à O et $OM' = (-k)OM$.

Exemple :

L'homothétie de centre O et de rapport −0,5 transforme M en M'.

$M' \in [MO)$ et $OM' = 0{,}5\ OM$.

b. Propriétés

- L'homothétie de centre O et de rapport −1 est la symétrie centrale de centre O.

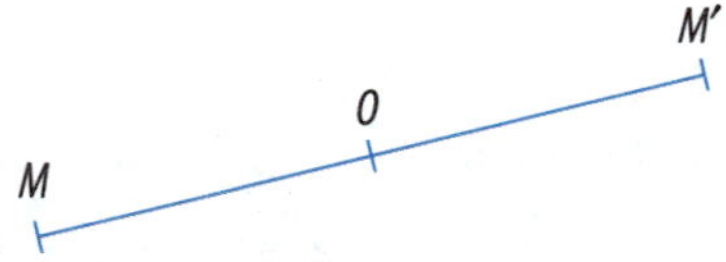

- Le centre de l'homothétie O, un point M et son image M' sont alignés.
- Les homothéties conservent le parallélisme (et donc les angles), mais pas les distances. Ainsi, par une homothétie, les images des figures de référence (triangle, parallélogramme, carré, losange…) restent des figures de même nature.

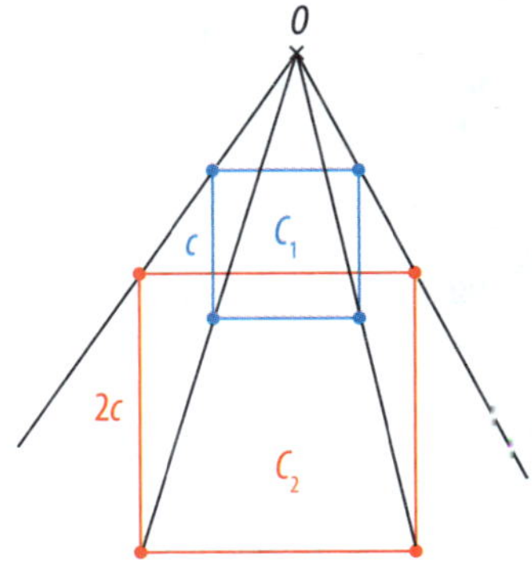

Exemple :

Par l'homothétie de centre O et de rapport 2, le carré C_1 de côté c est transformé en un carré C_2 de côté $2c$.

3 Liens avec les configurations de Thalès

- Les triangles ABC et ADE sont semblables.
- Le triangle ADE est une réduction du triangle ABC de rapport k (si $k > 0$) et $-k$ (si $k < 0$).
- Le triangle ADE est l'image du triangle ABC par l'homothétie de centre A et de rapport k.

Configuration n° 1

$k = \frac{AD}{AB} = 1{,}5$ ($k > 0$)

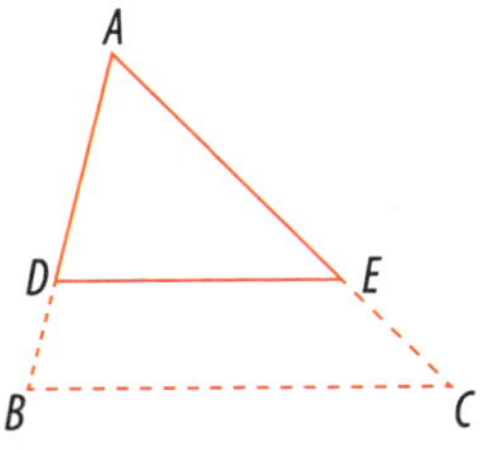

Configuration n° 2

$k = -\frac{AD}{AB} = -1{,}5$ ($k < 0$)

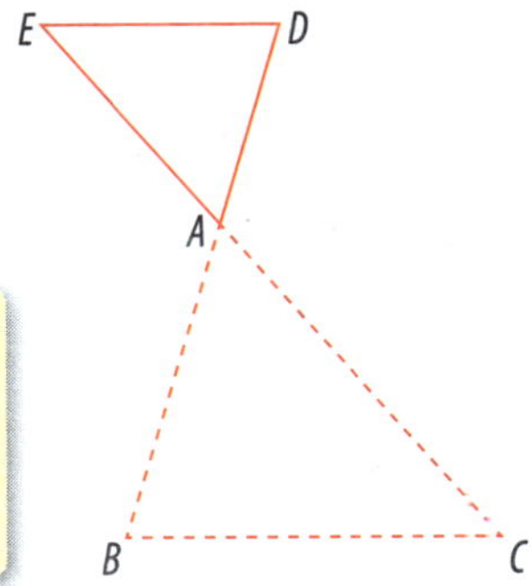

Remarque

- Quand $k > 1$ (ou $k < -1$), on parle d'agrandissement.
- Quand $-1 < k < 1$, on parle de réduction.

QCM

1 Des choix à faire

➔ Corrigé p. 290

Cochez la (ou les) réponse(s) correcte(s).

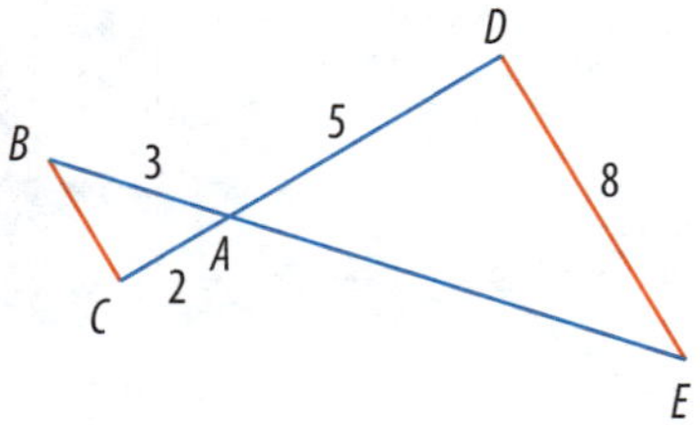

Les droites (BC) et (DE) sont parallèles.

1. D'après le théorème de Thalès :

a) ☐ $\dfrac{AB}{AE} = \dfrac{AC}{AD}$ **b)** ☐ $\dfrac{AB}{AD} = \dfrac{AC}{AE}$ **c)** ☐ $\dfrac{BA}{BE} = \dfrac{CA}{CD}$

2. AE est égale à :

a) ☐ 6 **b)** ☐ 7,5 **c)** ☐ 9

3. BC est égale à :

a) ☐ $AC \times \dfrac{DE}{AD}$ **b)** ☐ $\dfrac{AB \times DE}{AE}$ **c)** ☐ 3,2

4. Le triangle ABC est :

a) ☐ un agrandissement du triangle ADE.

b) ☐ une réduction du triangle ADE.

c) ☐ ni un agrandissement ni une réduction du triangle ADE.

2 Vrai ou Faux ?

➔ Corrigé p. 291

Cochez la bonne réponse.

Dans le triangle ABC, I et J sont les milieux de $[AB]$ et $[AC]$.

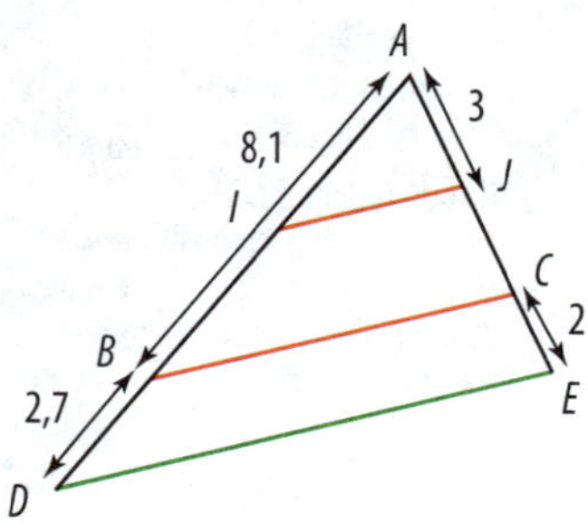

1. $(IJ) // (BC)$ ☐ V ☐ F

2. $(BC) // (DE)$ ☐ V ☐ F

3. $\dfrac{AI}{AB} = \dfrac{AJ}{AC}$ ☐ V ☐ F

4. $\dfrac{AD}{AB} = \dfrac{AE}{AC}$ ☐ V ☐ F

5. $\mathscr{A}(AIJ) = 0{,}5 \times \mathscr{A}(ABC)$ ☐ V ☐ F

Exercices d'entraînement

3 Calculs de longueurs

15 min Corrigé p. 292

1. Les droites (AB) et (DE) sont parallèles.

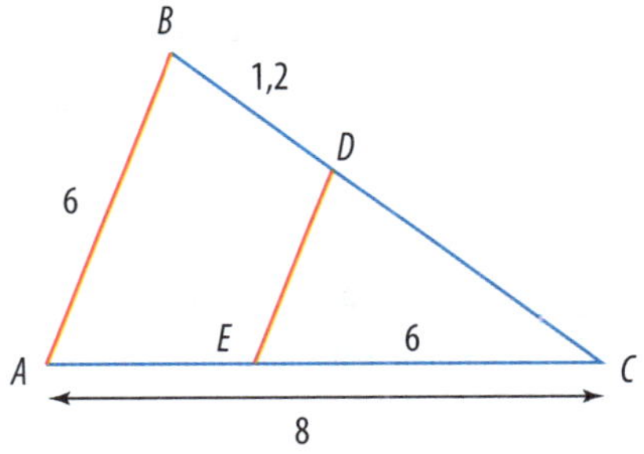

Calculez CD et DE.

2. Les droites (AB) et (DE) sont parallèles.

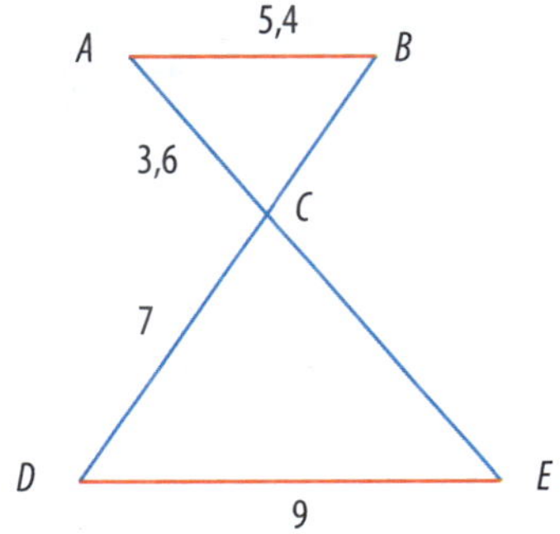

Calculez CE et BC.

Méthode

1. On repère une configuration de Thalès : deux droites sécantes et deux droites parallèles.

2. On cite le théorème utilisé, puis on écrit l'égalité des trois quotients.

3. On remplace dans ces quotients les valeurs connues.

4. En utilisant une égalité entre deux quotients, on calcule (avec un produit en croix) la longueur cherchée.

4 Parallèles or not parallèles ?

15 min Corrigé p. 293

Les droites (BD) et (CE) sont elles parallèles ?

1.

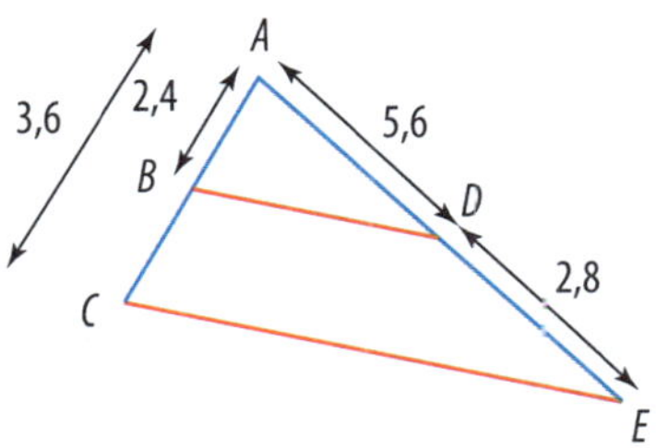

2.

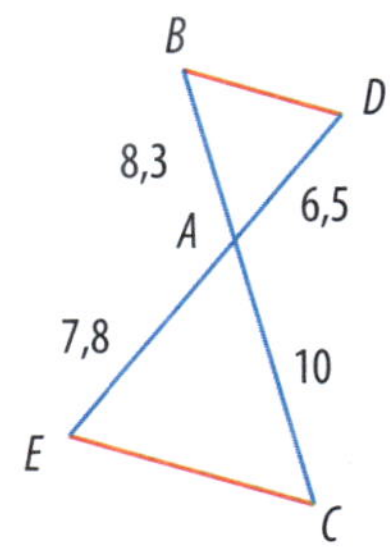

Méthode

1. On repère deux droites sécantes en un point.
2. On indique les points alignés sur ces deux droites en précisant l'ordre.
3. On calcule les quotients en les écrivant soit sous forme décimale exacte, soit sous forme de fraction irréductible.
4. On compare les deux quotients :
- s'ils sont égaux, les droites sont parallèles d'après la réciproque du théorème de Thalès ;
- s'ils ne sont pas égaux, les droites ne sont pas parallèles.

5 Les triangles en famille

15 min Corrigé p. 293

Les triangles T_1, T_2 et T_3 sont-ils obtenus à partir d'un agrandissement ou d'une réduction du triangle T ? Précisez alors le coefficient d'agrandissement/réduction.

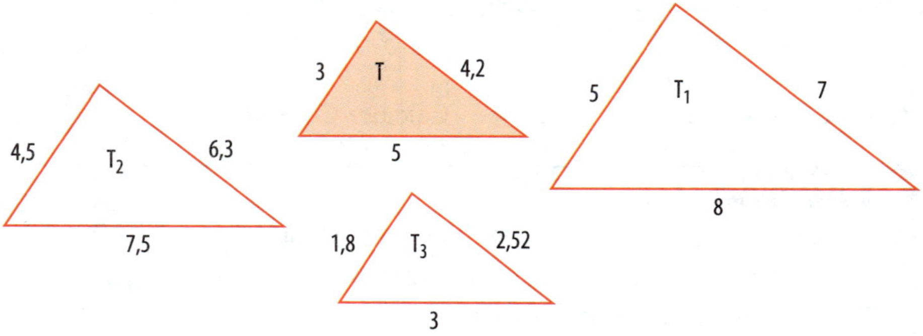

6 Triangle et quadrillage

20 min Corrigé p. 294

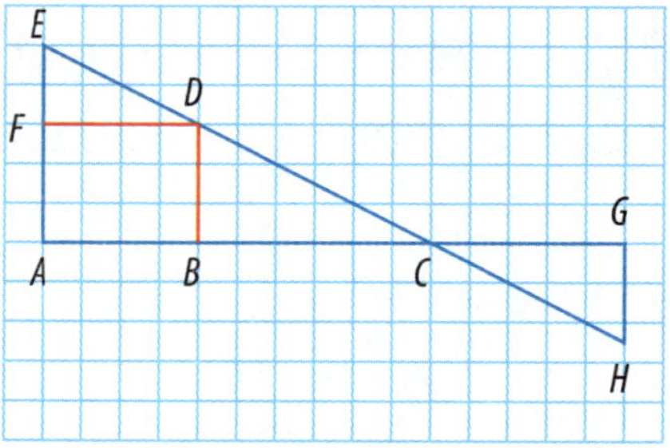

1. Déterminez la valeur exacte des quotients :

- $\dfrac{CA}{CB}$ • $\dfrac{ED}{EC}$ • $\dfrac{CH}{CD}$

2. Dans chaque cas, précisez s'il s'agit d'un agrandissement ou d'une réduction et le coefficient correspondant à la transformation de :

a) *BCD* en *ACE* **b)** *ACE* en *DEF* **c)** *BCD* en *CGH*

3. Complétez les coefficients *a*, *b* et *c* manquants :

- Aire (*ACE*) = *a* × Aire (*BCD*)
- Aire (*DEF*) = *b* × Aire (*ACE*)
- Aire (*BCD*) = *c* × Aire (*CGH*)

7 Semblables ou pas ?

15 min ➔ Corrigé p. 295

On considère trois triangles T_1, T_2 et T_3, dont les longueurs des côtés sont :

- T_1 : 8,1 – 10,2 – 5,7
- T_2 : 23,8 – 13,1 – 18,9
- T_3 : 51 – 28,5 – 40,5

1. T_1 et T_2 sont-ils semblables ?

2. T_1 et T_3 sont-ils semblables ?

3. Que peut-on en déduire pour T_2 et T_3 ?

➔ Méthode

On commence par ordonner les longueurs des côtés de chaque triangle. Puis on calcule les quotients des côtés correspondants. Si les trois quotients sont égaux, les triangles sont semblables.

8 Homothéties et constructions

10 min ➔ Corrigé p. 296

Construisez l'image du point M par l'homothétie de centre O et de rapport :

a) 2,5 **b)** $\frac{3}{4}$ **c)** $-\frac{3}{2}$ **d)** $-\frac{1}{2}$

9 Rapports d'homothéties

10 min ➔ Corrigé p. 296

Déterminez le rapport de l'homothétie de centre O qui transforme M en :

a) M_1 **b)** M_2 **c)** M_3 **d)** M_4 **e)** M_5

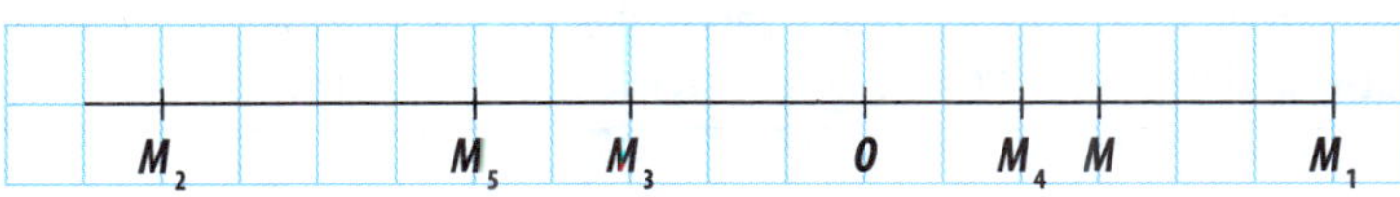

➔ Méthode

1. On commence par déterminer le signe du rapport k de l'homothétie.

Si M et son image M' sont du même côté par rapport à O, k est positif.

Si M et son image M' sont de part et d'autre de O, k est négatif.

2. On calcule le quotient $\frac{OM'}{OM}$ en utilisant le quadrillage.

3. On conclut quant à la valeur de k : $+\frac{OM'}{OM}$ ou $-\frac{OM'}{OM}$ (selon le signe de k).

Problèmes

10 Un triangle dans le triangle

20 min Corrigé p. 297

ABC est un triangle tel que $AB = 5$ cm, $AC = 3$ cm et $BC = 7$ cm.

E est le point du segment $[AB]$ tel que $AE = 1{,}5$ cm.

La parallèle à (AC) passant par E coupe $[BC]$ en F.

1. Construisez une figure.

2. Calculez les longueurs BF et EF.

3. Le triangle EFC est-il isocèle ? Justifiez.

11 Constructions

20 min Corrigé p. 298

Voici une droite graduée :

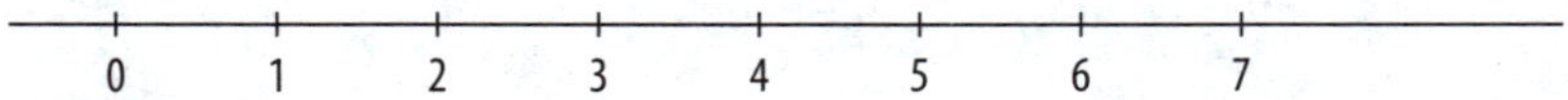

Placez sur cette droite graduée (sans mesurer) le point M d'abscisse $\frac{8}{3}$.
Justifiez la construction.

Comment résoudre ce problème

On trace une droite *d* passant par *O* sur laquelle on place des points espacés régulièrement depuis 0 en se servant du compas.

Puis on place les deux points *N* et *D* respectivement aux graduations 8 et 3.

Reste à relier le point *A* d'abscisse 1 au point *D* par une droite δ. Puis en traçant la parallèle à δ passant par le point *N*, on obtient le point *M* cherché, intersection de δ et de la droite graduée.

12 À la recherche du centre perdu

★ 10 min Corrigé p. 299

Construisez le centre O de l'homothétie qui transforme A en B et C en D.

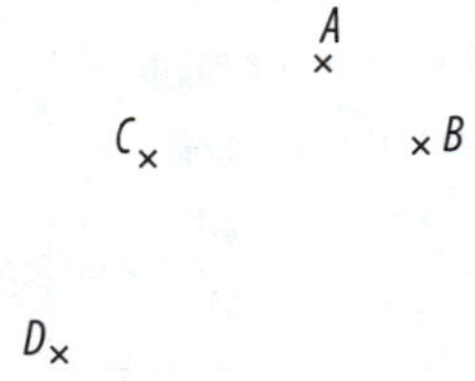

Vers le brevet

13 Le tout-en-un

20 min Corrigé p. 299

La figure ci-après n'est pas en vraie grandeur ; on ne demande pas de la reproduire.

Les droites (AM) et (BN) sont sécantes en O.

Les dimensions sont en centimètres. On donne :
$OA = 3$; $OB = 2{,}5$; $OM = 5{,}4$; $ON = 4{,}5$.

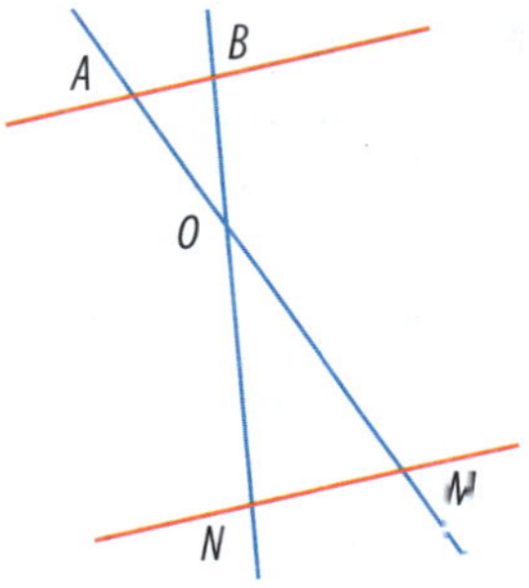

1. Montrez que les droites (AB) et (MN) sont parallèles.

2. On suppose que $AB = 1{,}2$.

a) Le triangle OAB est-il rectangle ? Justifiez.

b) Calculez la distance MN.

3. Choisissez parmi les quatre nombres suivants celui qui est égal à $\dfrac{\text{aire du triangle } OMN}{\text{aire du triangle } OAB}$:

a) 0,55 **b)** 1,8 **c)** 3,24 **d)** 3,6

Indiquez ce nombre (sans justification).

4. Caractérisez (en donnant son centre et son rapport) l'homothétie h qui transforme OAB en OMN.

14 Dans l'espace

20 min Corrigé p. 300

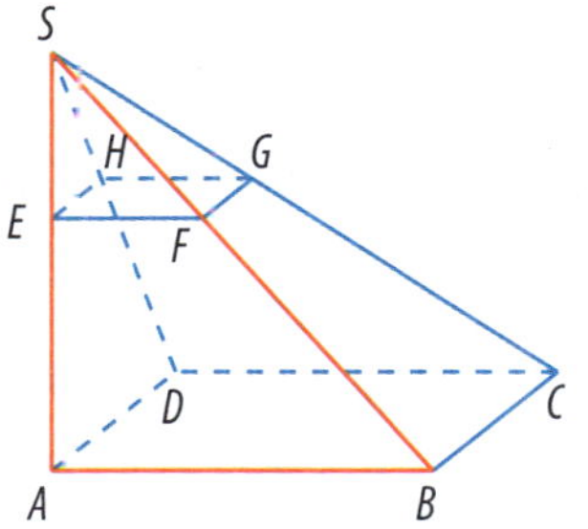

Sur la figure ci-dessus, $SABCD$ est une pyramide à base carrée de hauteur $[SA]$ telle que $AB = 9$ cm et $SA = 12$ cm. Le triangle SAB est rectangle en A.

Partie A

$EFGH$ est la section de la pyramide $SABCD$ par le plan parallèle à la base et telle que $SE = 3$ cm.

1. Calculez *EF*.

2. a) Calculez le volume de la pyramide *SABCD*.

b) Donnez le coefficient de réduction permettant de passer de la pyramide *SABCD* à la pyramide *SEFGH*.

c) Déduisez-en le volume de *SEFGH*. On donnera une valeur arrondie à l'unité.

Partie B

Soit M le milieu de $[SA]$ tel que $SM = x$ cm, où x est compris entre 0 et 12. On appelle *MNPQ* la section de la pyramide *SABCD* par le plan parallèle à la base passant par M.

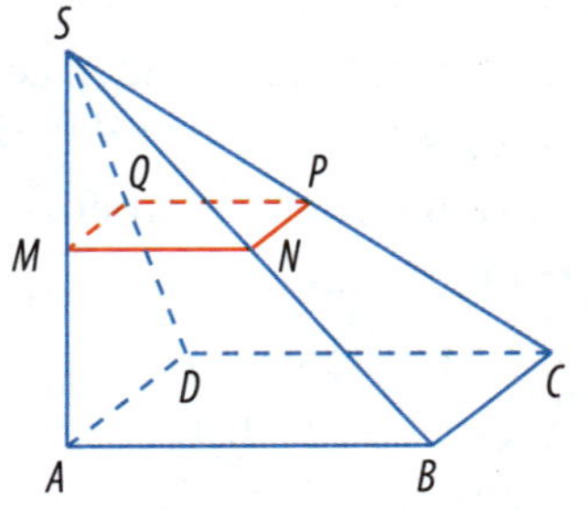

1. Montrez que $MN = 0{,}75x$.

2. Soit $\mathscr{A}(x)$ l'aire du carré *MNPQ* en fonction de x. Montrez que $\mathscr{A}(x) = 0{,}562\,5\,x^2$.

3. Complétez le tableau suivant.

x : longueur de *SM* (en cm)	0	2	4	6	8	10	12
$\mathscr{A}(x)$: aire du carré *MNPQ* (en cm²)							

4. Placez dans un repère les points d'abscisse x et d'ordonnée $\mathscr{A}(x)$ donnés par le tableau.

5. L'aire de *MNPQ* est-elle proportionnelle à la longueur *SM* ? Justifiez à l'aide du graphique.

15 Semblables par différentes méthodes

★ 30 min ➔ Corrigé p. 302

Démontrez dans chacun des cas suivants que les triangles proposés sont semblables.

1. *ABC* et *DEF*

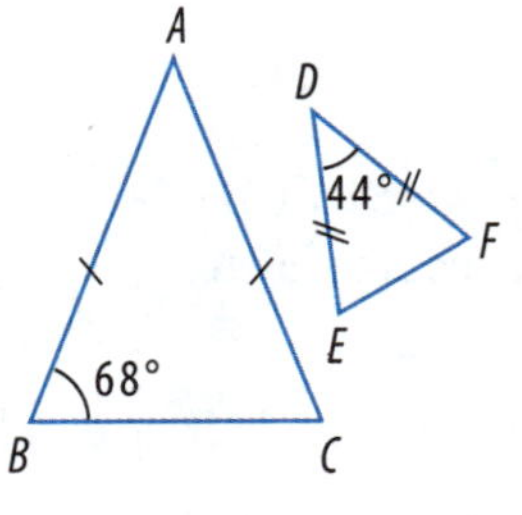

2. *GHI* et *IJK*

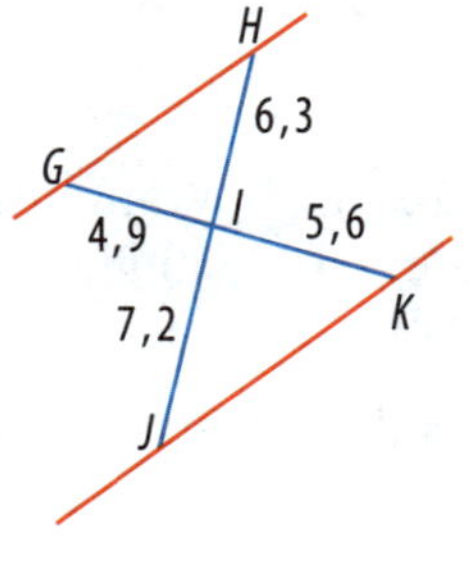

3. *LMN* et *LON*

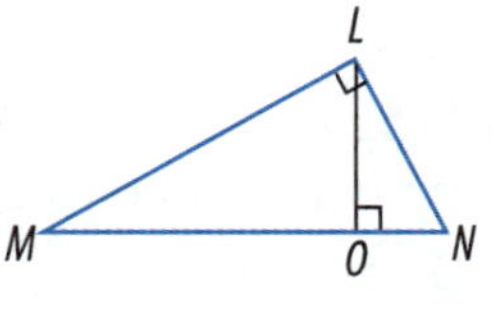

Exercice d'approfondissement

16 Thalès à gogo !

20 min Corrigé p. 303

Les droites (*CE*) et (*DF*) sont parallèles, de même que les droites (*BF*) et (*CG*). Montrez que les droites (*BE*) et (*DG*) sont parallèles.

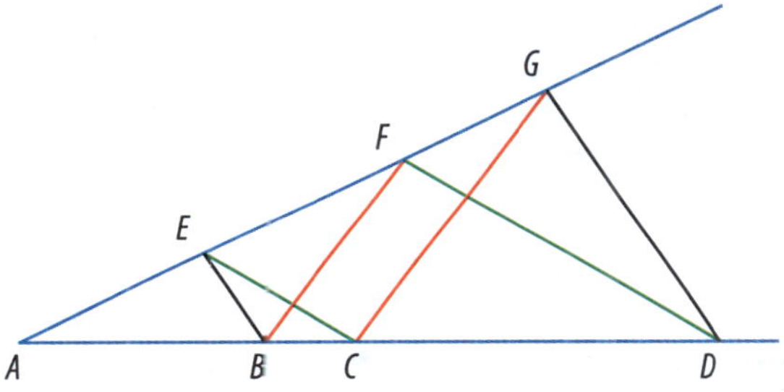

QCM

1 **1.** Les droites (CD) et (BE) sont sécantes en A. De plus, $(BC) /\!/ (DE)$. D'après le théorème de Thalès :
$$\frac{AB}{AE} = \frac{AC}{AD} = \frac{BC}{DE}.$$

Réponse : **a)** $\frac{AB}{AE} = \frac{AC}{AD}$.

L'astuce du prof
- Aux numérateurs : les côtés du triangle ABC.
- Aux dénominateurs : les côtés du triangle ADE.

2. L'égalité des quotients de la question **1** s'écrit aussi : $\boxed{\frac{3}{AE} = \frac{2}{5}} = \frac{BC}{8}$.

De l'égalité encadrée, on déduit par produit en croix :

$2 \times AE = 3 \times 5$

$AE = \frac{15}{2} = 7{,}5$

Méthode
Remplacez dans les quotients toutes les longueurs connues.

Réponse : **b)** 7,5.

3. D'après le théorème de Thalès : $\frac{AB}{AE} = \frac{AC}{AD} = \frac{BC}{DE}$.

• De $\frac{AC}{AD} = \frac{BC}{DE}$, on déduit $AD \times BC = AC \times DE$,

soit $BC = AC \times \frac{DE}{AD}$ (réponse **a)**).

Soit encore $BC = 2 \times \frac{8}{5} = \frac{16}{5} = 3{,}2$ (réponse **c)**).

Méthode
Effectuez un produit en croix :
si $\frac{a}{b} = \frac{c}{d}$, alors $a \times d = b \times c$.

• À partir de $\frac{AB}{AE} = \frac{BC}{DE}$, on déduit $AB \times DE = AE \times BC$.

Soit $\frac{AB \times DE}{AE} = BC$ (réponse **b)**).

Réponses : **a)** $AC \times \frac{DE}{AD}$, **b)** $\frac{AB \times DE}{AE}$ et **c)** 3,2.

4. Les triangles ABC et ADE sont en configuration de Thalès. Ainsi, le triangle ABC est une réduction du triangle ADE de coefficient $\frac{AC}{AD} = \frac{2}{5} = 0,4$.

> **Rappel**
> Coefficient de réduction $= \frac{\text{longueur réduite}}{\text{longueur initiale}}$.

Réponse : **b)** une réduction du triangle ADE.

2 **1. Vrai** ➜ Dans le triangle ABC, I et J sont les milieux des côtés $[AB]$ et $[AC]$. Or la droite passant par les milieux de deux côtés est parallèle au troisième côté. On conclut que $(IJ) /\!/ BC)$.

> **Remarque**
> C'est le théorème de la droite des milieux.

2. Vrai ➜ Les droites (AD) et (AE) sont sécantes en A. Les points A, B et D d'une part et les points A, C et E d'autre part sont alignés dans le même ordre.

De plus,

$$\left.\begin{array}{l} \frac{AB}{AD} = \frac{8,1}{8,1+2,7} = \frac{8,1}{10,8} = 0,75 \\ \frac{AC}{AE} = \frac{2\times 3}{2\times 3+2} = \frac{6}{8} = \frac{3}{4} = 0,75 \end{array}\right\} \frac{AB}{AD} = \frac{AC}{AE}.$$

> **Méthode**
> Pour comparer des quotients, utilisez les valeurs exactes.

D'après la réciproque du théorème de Thalès, $(BC) /\!/ (DE)$.

3. Vrai ➜ I étant le milieu de $[AB]$: $\frac{AI}{AB} = \frac{1}{2}$.

De même, J est le milieu de $[AC]$: $\frac{AJ}{AC} = \frac{1}{2}$.

D'où $\frac{AI}{AB} = \frac{AJ}{AC}$.

4. Vrai ➜ D'après la question **2.**, $\frac{AB}{AD} = \frac{AC}{AE}$.

Cette égalité s'écrit aussi $\frac{AD}{AB} = \frac{AE}{AC}$.

> **Remarque**
> Si $\frac{a}{b} = \frac{c}{d}$, alors $\frac{b}{a} = \frac{d}{c}$.

5. Faux ➜ Le triangle AIJ est une réduction du triangle ABC de coefficient $\frac{1}{2} = 0,5$.

On en déduit : $\mathcal{A}(AIJ) = 0,5^2 \times \mathcal{A}(ABC)$.

Soit $\mathcal{A}(AIJ) = 0,25 \times \mathcal{A}(ABC)$.

> **Rappel**
> Quand les longueurs sont multipliées par k, les aires sont multipliées par k^2.

Exercices d'entraînement

3 **1.** Les droites (AE) et (BD) sont sécantes en C. De plus, $(AB) /\!/ (DE)$.

D'après le théorème de Thalès : $\frac{CE}{CA} = \frac{CD}{CB} = \frac{DE}{AB}$, soit $\frac{6}{8} = \frac{CD}{CD + 1{,}2} = \frac{DE}{6}$.

• $\frac{6}{8} = \frac{CD}{CD + 1{,}2}$

$6 \times (CD + 1{,}2) = 8 \times CD$

$6CD + 6 \times 1{,}2 = 8CD$

$6CD + 7{,}2 = 8CD$

$7{,}2 = 8CD - 6CD = 2CD$

$CD = \frac{7{,}2}{2} = 3{,}6$

Méthode
On résout une équation du premier degré d'inconnue la longueur *CD*.

• $\frac{6}{8} = \frac{DE}{6}$

$8 \times DE = 6 \times 6$

$DE = \frac{36}{8} = 4{,}5$

2. Les droites (AE) et (BD) sont sécantes en C. De plus, $(AB) /\!/ (DE)$.

D'après le théorème de Thalès : $\frac{CA}{CE} = \frac{CB}{CD} = \frac{AB}{DE}$, soit $\frac{3{,}6}{CE} = \frac{CB}{7} = \frac{5{,}4}{9}$.

• $\frac{3{,}6}{CE} = \frac{5{,}4}{9}$

$CE \times 5{,}4 = 3{,}6 \times 9$

$CE = \frac{32{,}4}{5{,}4} = 6$

Méthode
Prenez un quotient dans lequel figure la longueur cherchée *CE*, et un autre quotient connu.

• $\frac{CB}{7} = \frac{5{,}4}{9}$

$CB \times 9 = 7 \times 5{,}4$

$CB = \frac{37{,}8}{9} = 4{,}2$

4 **1.** Les droites (BC) et (DE) sont sécantes en A. Les points A, B, C d'une part et les points A, D et E d'autre part sont alignés dans le même ordre.

De plus,

$$\frac{AB}{AC} = \frac{2,4}{3,6} = \frac{24}{36} = \frac{12 \times 2}{12 \times 3} = \frac{2}{3}$$

$$\frac{AD}{AE} = \frac{5,6}{5,6 + 2,8} = \frac{5,6}{8,4} = \frac{56}{84} = \frac{28 \times 2}{28 \times 3} = \frac{2}{3}$$

Il vient $\frac{AB}{AC} = \frac{AD}{AE}$. D'après la réciproque du théorème de Thalès, **les droites (BD) et (CE) sont parallèles.**

Méthode

On ne compare que des valeurs exactes. C'est pourquoi on écrit ici les quotients sous forme de fraction irréductible.

2. Les droites (BC) et (DE) sont sécantes en A. Les points A, B, C d'une part et les points A, D et E d'autre part sont alignés dans le même ordre.

De plus,

$$\left.\begin{array}{l} \frac{AB}{AC} = \frac{8,3}{10} = 0,83 \\ \frac{AD}{AE} = \frac{6,5}{7,8} = \frac{65}{78} = \frac{5}{6} \end{array}\right\} \frac{AB}{AC} \neq \frac{AD}{AE}$$

Les quotients n'étant pas égaux, **les droites (BD) et (CE) ne sont pas parallèles.**

Piège à éviter

$\frac{AB}{AC} = 0,83$ et $\frac{AD}{AE} \approx 0,833$.

Les deux quotients sont très proches, mais pas égaux !

5 • Le triangle T_1 est un agrandissement ou une réduction du triangle T lorsque les mesures de ses côtés sont proportionnelles à celles du triangle T.

Vérifions si le tableau suivant est un tableau de proportionnalité.

Triangle T	5	4,2	3
Triangle T_1	8	7	5

$\frac{8}{5} = 1,6$; $\frac{7}{4,2} = \frac{70}{42} = \frac{5}{3}$; $\frac{5}{3}$.

Les quotients ne sont pas tous égaux. On en déduit que **le triangle T_1 n'est pas un agrandissement ou une réduction du triangle T.**

Méthode

Dans ce tableau, écrivez les unes en dessous des autres les longueurs correspondantes des côtés des deux triangles : le plus grand côté en premier, le plus petit en dernier

• On procède de même avec le triangle T_2.

Triangle T	5	4,2	3
Triangle T_2	7,5	6,3	4,5

$\frac{7,5}{5} = 1,5$; $\frac{6,3}{4,2} = 1,5$; $\frac{4,5}{3} = 1,5$.

Remarque

Quand les divisions « tombent justes », vous pouvez écrire les valeurs décimales pour les comparer.

Les trois quotients sont égaux : **le triangle T_2 est bien un agrandissement du triangle T de coefficient 1,5.**

• Enfin avec le triangle T_3 :

Triangle T	5	4,2	3
Triangle T_3	3	2,52	1,8

$\frac{3}{5} = 0{,}6$; $\frac{2{,}52}{4{,}2} = 0{,}6$; $\frac{1{,}8}{3} = 0{,}6$.

Les trois quotients sont égaux : **le triangle T_3 est une réduction du triangle T de coefficient 0,6.**

6 **1.** • À l'aide des quadrillages, on lit $CA = 10$; $CB = 6$.

D'où $\frac{CA}{CB} = \frac{10}{6} = \frac{5}{3}$.

• Les droites (FD) et (AC) étant parallèles, les triangles EDF et ACE sont en configuration de Thalès.

D'après le théorème de Thalès :

$\frac{EF}{EA} = \frac{ED}{EC} = \frac{FD}{AC}$.

À l'aide des quadrillages, on lit $EF = 2$; $EA = 5$.

D'où $\frac{EF}{EA} = \frac{2}{5}$.

On en déduit $\frac{ED}{EC} = \frac{2}{5} = 0{,}4$.

Méthode

Les longueurs demandées ne « tombent pas justes ». Utilisez le théorème de Thalès pour se servir d'un autre quotient dont les longueurs seront lisibles directement avec le quadrillage.

• Les droites (BD) et (GH) étant parallèles, les triangles CGH et BCD sont en configuration de Thalès.

D'après le théorème de Thalès :

$\frac{CG}{CB} = \frac{CH}{CD} = \frac{GH}{BD}$.

À l'aide des quadrillages, on lit $CG = 5$; $CB = 6$.

D'où $\frac{CG}{CB} = \frac{5}{6}$.

On en déduit $\frac{CH}{CD} = \frac{5}{6}$.

L'astuce du prof

Pour écrire les quotients, commencez par le sommet commun aux deux triangles (ici *C*).

2. • Le triangle BCD est transformé en ACE par un **agrandissement** de coefficient $\frac{CA}{CB} = \frac{5}{3}$.

• Le triangle ACE est transformé en DEF par une **réduction** de coefficient $\frac{ED}{EC} = 0{,}4$.

• Le triangle BCD est transformé en CGH par une **réduction** de coefficient $\frac{CH}{CD} = \frac{5}{6}$.

Rappel
Coefficient d'agrandissement-réduction $= \frac{\text{longueur finale}}{\text{longueur initiale}}$

3. • $\text{Aire}(ACE) = \left(\frac{5}{3}\right)^2 \times \text{Aire}(BCD)$. On en déduit $a = \left(\frac{5}{3}\right)^2 = \frac{5^2}{3^2} = \boxed{\frac{25}{9}}$.

• $\text{Aire}(DEF) = 0{,}4^2 \times \text{Aire}(ACE)$. On en déduit $b = 0{,}4^2 = \boxed{0{,}16}$.

• Le triangle CGH est une réduction du triangle BCD de coefficient $\frac{5}{6}$.

On en déduit que le triangle BCD est un agrandissement du triangle CGH de coefficient $\frac{1}{\frac{5}{6}} = \frac{6}{5}$.

D'où $\text{Aire}(BCD) = \left(\frac{6}{5}\right)^2 \times \text{Aire}(CGH)$.

Finalement, $c = \left(\frac{6}{5}\right)^2 = \frac{6^2}{5^2} = \boxed{\frac{36}{25}}$.

Rappel
Quand un triangle T est une réduction d'un triangle T′ de coefficient k, alors T′ est un agrandissement de T de coefficient $\frac{1}{k}$.

7 **1.** Étudions si T_1 et T_2 sont semblables.

T_1	10,2	8,1	5,7
T_2	23,8	18,9	13,1

On calcule pour cela les quotients des côtés associés :

$\frac{23{,}8}{10{,}2} = \frac{238}{102} = \frac{7}{3}$ ($\approx 2{,}33$)

$\frac{18{,}9}{8{,}1} = \frac{189}{81} = \frac{7}{3}$ ($\approx 2{,}33$)

$\frac{13{,}1}{5{,}7} = \frac{131}{57}$ ($\approx 2{,}29$)

L'astuce du prof
Dans un tableau, mettez en correspondance les côtés de chaque triangle par ordre décroissant de longueurs par exemple.

Remarque
Pour étudier si T_1 et T_2 sont semblables, vous pouvez calculer : $\frac{\text{côtés de } T_1}{\text{côtés de } T_2}$ ou $\frac{\text{côtés de } T_2}{\text{côtés de } T_1}$.

CORRIGÉS

Les trois quotients ne sont pas égaux, donc les triangles **T_1 et T_2 ne sont pas semblables.**

2. On procède de la même façon pour T_1 et T_3.

T_1	10,2	8,1	5,7
T_3	51	40,5	28,5

Calculons les quotients pour étudier la proportionnalité des longueurs des côtés :

$$\frac{51}{10,2}=5\ ;\ \frac{40,5}{8,1}=5\ ;\ \frac{28,5}{5,7}=5$$

Remarque

On trouverait $\frac{\text{côtés de } T_3}{\text{côtés de } T_1}=\frac{1}{5}=0,2$.

Les trois quotients sont égaux : les triangles **T_1 et T_3 sont donc semblables.**

3. T_1 et T_3 sont semblables, c'est-à-dire qu'ils ont leurs côtés deux à deux proportionnels ou leurs angles deux à deux égaux.

T_1 et T_2 ne sont pas semblables.

Donc **T_2 et T_3 ne sont pas semblables.**

8

a) Le rapport k est positif, donc M_1 est du même côté que M par rapport à O. De plus, $OM_1 = 2,5 \times OM$.

b) k est positif, donc sur ce croquis, M_2 est « à droite de O ». Et $OM_2=\frac{3}{4}\times OM$.

Méthode

Commencez par trouver de quel côté du point O se situe M'. Ensuite, reportez la longueur cherchée.

c) k est négatif, donc M_3 est de l'autre côté de O par rapport à M et $OM_3=\frac{3}{2}OM$. La longueur OM_3 est une fois et demie plus grande que celle de OM.

L'astuce du prof

Utilisez le quadrillage pour placer le point M'.

$OM = 4$ (petits carreaux).

Donc $OM' = 4\times\frac{3}{2}=6$.

d) k est négatif, donc M_4 est « à gauche » du point O et

$$OM_4=\frac{1}{2}OM.$$

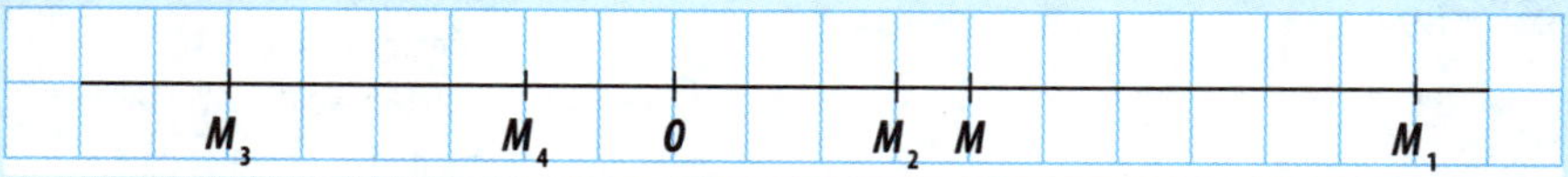

9 On note k_1, k_2, k_3… le rapport de l'homothétie de centre O transformant respectivement M en M_1, M_2, M_3…

a) M_1 est du même côté que O par rapport à M, donc $k_1 > 0$.

De plus, $OM_1 = 6$ et $OM = 3$. Soit $OM_1 = 2 \times OM$.

En conclusion, $\boxed{k_1 = 2}$.

b) M_2 est de l'autre côté de O par rapport à M, donc $k_2 < 0$.

$OM_2 = 9$ et $OM = 3$. On en déduit : $OM_2 = 3 \times OM$.

D'où $\boxed{k_2 = -3}$.

c) M_3 est de l'autre côté de O par rapport à M, donc $k_3 < 0$.

$OM_3 = 3$ et $OM = 3$. Soit $OM_3 = OM$.

On conclut : $\boxed{k_3 = -1}$.

d) M_4 est du même côté que O par rapport à M, donc $k_4 > 0$.

$OM_4 = 2$ et $OM = 3$.

Soit $k_4 = \dfrac{OM_4}{OM}$. D'où $\boxed{k_4 = \dfrac{2}{3}}$.

e) M_5 est de l'autre côté de O par rapport à M, donc $k_5 < 0$.

$OM_5 = 5$ et $OM = 3$. Soit $k_5 = \dfrac{OM_5}{OM}$.

Il vient finalement $\boxed{k_5 = -\dfrac{5}{3}}$.

L'astuce du prof

Utilisez le quadrillage pour le calcul des longueurs.

Remarque

Une homothétie de centre O et de rapport -1 est une symétrie centrale de centre O.

CORRIGÉS

Problèmes

10 **1.**

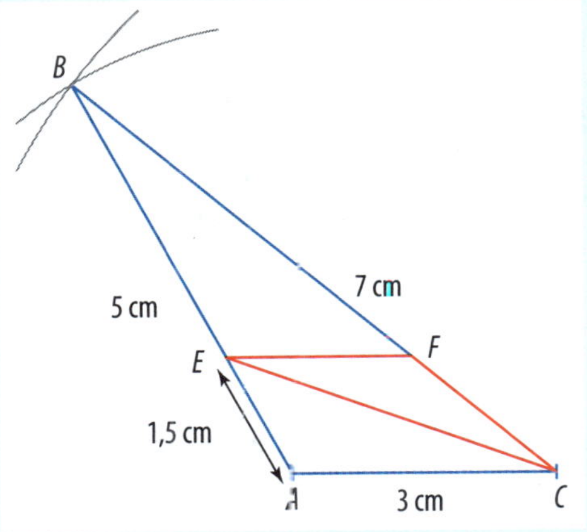

Méthode

Le triangle *ABC* se construit à la règle et au compas.

2. Les droites (AE) et (CF) sont sécantes en B. De plus, les droites (EF) et (AC) sont parallèles par construction de F.

On applique alors le théorème de Thalès :

$$\frac{BE}{BA} = \frac{BF}{BC} = \frac{EF}{AC}, \text{ soit } \frac{5-1{,}5}{5} = \frac{BF}{7} = \frac{EF}{3}.$$

• De l'égalité $\frac{3{,}5}{5} = \frac{BF}{7}$, on déduit :

$5 \times BF = 3{,}5 \times 7.$

$BF = \frac{24{,}5}{5} = \boxed{4{,}9 \text{ cm}}$

• De l'égalité $\frac{3{,}5}{5} = \frac{EF}{3}$, on déduit $5 \times EF = 3{,}5 \times 3$.

D'où $EF = \frac{10{,}5}{5} = \boxed{2{,}1 \text{ cm}}$.

3. Dans le triangle EFC, $EF = 2{,}1$ cm.

De plus $FC = BC - BF = 7 - 4{,}9 = 2{,}1$ cm.

On remarque que $EF = FC$: **le triangle *EFC* est isocèle en *F*.**

Rappel

Un triangle isocèle a deux côtés de même longueur.

11 On construit une droite d passant par O sur laquelle on porte des graduations régulières avec le compas.

Sur d, on place les points N et D d'abscisses respectives 8 (le numérateur) et 3 (le dénominateur).

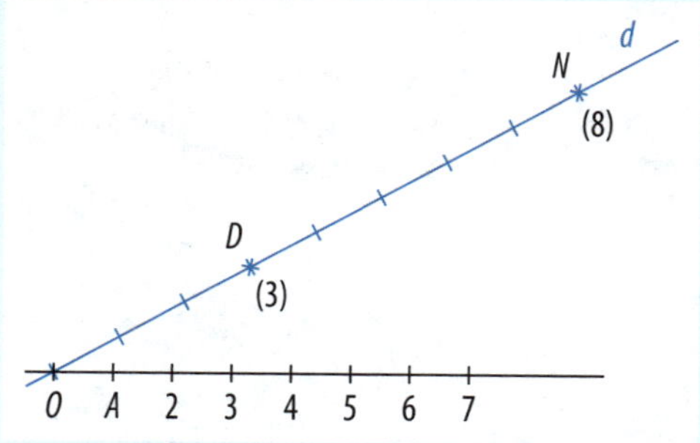

Méthode

À 3 graduations sur la droite d correspond 1 graduation sur la droite graduée.

Cela permet d'obtenir les $\frac{1}{3}$.

Puis on trace la parallèle à la droite (AD) passant par N : elle coupe la droite (OA) en M tel que $OM = \frac{8}{3}$.

En effet, les droites (AD) et (MN) sont parallèles. D'après le théorème de Thalès :

$\frac{ON}{OD} = \frac{OM}{OA}$, soit $\frac{8}{3} = \frac{OM}{1}$.

Par produit en croix, on obtient :

$OM = \frac{8}{3}$.

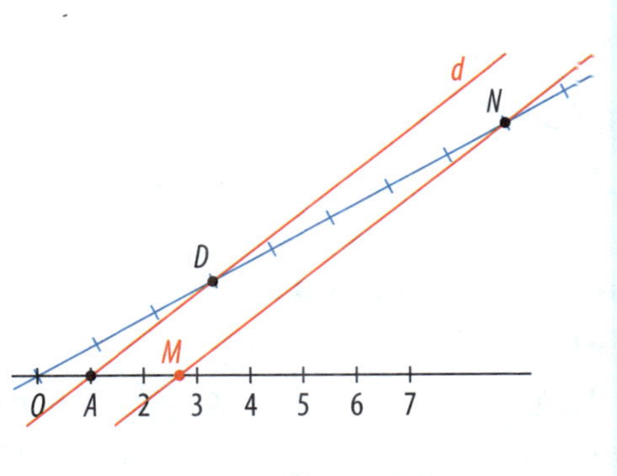

12 Dans une homothétie, le centre, un point et son image sont alignés.

L'homothétie de centre O transforme A en B : les points O, A et B sont alignés.

Par un raisonnement analogue, l'homothétie de centre O transformant C en D, on déduit que les points O, C et D sont alignés.

En conclusion, on peut construire le centre O de l'homothétie, comme point d'intersection des droites (AB) et (CD).

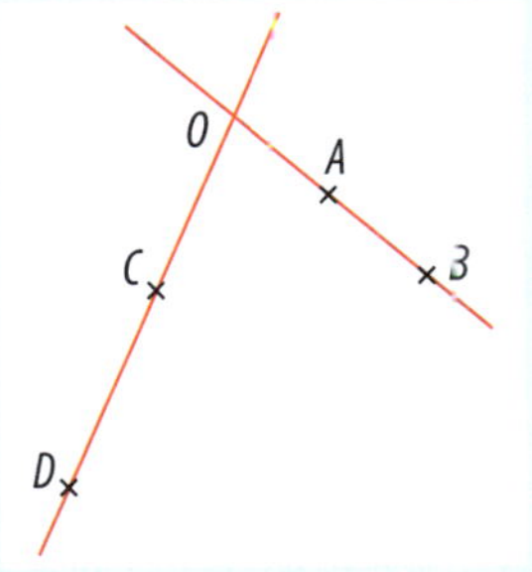

Remarque

De par la configuration des points, vous pouvez aussi préciser que le rapport k de l'homothétie étudiée est supérieur à 1.

Vers le brevet

13 **1.** Les droites (AM) et (BN) sont sécantes en O.

Les points A, O et M d'une part et B, O et N d'autre part sont alignés dans le même ordre.

De plus,
$$\left.\begin{array}{l} \frac{OA}{OM} = \frac{3}{5{,}4} = \frac{30}{54} = \frac{6 \times 5}{6 \times 9} = \frac{5}{9} \\ \frac{OB}{ON} = \frac{2{,}5}{4{,}5} = \frac{25}{45} = \frac{5 \times 5}{5 \times 9} = \frac{5}{9} \end{array}\right\} \text{ donc } \frac{OA}{OM} = \frac{OB}{ON}.$$

D'après la réciproque du théorème de Thalès, **les droites (AB) et (MN) sont parallèles**.

2. a) Dans le triangle OAB où $[OA]$ est le plus grand côté, on écrit :

$$\left.\begin{array}{l} OA^2 = 3^2 = 9 \\ OB^2 + AB^2 = 2{,}5^2 + 1{,}2^2 = 7{,}69 \end{array}\right\} OA^2 \neq OB^2 + AB^2$$

D'après la contraposée du théorème de Pythagore, **le triangle *AOB* n'est pas rectangle.**

> **Méthode**
> Comparez le carré du plus grand côté à la somme des carrés des deux autres côtés.

b) Les droites (AM) et (BN) sont sécantes en O.
De plus, les droites (MN) et (AB) sont parallèles.

D'après le théorème de Thalès, $\dfrac{OA}{OM} = \dfrac{OB}{ON} = \dfrac{AB}{MN}$.

Soit $\dfrac{3}{5{,}4} = \boxed{\dfrac{2{,}5}{4{,}5} = \dfrac{1{,}2}{MN}}$.

En utilisant l'égalité encadrée, on obtient :

$MN \times 2{,}5 = 4{,}5 \times 1{,}2$

$MN = \dfrac{4{,}5 \times 1{,}2}{2{,}5} = 2{,}16$

***MN* mesure 2,16 cm.**

> **Remarque**
> Vous pouviez aussi utiliser :
> $\dfrac{3}{5{,}4} = \dfrac{1{,}2}{MN}$

3. Le triangle ONM est un agrandissement du triangle OAB.

Le coefficient d'agrandissement est $\dfrac{OM}{OA} = \dfrac{5{,}4}{3} = 1{,}8$.

Dans un agrandissement de coefficient 1,8, les aires sont multipliées par $1{,}8^2 = 3{,}24$.

On en déduit Aire $(OMN) = 3{,}24 \times$ Aire (OAB)

Soit $\dfrac{\text{Aire}(OMN)}{\text{Aire}(OAB)} = 3{,}24$. C'est la réponse **c)**.

> **Rappel**
> Dans un agrandisssement/réduction de coefficient k, les aires sont multipliées par k^2.

4. L'homothétie h qui transforme le triangle OAB en OMN est l'homothétie de centre O et de rapport $-\dfrac{OM}{OA} = -1{,}8$.

> **Piège à éviter**
> Dans une configuration de Thalès « en papillon », le rapport de l'homothétie est négatif.

14 Partie A

1. Les droites (EA) et (BF) sont sécantes en S. $(EF) /\!/ (AB)$. D'après le théorème de Thalès :

$\dfrac{SE}{SA} = \dfrac{SF}{SB} = \dfrac{EF}{AB}$.

> **Remarque**
> On est dans l'espace. On se place sur la face SAB (donc dans un plan) pour utiliser le théorème de Thalès.

Soit $\boxed{\frac{3}{12}} = \frac{SF}{SB} = \boxed{\frac{EF}{9}}$.

En utilisant les quotients encadrés, on déduit $12 \times EF = 3 \times 9$,

soit $EF = \frac{27}{12} = \boxed{2{,}25\,\text{cm}}$.

2. a) Le volume $\mathcal{V}$ de la pyramide $SABCD$ est :

$\mathcal{V} = \frac{1}{3} \times \text{Aire}(ABCD) \times SA$.

$ABCD$ est un carré de côté 9 cm.
De plus $SA = 12$ cm.

D'où $\mathcal{V} = \frac{1}{3} \times 9^2 \times 12 = \boxed{324\,\text{cm}^3}$.

> **Rappel**
> Le volume d'une pyramide est :
> $\frac{1}{3} \times$ surface de la base $\times$ hauteur.

b) Le coefficient de réduction vaut :

$\frac{SE}{SA} = \frac{3}{12} = \frac{1}{4} = 0{,}25$.

c) $\mathcal{V}_{SEFGH} = \left(\frac{1}{4}\right)^3 \times \mathcal{V}_{SABCD}$

$\mathcal{V}_{SEFGH} = \frac{1}{64} \times 324$

$\boxed{\mathcal{V}_{SEFGH} \approx 5\text{ cm}^3}$ (résultat arrondi à l'unité).

> **Rappel**
> Dans un agrandissement ou une réduction de rapport k, les volumes sont multipliés par k^3.

Partie B

1. Les droites (AM) et (BN) sont sécantes en S. $(MN) /\!/ (AB)$.

D'après le théorème de Thalès :

$\frac{SM}{SA} = \frac{SN}{SB} = \frac{MN}{AB}$.

Soit $\boxed{\frac{x}{12}} = \frac{SN}{SB} = \boxed{\frac{MN}{9}}$.

Par produit en croix, on obtient : $x \times 9 = MN \times 12$.

D'où $MN = \frac{9 \times x}{12} = \frac{9}{12}x = \boxed{0{,}75x}$. C'est le résultat annoncé.

2. L'aire $\mathcal{A}$ du carré $MNPQ$ de côté $0{,}75x$ est :

$\mathcal{A} = (0{,}75x)^2 = 0{,}75^2x^2 = \boxed{0{,}562\,5x^2}$. C'est le résultat annoncé.

> **Rappel**
> L'aire d'un carré de côté c est c^2.

CORRIGÉS

3.

x : longueur de SM (en cm)	0	2	4	6	8	10	12
$\mathcal{A}(x)$: aire du carré $MNPQ$ (en cm²)	0	2,25	9	20,25	36	56,25	81

4.

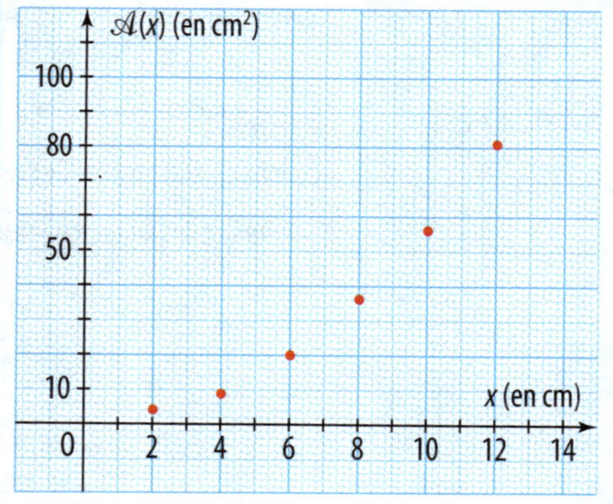

> **Rappel**
> Une situation de proportionnalité se représente graphiquement par une droite passant par l'origine *O* du repère.

5. Les points placés dans le repère ne sont pas alignés. En conclusion, **l'aire de *MNPQ* n'est pas proportionnelle à la longueur *SM*.**

15 **1.** • Le triangle ABC est isocèle en A. Ainsi, on déduit $\widehat{B} = \widehat{C} = 68°$.

> **Rappel**
> Deux triangles semblables ont leurs angles deux à deux égaux.

La somme des angles d'un triangle vaut 180°.

On déduit : $\widehat{A} = 180 - \widehat{B} - \widehat{C} = 180 - 68 - 68 = 44°$.

• Le triangle DEF est isocèle en D. Ainsi, $\widehat{E} = \widehat{F}$.

La somme des angles d'un triangle valant 180°, on déduit :

$\widehat{D} + \widehat{E} + \widehat{F} = 180°$.

Soit $\widehat{D} + 2\widehat{E} = 180°$.

$2\widehat{E} = 180 - \widehat{D} = 180 - 44 = 136°$.

D'où : $\widehat{E} = \dfrac{136}{2} = 68°$.

• Les triangles ABC et DEF ont leurs angles deux à deux égaux : **ils sont donc semblables.**

2. Les triangles IJK et GHI sont en configuration de Thalès.

$$\frac{IG}{IK} = \frac{4,9}{5,6} = \frac{49}{56} = \frac{\cancel{7} \times 7}{\cancel{7} \times 8} = \frac{7}{8}$$

> **Remarque**
> Le triangle *GHI* est l'image du triangle *IJK* par l'homothétie de centre *I* et de rapport $-\frac{7}{8}$.

$$\frac{IH}{IJ}=\frac{6,3}{7,2}=\frac{63}{72}=\frac{7\times\cancel{9}}{8\times\cancel{9}}=\frac{7}{8}$$

D'après la réciproque du théorème de Thalès, les droites (GH) et (JK) sont parallèles.

Le triangle IGH est une réduction du triangle IJK de rapport $\frac{7}{8}$. **Les triangles IJK et GHI sont bien semblables.**

3. On se place dans les triangles LMN et LON.

• Le triangle LMN est rectangle en L, donc $\widehat{MLN}=90°$.

Le triangle LON est rectangle en O, donc $\widehat{LON}=90°$.

$\widehat{MLN}=\widehat{LON}$.

• Le point O étant sur la droite (MN), les triangles LMN et LON ont en commun l'angle $\widehat{N}$.

Ainsi, $\widehat{LNO}=\widehat{LNM}$.

• Or la somme des angles d'un triangle vaut 180°.

Ainsi, dans le triangle LMN :

$\widehat{LMN}=180-\widehat{MLN}-\widehat{LNM}$.

De même, dans le triangle LON :

$\widehat{OLN}=180-\widehat{LON}-\widehat{LNO}$.

De par les égalités $\widehat{MLN}=\widehat{LON}$ et $\widehat{LNM}=\widehat{LNO}$,

on conclut : $\widehat{LMN}=\widehat{OLN}$.

• En conclusion, les triangles LMN et LON ont leurs angles deux à deux égaux : **ils sont donc semblables**.

L'astuce du prof

Comme la somme des angles d'un triangle vaut 180°, si deux triangles ont deux angles de même mesure ils sont semblables.

Remarque

Deux triangles rectangles ayant en commun un angle aigu sont semblables.

Exercice d'approfondissement

16 Les droites (BC) et (FG) sont sécantes en A. De plus, $(BF)\parallel(CG)$.

D'après le théorème de Thalès : $\boxed{\frac{AB}{AC}}=\boxed{\frac{AF}{AG}}=\frac{BF}{CG}$.

• Les droites (CD) et (EF) sont sécantes en A. De plus, $(CE)\parallel(DF)$.

D'après le théorème de Thalès : $\boxed{\frac{AE}{AF}}=\boxed{\frac{AC}{AD}}=\frac{EC}{FD}$.

Méthode

Appliquez deux fois le théorème de Thalès.

CORRIGÉS

• Les droites (BD) et (EG) sont sécantes en A.

Les points A, E, G et A, B, D sont alignés dans le même ordre.
De plus :

$$\left.\begin{array}{l}\dfrac{AE}{AG} = \dfrac{AE}{AG} \times \underbrace{\dfrac{AF}{AF}}_{1} = \boxed{\dfrac{AE}{AF}} \times \boxed{\dfrac{AF}{AG}} \\[2ex] \dfrac{AB}{AD} = \dfrac{AB}{AD} \times \underbrace{\dfrac{AC}{AC}}_{1} = \boxed{\dfrac{AB}{AC}} \times \boxed{\dfrac{AC}{AD}}\end{array}\right\}$$

Les quotients en vert étant égaux, de même que les quotients en bleu, on déduit $\dfrac{AE}{AG} = \dfrac{AB}{AD}$.

La réciproque du théorème de Thalès permet alors de conclure que **les droites (BE) et (DG) sont parallèles**.

CHAPITRE 16

Géométrie dans l'espace : sections planes

DE QUOI S'AGIT-IL ?

Ce chapitre présente l'étude de la nature des sections de solides de référence par des plans particuliers. À ces solides connus vient s'ajouter le cas de la sphère dont l'étude de la Terre est un exemple.

COURS

1 Sections planes

Quand on coupe un solide par un plan, on obtient une surface plane. Cette surface est appelée **section du solide par le plan**.

1 Section d'un parallélépipède rectangle

- La section d'un parallélépipède par un plan parallèle à l'une de ses faces est un rectangle de mêmes dimensions que la face.

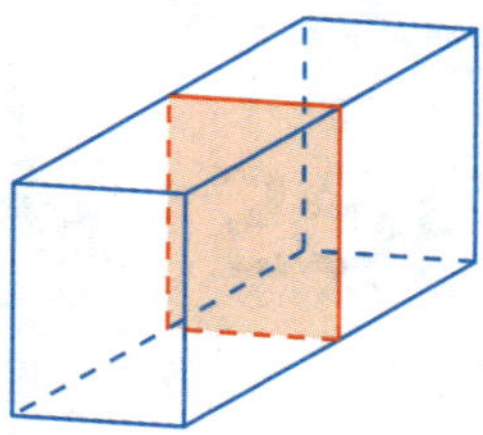

- La section d'un parallélépipède par un plan parallèle à une arête est un rectangle dont l'un des côtés a la longueur de l'arête.

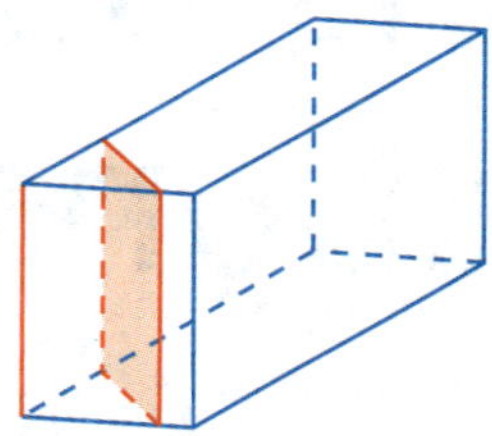

Remarque

Un cube est un cas particulier de parallélépipède. Sa section par un plan parallèle à une face est un carré.

2 Section d'un cylindre de révolution

- La section d'un cylindre par un plan parallèle à sa base (et donc perpendiculaire à son axe) est un cercle de même rayon que le cercle de base.

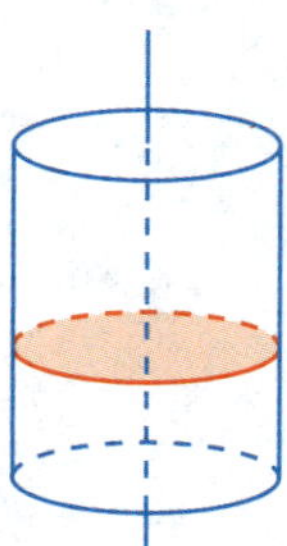

- La section d'un cylindre par un plan parallèle à son axe de révolution est un rectangle dont l'un des côtés a pour longueur la hauteur du cylindre.

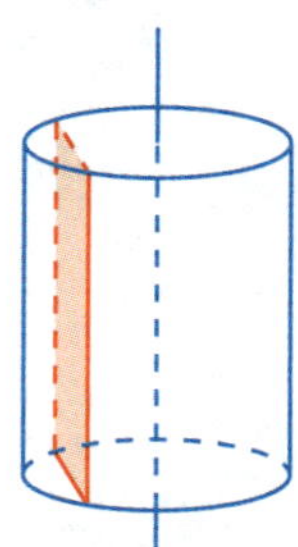

3 Sections d'un cône de révolution et d'une pyramide

• La section d'un cône par un plan parallèle à sa base (*D*) (et donc perpendiculaire à son axe) est un cercle (*D*′). C'est une réduction.

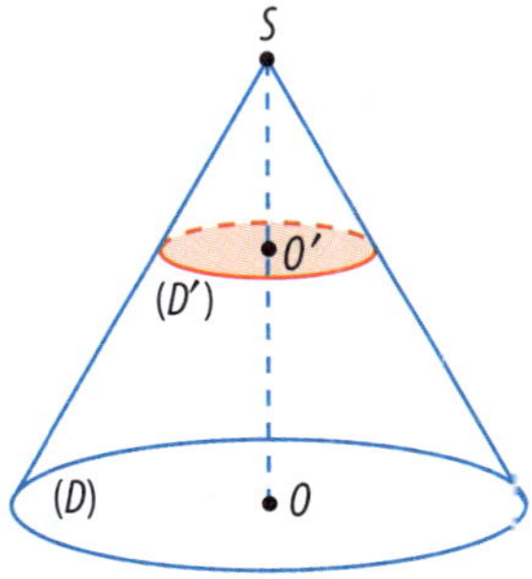

Remarque
Le solide de sommet *S* et de base (*D*′) est une réduction du cône de sommet *S* et de base (*D*).
Le rapport de réduction est donné par $\frac{SO'}{SO}$.

• La section d'une pyramide par un plan parallèle à sa base est un polygone (*R*′) de même forme que le polygone (*R*) de base. C'est une réduction.

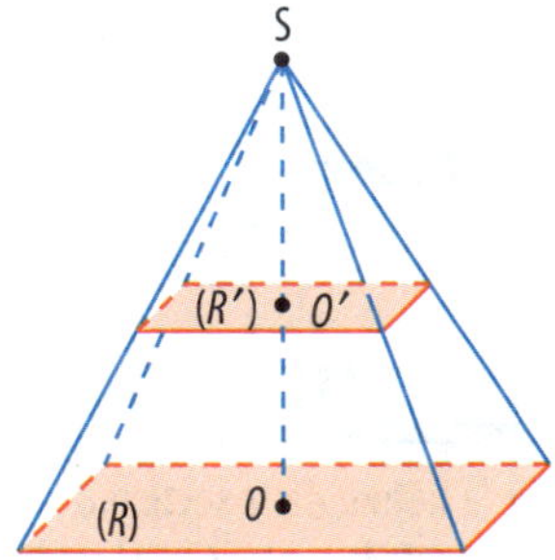

Remarque
Le solide de sommet *S* et de base (*R*′) est une réduction de la pyramide de sommet *S* et de base (*R*).
Le rapport de réduction est donné par $\frac{SO'}{SO}$.

2 La sphère

1 Définition

Une **sphère** de centre *O* et de rayon *R* est l'ensemble de tous les points de l'espace qui sont situés à la même distance *R* du point *O*.

On a $R = OE = OG = OF$.

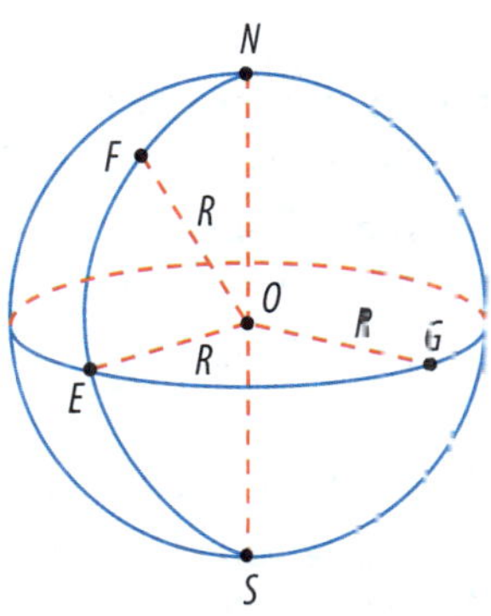

→ Bien comprendre
La boule est un solide. Elle englobe à la fois la surface et l'intérieur du solide. La sphère quant à elle désigne la surface du solide.

2 Section d'une sphère par un plan

● Si $OH < R$: la section de la sphère par le plan perpendiculaire à (OH) passant par H est un cercle.

● Si $OH = R$: le plan et la sphère sont tangents. Ils n'ont qu'un point en commun (H).

● Si $OH > R$: le plan et la sphère n'ont aucun point commun.

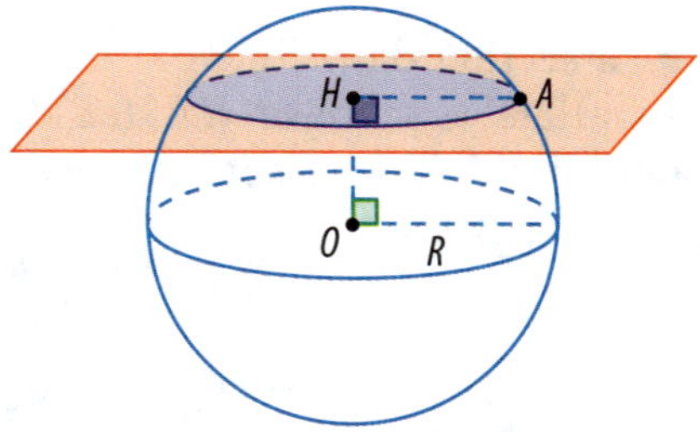

Sur cette figure, $OH < R$.

Bien comprendre

Pour établir la nature de la section d'une sphère par un plan, on compare le rayon de la sphère à la distance qui sépare le centre O de la sphère au plan (la distance OH).

3 Repérage sur la sphère

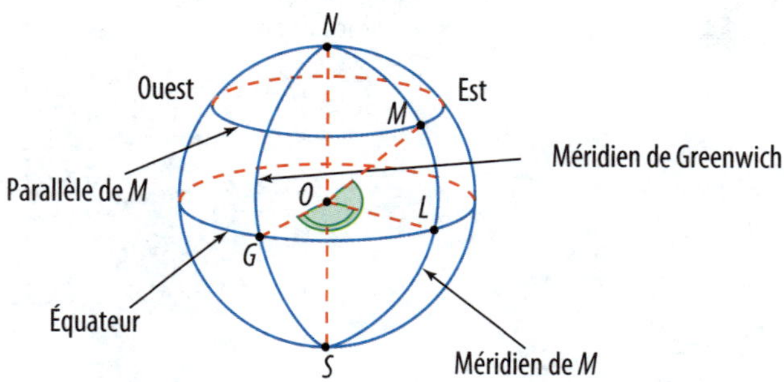

Remarque
Le méridien de Greenwich est le méridien qui sert de référence pour la longitude.

● L'équateur est le grand cercle situé dans le plan perpendiculaire à l'axe (NS) qui passe par le centre O de la sphère.

● Un méridien est un demi-grand cercle.

● Un parallèle est l'intersection de la sphère terrestre avec un plan parallèle au plan de l'équateur.

● La latitude du point M est la mesure en degrés de l'angle $\widehat{MOL}$ suivie de l'indication Nord ou Sud.

● La longitude du point M est la mesure en degrés de l'angle $\widehat{GOL}$ suivie de l'indication Est ou Ouest.

QCM

1 Des choix à faire

➔ Corrigé p. 313

Cochez la (ou les) réponse(s) correcte(s).

ABCDEFGH est un pavé droit. *I* est le milieu de [*AB*], *J* celui de [*AE*] et K celui de [*AD*].

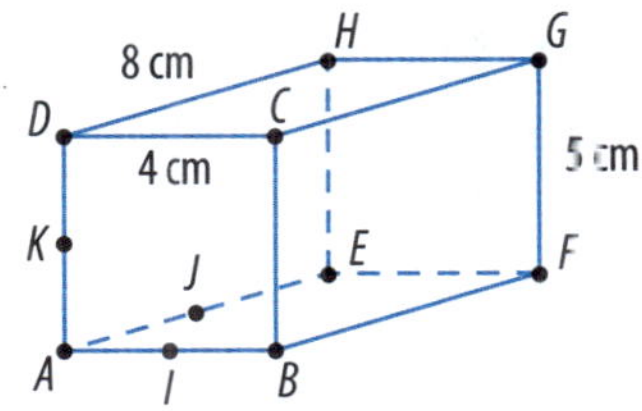

1. La section du pavé par un plan parallèle à la face *DCGH* est :

a) ☐ un carré

b) ☐ un rectangle d'aire 40 cm^2

c) ☐ un rectangle d'aire 32 cm^2

2. La section du pavé par un plan parallèle à l'arête [*AD*] qui passe par *I* et *J* est :

a) ☐ un carré **b)** ☐ un rectangle **c)** ☐ un losange

3. Le triangle *AIJ* est :

a) ☐ rectangle en *A* **b)** ☐ rectangle en *I* **c)** ☐ isocèle

4. *CHEB* est :

a) ☐ un rectangle **b)** ☐ un carré **c)** ☐ un losange

5. *IJ* est égal à :

a) ☐ $\sqrt{20}$ cm **b)** ☐ $\sqrt{12}$ cm **c)** ☐ $\frac{1}{2}$EB

2 Vrai ou Faux ?

➔ Corrigé p. 314

Cochez la bonne réponse.

On coupe une sphère de centre *O* et de rayon 3 cm par un plan $\mathcal{P}$ perpendiculaire à (*OH*) tel que *OH* = 2 cm.

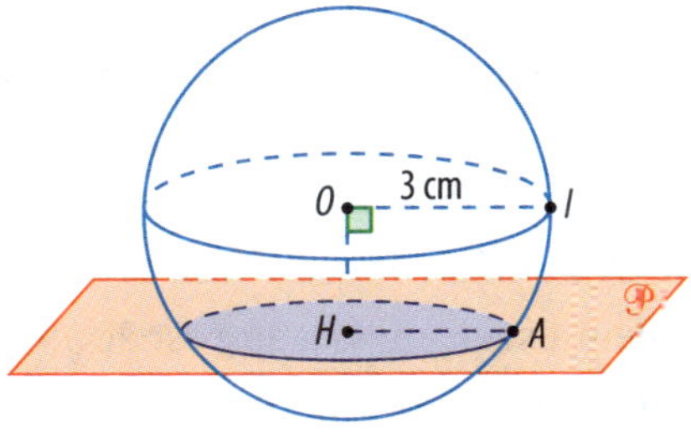

1. La section de la sphère par le plan $\mathcal{P}$ est un cercle. ☐ V ☐ F

2. *OA* < 3 cm. ☐ V ☐ F

3. *OHA* est un triangle rectangle. ☐ V ☐ F

4. *AH* = 2,5 cm ☐ V ☐ F

Exercices d'entraînement

3 Dans une pyramide

10 min Corrigé p. 314

On considère une pyramide régulière dont la base $ABCD$ est un carré de centre I.

Calculez la longueur de l'arête latérale sachant que $AC = 4$ et $SI = 6$.

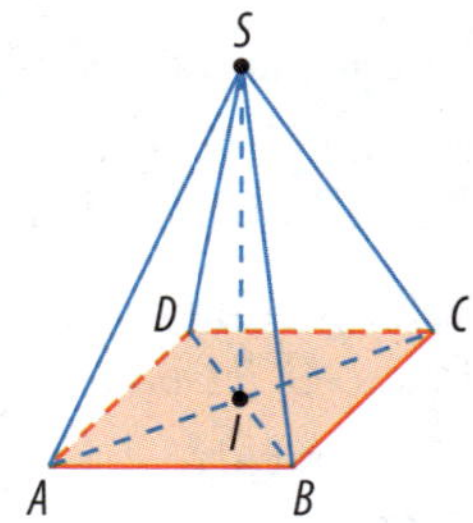

Méthode

1. On recherche sur la figure un triangle rectangle dans lequel deux longueurs sont connues.

2. On utilise le théorème de Pythagore pour déterminer la troisième longueur.

4 La section d'un cône

10 min Corrigé p. 315

Soit un cône de révolution de sommet H tel que $OH = 6$ cm. On coupe le cône par un plan parallèle à sa base passant par T tel que $HT = 2$ cm.

Déterminez la nature de la section, puis montrez que la valeur exacte de son aire est π cm^2.

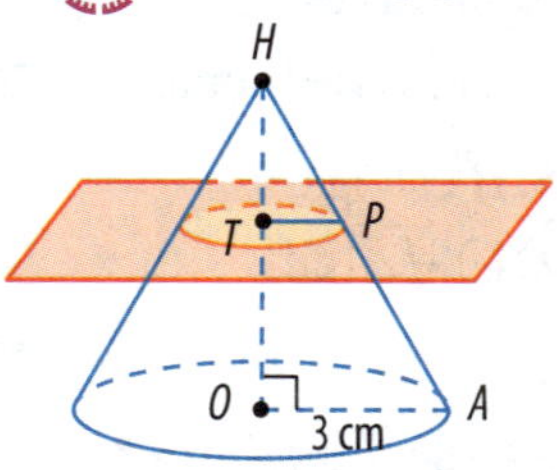

5 La section d'un cylindre

15 min Corrigé p. 315

Soit un cylindre de révolution de rayon 4 cm et de hauteur 10 cm. On coupe le cylindre par un plan parallèle à l'axe tel que $OH = 2{,}5$ cm.

1. Dessinez en vraie grandeur le triangle OUR.

2. Déterminez la nature de la section, puis montrez que la valeur exacte de son aire est $20\sqrt{9{,}75}$ cm^2.

3. Calculez l'arrondi au degré de l'angle $\widehat{OUR}$.

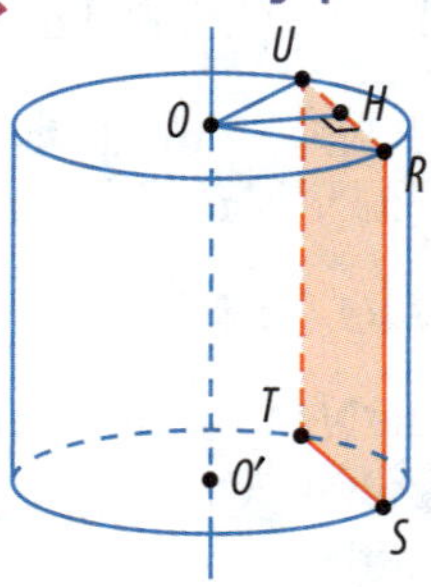

Problème

6 La section d'une pyramide

15 min ➔ Corrigé p. 316

SABCD est une pyramide à base rectangulaire, de sommet *S* et de hauteur $SA = 7$ cm.

On coupe la pyramide par un plan passant par A', milieu de $[SA]$ et parallèle à sa base. La section est le quadrilatère $A'B'C'D'$.

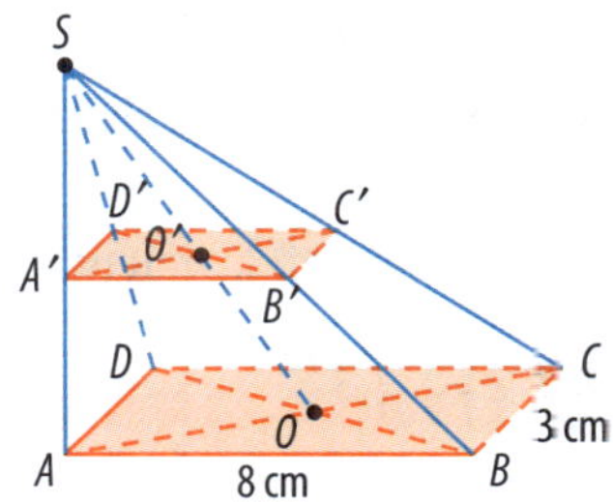

1. Quelle est la nature du quadrilatère $A'B'C'D'$? Justifiez.

2. Calculez la longueur $B'C'$.

3. Soit $\mathcal{V}'$ le volume de la pyramide $SA'B'C'D'$ et $\mathcal{V}$ celui de *SABCD*.

Écrivez $\mathcal{V}'$ en fonction de $\mathcal{V}$. Déduisez-en la valeur de $\mathcal{V}'$.

➔ Méthode

1. La section de la pyramide est de même nature que sa base.

2. On recherche le coefficient de réduction en calculant un quotient.

3. Dans une réduction, si les longueurs sont multipliées par k, les volumes sont multipliés par k^3.

Vers le brevet

7 La section d'un cône

20 min ➔ Corrigé p. 316

Le cône ci-dessous a pour base un disque de rayon 6 cm et la génératrice $[SA]$ mesure 10 cm. (Les figures ne sont pas à l'échelle.)

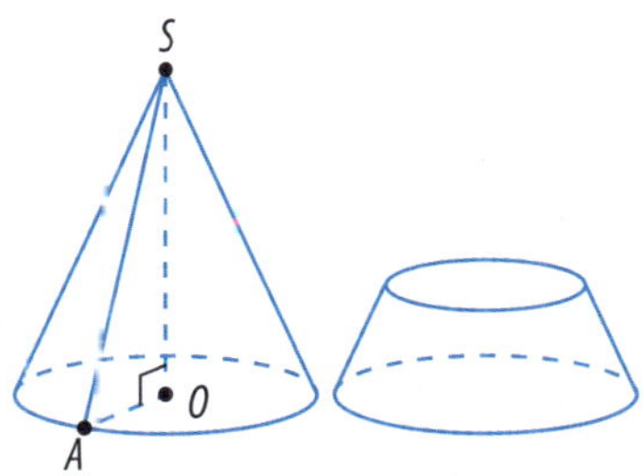

1. Calculez la longueur de la hauteur $[SO]$.

2. Calculez la mesure, arrondie au degré près, de l'angle $\widehat{ASO}$.

3. Montrez que la valeur exacte, en cm³, du volume $\mathcal{V}_1$ du cône est 96 π.

4. On enlève la partie supérieure du cône en le coupant par un plan parallèle à la base et passant par le milieu de la hauteur. On rappelle que la partie enlevée est une réduction du cône initial.

a) Quel est le coefficient de réduction ?

b) Montrez que la valeur exacte, en cm³, du volume $\mathcal{V}_2$ de la partie enlevée est 12 π.

c) Déduisez-en la valeur exacte, en cm³, du volume $\mathcal{V}'$ du tronc de cône restant.

8 Et voici… la sphère !

10 min Corrigé p. 317

Sur le dessin ci-dessous, la sphère a pour centre *O*.

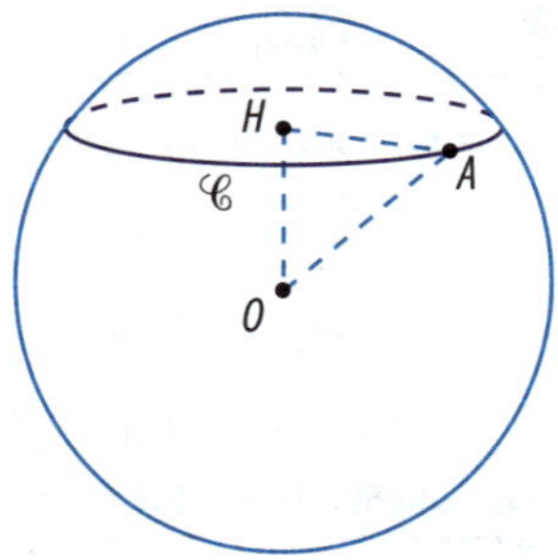

Un plan coupe cette sphère selon un cercle 𝒞 de centre *H* et de rayon 4,5 cm (*HA* = 4,5 cm).

1. Sachant que *HO* = 2,2 cm, dessinez le triangle *OHA* en vraie grandeur.

2. Calculez la longueur *OA* à 1 mm près.

Exercice d'approfondissement

9 Où est le cône ?

10 min Corrigé p. 318

Voici le patron d'un cône de révolution. Déterminez le rayon du disque de base.

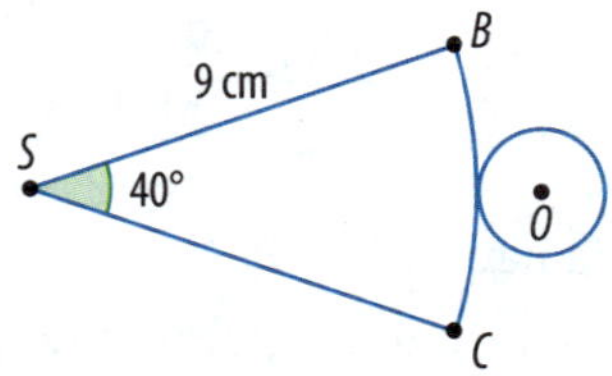

CORRIGÉS

QCM

1 **1.** La section d'un parallélépipède par un plan parallèle à une de ses faces (ici $DCGH$) est un rectangle.

> **Rappel**
> Les faces d'un pavé droit sont des rectangles.

Ses dimensions sont les mêmes que celles de la face $DCGH$.

L'aire du rectangle $DCGH$ est $8 \times 4 = 32$ cm².

Réponse : **c)** Un rectangle d'aire 32 cm².

2. La section d'un parallélépipède par un plan parallèle à une arête (ici $[AD]$) est un rectangle dont l'un des côtés a la longueur de l'arête, soit 5 cm.

> **Remarque**
> La section n'est pas un carré, car les longueurs IJ et AD ne sont pas égales.

Réponse : **b)** Un rectangle.

3. La face $ABFE$ est un rectangle. On en déduit que le triangle AIJ est rectangle en A. Il n'est pas isocèle, car $AJ \neq AI$.

> **Rappel**
> Dans un pavé droit, les faces sont des rectangles.

Réponse : **a)** Rectangle en A.

4. $CHEB$ est la section du parallélépipède par le plan parallèle à l'arête $[AD]$ passant par C et H. C'est donc un rectangle.

Réponse : **a)** Un rectangle.

5. • Dans le triangle AIJ rectangle en A, d'après le théorème de Pythagore, on écrit :

$$AI^2 + AJ^2 = IJ^2$$
$$2^2 + 4^2 = IJ^2$$
$$4 + 16 = IJ^2$$
$$IJ^2 = 20$$
$$IJ = \sqrt{20}$$

> **Remarque**
> $AI = \frac{1}{2} \times 4 = 2$ cm et
> $AJ = \frac{1}{2} \times 8 = 4$ cm

• Dans le triangle AEB, I est le milieu de $[AB]$ et J celui de $[AE]$. On en déduit que la droite (IJ) est parallèle à la droite (EB) et $IJ = \frac{1}{2}EB$.

> **Remarque**
> Il s'agit du théorème des milieux

Réponses : **a)** $\sqrt{20}$ et **c)** $\frac{1}{2}EB$.

2 **1. Vrai** → $OH < 2$ cm, donc la section de la sphère par le plan perpendiculaire à (OH) passant par H est un cercle.

2. Faux → La sphère de centre O et de rayon 3 cm est l'ensemble de tous les points situés à 3 cm du point O.

Remarque
Un point B vérifiant $OB < 3$ serait à l'intérieur de la sphère.

A est situé sur la sphère, donc $OA = 3$ cm.

3. Vrai → La section est faite par un plan perpendiculaire à (OH). On en déduit que le triangle OHA est rectangle en H.

4. Faux → Dans le triangle OHA rectangle en H, d'après le théorème de Pythagore,

$$OH^2 + AH^2 = OA^2$$
$$2^2 + AH^2 = 3^2$$
$$4 + AH^2 = 9$$
$$AH^2 = 5$$
$$AH = \sqrt{5} \approx 2{,}24 \neq 2{,}5.$$

Pensez-y !
A est sur la sphère, donc $OA = R = 3$ cm.

Exercices d'entraînement

3 Dans une pyramide régulière, les arêtes latérales sont toutes de même longueur.

De plus, SI est la hauteur, elle est donc perpendiculaire à la base $ABCD$.

On peux donc calculer SB (par exemple) dans le triangle SIB rectangle en I.

Pensez-y !
Dans une perspective cavalière, les angles ne sont pas conservés : des droites perpendiculaires ne le sont pas forcément sur le dessin.

Dans le triangle SIB rectangle en I, d'après le théorème de Pythagore, on a :

$$SI^2 + IB^2 = SB^2$$
$$6^2 + 2^2 = SB^2$$
$$36 + 4 = SB^2$$
$$SB^2 = 40$$
$$SB = \sqrt{40}$$

Remarque
Dans un carré, les diagonales sont de même longueur et ont le même milieu, donc :

$$IB = \frac{1}{2} \times AC = \frac{1}{2} \times 4 = 2\text{cm}.$$

La longueur de l'arête latérale de la pyramide est $\sqrt{40}$ cm.

4 La section d'un cône par un plan parallèle à sa base (et donc perpendiculaire à son axe), est un **cercle**.

> **Rappel**
> Le cercle obtenu est une réduction de celui de la base.

Le cercle de centre T est une réduction du cercle de centre O ; le coefficient de réduction est donné par $\frac{HT}{HO} = \frac{2}{6} = \frac{1}{3}$.

Cela signifie que les longueurs sont multipliées par $\frac{1}{3}$. On en déduit que le rayon du cercle de centre T est $3 \times \frac{1}{3} = 1\,\text{cm}$.

L'aire de la section est donnée par $\pi \times TP^2 = \pi \times 1^2 = \boxed{\pi\ \text{cm}^2}$.

5 **1.** Le triangle OUR est isocèle, car $OU = OR = 4$ cm. De plus, sa hauteur est $OH = 2{,}5$ cm.

Programme de construction

- On trace le segment $[OH]$.
- On trace la perpendiculaire à (OH) passant par H.
- À l'aide du compas, on place les points U et R sur la perpendiculaire tels que $OU = OR = 4$ cm.

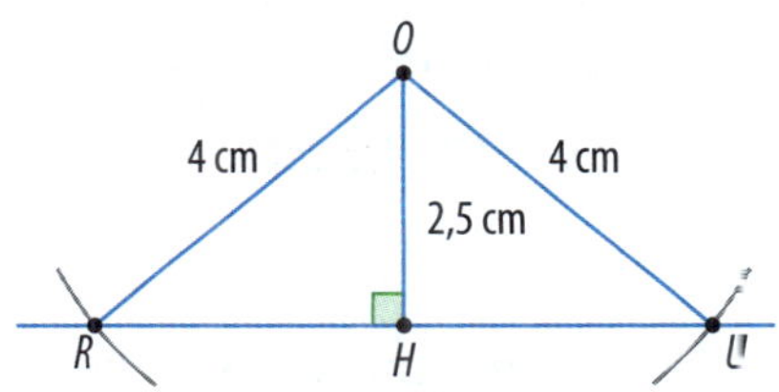

2. La section du cylindre par un plan parallèle à son axe est un **rectangle**. Sa longueur est $SR = 10$ cm, et sa largeur est donnée par UR.

Calculons HR afin d'en déduire UR.

Dans le triangle OHR rectangle en H, d'après le théorème de Pythagore, on obtient :

$$\begin{aligned} OH^2 + HR^2 &= OR^2 \\ 2{,}5^2 + HR^2 &= 4^2 \\ 6{,}25 + HR^2 &= 16 \\ HR^2 &= 16 - 6{,}25 \\ HR^2 &= 9{,}75 \\ HR &= \sqrt{9{,}75} \end{aligned}$$

> **Rappel**
> Dans un triangle isocèle, la hauteur issue du sommet principal passe par le milieu du côté.

On en déduit $UR = 2 \times HR = 2\sqrt{9{,}75}\ \text{cm}^2$.

L'aire du rectangle $STUR$ est $UR \times SR = 2\sqrt{9{,}75} \times 10 = \boxed{20\sqrt{9{,}75}\ \text{cm}^2}$.

3. Dans le triangle OUH rectangle en H, on connaît le côté opposé à $\widehat{OUR}$ qui est $[OH]$ et l'hypoténuse $[OU]$. On utilise donc le sinus.

> **Pensez-y !**
> $\widehat{OUR} = \widehat{OUH}$

$\sin\widehat{OUR} = \dfrac{\text{côté opposé à } \widehat{OUR}}{\text{hypoténuse}} = \dfrac{OH}{OU} = \dfrac{2{,}5}{4} = 0{,}625$

D'où (avec la calculatrice) $\widehat{OUR} = \sin^{-1}(0{,}625) \approx \boxed{39°}$.

Rappel
Pour utiliser la trigonométrie, placez-vous dans un triangle rectangle.

Problème

6 **1.** La section d'une pyramide par un plan parallèle à sa base est un polygone de même forme que le polygone de base (c'en est une réduction). On en déduit que ***A′B′C′D′* est un rectangle.**

2. *A′* est le milieu de [*SA*], donc le coefficient de réduction est $\dfrac{1}{2}$, et $B'C' = \dfrac{1}{2} \times BC = \dfrac{1}{2} \times 3 = \boxed{1{,}5\,\text{cm}}$.

Rappel
Le coefficient de réduction est donné par $\dfrac{SA'}{SA} = \dfrac{1}{2}$.

3. La pyramide *SA′B′C′D′* est une réduction de la pyramide *SABCD*. Le coefficient de réduction est $\dfrac{1}{2}$.
On obtient donc le volume de la pyramide *SA′B′C′D′* en multipliant celui de *SABCD* par $\left(\dfrac{1}{2}\right)^3$, soit $\dfrac{1}{8}$. Donc $\boxed{\mathcal{V}' = \dfrac{1}{8}\mathcal{V}}$.

Rappel
Le volume d'une pyramide est $\dfrac{1}{3} \times \mathcal{B} \times h$ avec $\mathcal{B}$, l'aire de la base et h la hauteur de la pyramide.

Le volume de la pyramide *SABCD* est :

$$\frac{1}{3} \times \underbrace{(3 \times 8)}_{\text{aire de ABCD}} \times \underbrace{7}_{\text{hauteur}} = 56\,\text{cm}^3.$$

Le volume de la pyramide *SA′B′C′D′* est donc $\dfrac{1}{8} \times 56 = \boxed{7\,\text{cm}^3}$.

Vers le brevet

7 **1.** Dans le triangle *ASO* rectangle en *O*, d'après le théorème de Pythagore,

$$OS^2 + OA^2 = SA^2$$
$$OS^2 + 6^2 = 10^2$$
$$OS^2 = 100 - 36$$
$$OS^2 = 64$$
$$OS = \sqrt{64} = 8$$

La hauteur [*SO*] mesure 8 cm.

2. Dans le triangle ASO rectangle en O, on peut utiliser le sinus.

$$\sin \widehat{ASO} = \frac{\text{côté opposé à } \widehat{ASO}}{\text{hypoténuse}} = \frac{OA}{SA} = \frac{6}{10} = 0{,}6.$$

D'où (avec la calculatrice) $\widehat{ASO} = \sin^{-1}(0{,}6) \approx \boxed{37°}$.

3. Le volume d'un cône est donné par la formule : $\frac{1}{3} \times \mathcal{B} \times h$ avec $\mathcal{B}$ l'aire de la base et h la hauteur du cône.

L'aire du disque de la base est :

$\pi \times R^2 = \pi \times 6^2 = 36\pi \text{ cm}^2$.

On en déduit :

$$\mathcal{V}_1 = \frac{1}{3} \times 36\pi \times 8 = \frac{3 \times 2 \times \pi \times 8}{3} = \boxed{96\pi \text{ cm}^3}$$

Remarque

Dans le triangle ASO, on connaît les trois longueurs.

On pouvait aussi utiliser le cosinus ou la tangente.

Pensez-y !

Les formules du volume d'une pyramide et d'un cône sont identiques

Pensez-y !

On veut une valeur exacte du volume. On ne donne donc pas de valeur approchée de l'aire de la base.

4. a) Le plan passe par le milieu de la hauteur. On en déduit que **le coefficient de réduction est $\frac{1}{2}$.**

b) Le coefficient de réduction étant de $\frac{1}{2}$, le volume de la partie enlevée est

$$\mathcal{V}_2 = \left(\frac{1}{2}\right)^3 \times 96\pi = \frac{1}{8} \times 96\pi = \frac{12 \times 8 \times \pi}{8} = \boxed{12\pi \text{ cm}^3}.$$

c) Le volume du tronc de cône restant est $\mathcal{V}' = \mathcal{V}_1 - \mathcal{V}_2 = 96\,\pi - 12\,\pi = \boxed{84\,\pi \text{ cm}^3}$.

8 **1.** Le triangle OHA est rectangle en H :

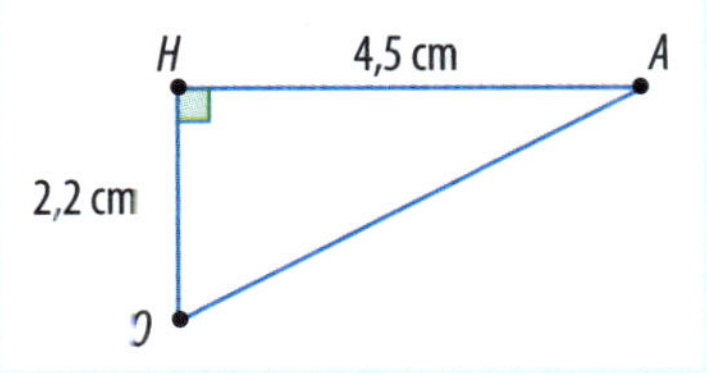

2. Dans le triangle OHA rectangle en H, d'après le théorème de Pythagore, on écrit :

$$\begin{aligned} OH^2 + HA^2 &= OA^2 \\ 2{,}2^2 + 4{,}5^2 &= OA^2 \\ OA^2 &= 25{,}09 \\ OA &= \sqrt{25{,}09} \approx 5{,}0. \end{aligned}$$

La longueur OA mesure environ 5 cm.

CORRIGÉS

CORRIGÉS

Exercice d'approfondissement

9 On calcule la longueur de l'arc $\widehat{BC}$ en utilisant un tableau de proportionnalité.

Angle (en °)	360	40
Longueur de l'arc (en cm)	18π	x

Pensez-y !
Un angle de 360° correspond au périmètre du cercle, soit $2\pi \times R$.

On en déduit $x = \dfrac{40 \times 18\pi}{360} = 2\pi$.

L'arc $\widehat{BC}$ mesure $2\ \pi$ cm. La longueur de cet arc correspond au périmètre du cercle de rayon R de la base du cône.

On en déduit l'égalité $2\ \pi\ R = 2\pi$. Donc $R = 1$ cm.

Le rayon du disque de base est 1 cm.

CHAPITRE 17

Algorithmes et programmes

DE QUOI S'AGIT-IL ?

Les algorithmes se rencontrent dans tous les domaines, de la finance aux jeux vidéo ou aux applications pour *smartphones*. L'étude des algorithmes permet de comprendre le fonctionnement des programmes informatiques qui composent nombre d'objets de notre quotidien.

1 Généralités

1 Définition

Un **algorithme** est une suite finie d'instructions élémentaires sur des données, à appliquer dans un ordre déterminé, qui permet d'obtenir un résultat.

Exemple

Une recette de cuisine est un algorithme. Les données sont les ingrédients. Les instructions sont les opérations à effectuer sur les ingrédients (mélanger, chauffer…) dans un ordre bien précis. Le résultat est le plat obtenu.

2 Variables

- Dans un algorithme, une variable est désignée par un **nom**. Elle peut prendre différentes **valeurs** : un nombre, un mot (comme triangle), une liste de nombres…

Plusieurs instructions peuvent être effectuées sur ces variables :

– la **saisie** : l'utilisateur entre une valeur ;

– l'**affectation** : dans l'algorithme, on donne à la variable une valeur qui peut être par exemple le résultat d'un calcul ;

– l'**affichage** : la valeur de la variable est affichée.

- Après avoir indiqué les variables mises en jeu dans l'algorithme (on parle de **déclaration des variables**), l'algorithme se décompose en trois parties : **l'entrée des variables** par l'utilisateur et/ou l'initialisation des variables, **le traitement** sur les variables, puis **la sortie**.

Exemple

On veut que l'algorithme affiche le résultat du programme de calcul suivant :

> Choisir un nombre
> Ajouter 2 à ce nombre
> Multiplier par 3 le résultat
> Afficher le résultat

Structure de l'algorithme	Algorithme	Instructions sur les variables
Déclaration des variables	x, y, z (nombres)	
Entrée	Saisir x	Saisie
Traitement	y prend la valeur $x+2$	Affectations
	z prend la valeur $3*y$	
Sortie	Afficher z	Affichage

COURS

2 Les principales instructions

1 Instruction conditionnelle « SI … ALORS … (SINON …) »

Pour résoudre certains problèmes, on a besoin de tester une condition : si le test est validé, l'algorithme effectue certaines instructions ; sinon, l'algorithme effectue (éventuellement) d'autres instructions.

Remarque
L'instruction SINON n'est pas toujours nécessaire.

Exemple

Un algorithme demande à l'utilisateur son âge. Si cet âge est supérieur ou égal à 18, l'algorithme écrit en sortie « majeur », sinon il écrit « mineur ».

2 Boucle itérative « POUR… »

Pour résoudre certains problèmes, on a besoin de répéter une même instruction (ou une série d'instructions) un certain nombre de fois. On appelle cela exécuter une boucle.

Exemple

Pour afficher la liste des carrés des entiers consécutifs allant de 12 à 17, l'algorithme utilise une boucle itérative : POUR N allant de 12 à 17, calculer et afficher N^2.

3 Boucle « TANT QUE… »

Pour résoudre certains problèmes, on a besoin de répéter une série d'instructions jusqu'à ce qu'une condition donnée soit vérifiée. On dit que l'on teste cette condition.

Exemple

On veut savoir à partir de quelle valeur de x entière $2x + 3$ dépasse 3 488. On fait calculer $2x + 3$ tant que $2x + 3 < 3\,488$. Dès que $2x + 3$ atteint ou dépasse 3 488, l'algorithme affiche la valeur de x.

Le résultat final de l'algorithme est 1 743, car $2 \times 1\,743 + 3 = 3\,489 > 3\,488$ et $2 \times 1\,742 + 3 = 3\,487 < 3\,488$.

Exercices d'entraînement

1 Échange de valeurs

5 min Corrigé p. 329

Voici un algorithme :

Variables	x et y (nombres)	
Entrées	Saisir la valeur de x Saisir la valeur de y	
Traitement	z prend la valeur x x prend la valeur y y prend la valeur z	Étape 1 Étape 2 Étape 3
Sortie	Afficher x et y	

Complétez les tableaux suivants pour différentes valeurs de x et y, puis expliquez ce que fait l'algorithme.

1.

	x	y	z
Entrées	3	8	X
Étape 1			
Étape 2			
Étape 3			
Affichage			X

2.

	x	y	z
Entrées	−2	5	X
Étape 1			
Étape 2			
Étape 3			
Affichage			X

3.

	x	y	z
Entrées	a	b	X
Étape 1			
Étape 2			
Étape 3			
Affichage			X

2 Le classement

5 min Corrigé p. 329

1. Complétez l'algorithme ci-dessous qui permet d'afficher le plus grand des deux nombres x et y.

Variables	x et y (nombres)
Entrées	Saisir la valeur de x Saisir la valeur de y
Traitement	Si… alors afficher… Sinon afficher…
Sortie	*En cours de traitement*

2. Modifiez cet algorithme de façon à afficher le plus petit des deux nombres x et y.

3 Un peu de géométrie

10 min Corrigé p. 329

1. Dessinez dans le repère ci-contre le résultat obtenu avec cet algorithme :

Variables	a (nombre)
Traitement	Pour a allant de 1 à 5 Tracer le segment dont les extrémités sont (0 ; a) et (a ; a)
Sortie	*En cours de traitement*

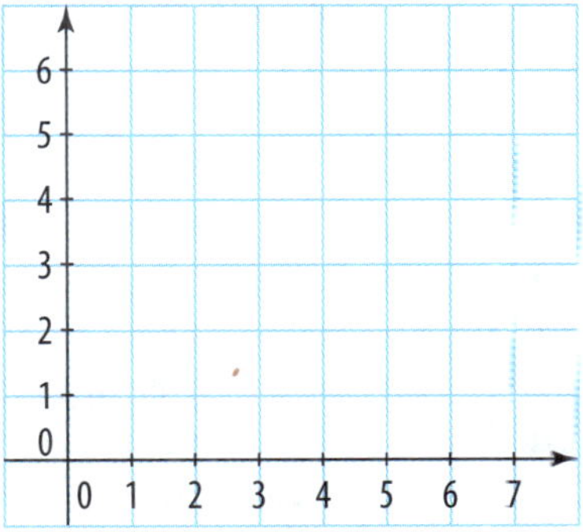

2. Même question avec cet algorithme :

Variables	a (nombre)
Traitement	Pour a allant de 1 à 5 Tracer le segment dont les extrémités sont (0 ; 0) et (a ; 6)
Sortie	*En cours de traitement*

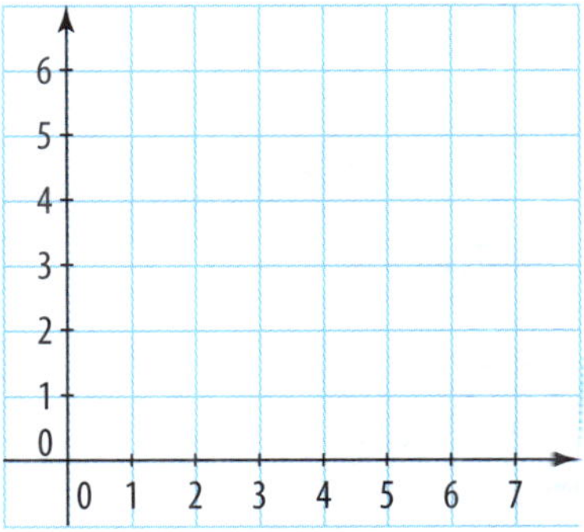

4 Les segments

★ 10 min ➔ Corrigé p. 330

Complétez l'algorithme suivant afin qu'il affiche le résultat ci-contre :

Variables	*a* (nombre)
Traitement	Pour *a* allant de… à… Tracer le segment dont les extrémités sont (… ; …) et (… ; …)
Sortie	*En cours de traitement*

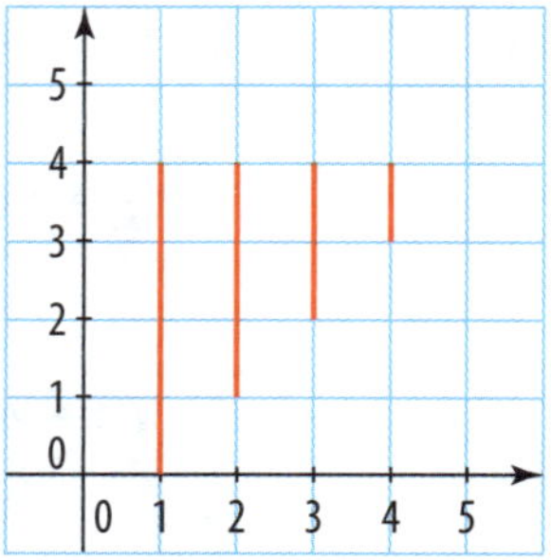

Vers le brevet

Avec le logiciel Scratch

5 Les diviseurs

15 min ➔ Corrigé p. 331

L'opérateur ( ) modulo ( ) renvoie le reste de la division du premier nombre (dividende) par le deuxième nombre (diviseur).

1. On entre 6. Complétez le tableau ci-dessous qui donne les valeurs successives prises par les variables *a*, *b* et *n*, ainsi que les valeurs données pendant 1 seconde au cours de l'exécution de l'algorithme.

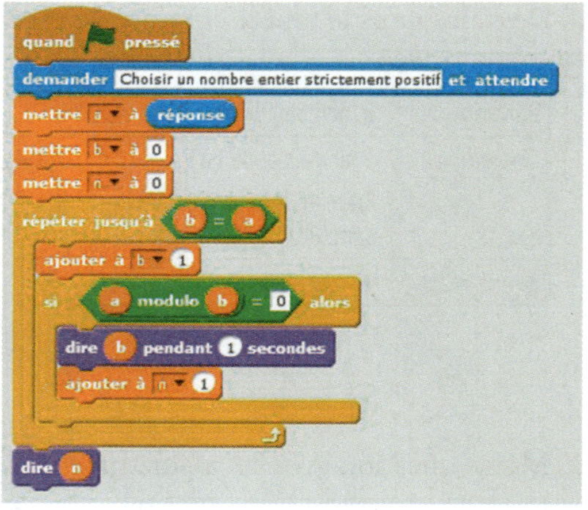

	Valeurs de *a*	Valeurs de *b*	*a* modulo *b* = 0	Valeurs de *n*	Valeurs données pendant 1 seconde
Valeurs initiales	6	0		0	
Étape 1	6	1	OUI	1	1
Étape 2					
Étape 3					
Étape 4					
Étape 5					
Étape 6					

2. On entre 48. Quelles sont les valeurs données pendant 1 seconde ? Que représentent-elles pour le nombre entré ? Quelle est la valeur de n affichée à la fin ? Que représente-t-elle ?

6 Un tableau à compléter

15 min Corrigé p. 331

Voici un algorithme.

L'opérateur ( ) modulo ( ) renvoie le reste de la division du premier nombre (dividende) par le deuxième nombre (diviseur).

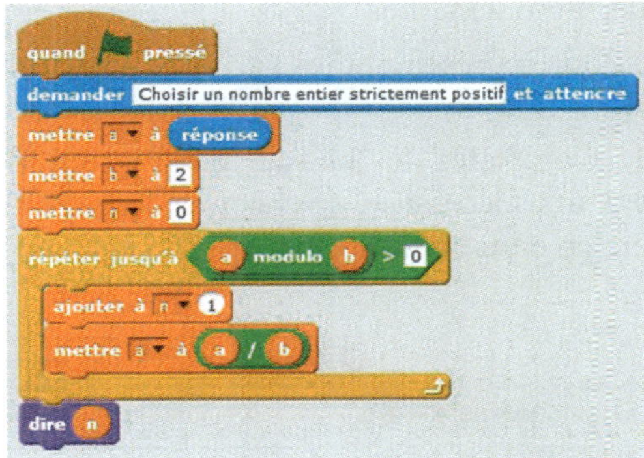

1. On entre 24 comme valeur au départ. Complétez le tableau suivant donnant les valeurs successives des variables a, b et n.

Quelle est la valeur affichée à la fin ?

	Valeurs de a	Valeurs de b	a modulo $b > 0$	Valeurs de n
Valeurs initiales	48	2		0
Étape 1	48	2	NON	1
Étape 2				
Étape 3				
Étape 4				
Étape 5				

2. Quelle est la valeur affichée à la fin si on entre 64 comme valeur au départ ? Si on entre 5 ?

3. Quel est le rôle de cet algorithme ?

4. Que fait l'algorithme si on met la variable b à 3 au départ ?

7 La cagnotte

★ 15 min Corrigé p. 332

Dans la tirelire de Louise, il y a 30 euros. La première semaine, Louise décide de mettre dans sa tirelire 2 euros. Puis les semaines suivantes, elle décide d'y mettre 2 euros de plus que la somme qu'elle y a déposée la semaine d'avant.

Ainsi, la deuxième semaine, elle dépose 4 euros, la troisième semaine, 6 euros, etc.

Louise souhaite avoir dans sa tirelire 100 euros.

On donne l'algorithme ci-contre, qui permet de calculer et d'afficher :

- le nombre de semaines qu'il lui faudra pour atteindre cette somme ;
- la somme qu'elle devra mettre dans la tirelire la dernière semaine.

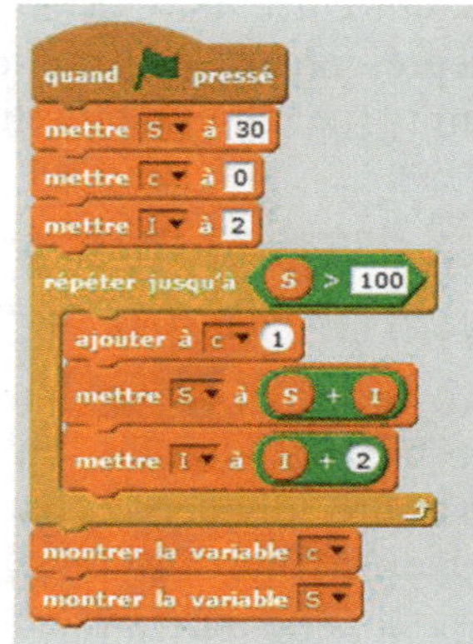

1. Que représentent les variables S, C et I dans cet algorithme ?

2. Complétez le tableau suivant qui donne les valeurs successives de chacune des variables mises en jeu dans l'algorithme :

	Valeurs de C	Valeurs de S	Valeurs de I	Condition
Étape 0 (initialisation)	0	30	2	$30 < 100$
Étape 1				
Étape 2				
Étape 3				
Étape 4				
Étape 5				
Étape 6				
Étape 7				
Étape 8				

8 Écriture d'un programme

5 min Corrigé p. 332

Voici un algorithme.

Écrivez le programme de calcul décrit par cet algorithme.

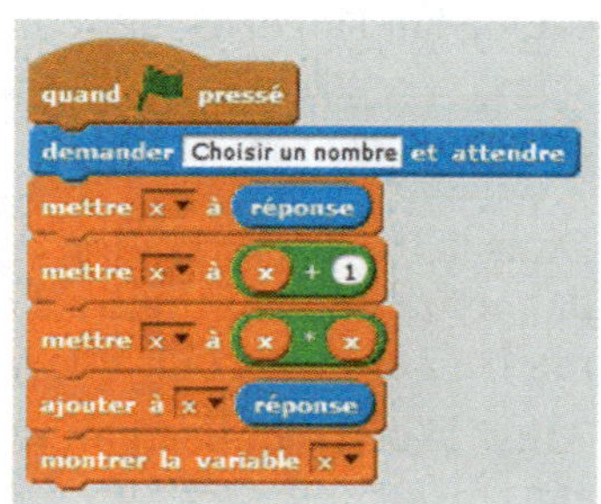

9 Les nombres aléatoires

5 min ➔ Corrigé p. 332

La commande nombre aléatoire entre 1 et 6 renvoie un nombre entier a tel que $1 \leqslant a \leqslant 6$.

On entre 4 comme valeur de N.

Parmi les listes suivantes, lesquelles sont susceptibles d'être données pendant deux secondes par cet algorithme ?

{1, 5, 7, 4}

{0, 4, 3, 6}

{4, 5, 7, 2, 4}

{3, 1, 6, 4}

{1, 1, 1, 1}

{6, 5, 2, 2, 4}

Que fait cet algorithme ?

10 La question est posée

★ 15 min ➔ Corrigé p. 333

L'algorithme ci-contre répond à une question posée.

L'opérateur ( ) modulo ( ) renvoie le reste de la division du premier nombre (dividende) par le deuxième nombre (diviseur).

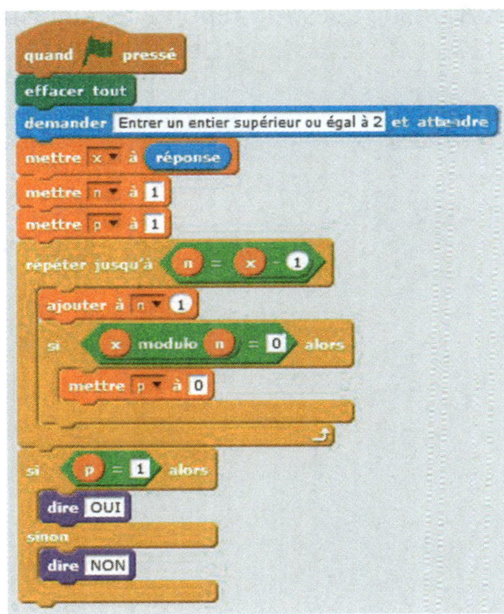

On entre 91. Le tableau ci-après donne les valeurs successives prises par les variables x, n et p, ainsi que le reste de la division euclidienne de x par n au cours de l'exécution de l'algorithme.

Valeurs de x	Valeurs de n	x modulo n	Valeurs de p	
91	1		1	(Valeurs initiales)
91	2	1	1	
91				
91				
91				
91				
91				
91				
…	…	…	…	
…	…	…	…	
…	…	…	…	
91	89			
91	90			

1. Justifiez les valeurs obtenues dans les cases rouge et bleue.

2. Complétez les cases jaunes du tableau.

3. Quel est l'affichage final ?

4. À quelle question répond cet algorithme ?

Exercices d'entraînement

1

1.

	x	y	z
Entrées	3	8	☒
Étape 1	3	8	3
Étape 2	8	8	3
Étape 3	8	3	3
Affichage	8	3	☒

2.

	x	y	z
Entrées	−2	5	☒
Étape 1	−2	5	−2
Étape 2	5	5	−2
Étape 3	5	−2	−2
Affichage	5	−2	☒

3.

	x	y	z
Entrées	3	8	☒
Étape 1	3	8	3
Étape 2	8	8	3
Étape 3	8	3	3
Affichage	8	3	☒

Remarque
À chaque étape, une variable conserve sa valeur précédente en l'absence d'opération sur celle-ci.

Cet algorithme permute les valeurs de x et de y.

2 **1.** Si $x > y$ alors afficher x.
Sinon afficher y.

2. Modifications à apporter pour que l'algorithme affiche le plus petit des deux nombres entrés :
Si $x < y$ alors afficher x.
Sinon afficher y.

3 **1.** Avec cet algorithme, on obtient cinq segments verticaux dont les extrémités ont pour coordonnées :
Pour $a = 1$: (0 ; 1) et (1 ; 1).
Pour $a = 2$: (0 ; 2) et (2 ; 2).
Pour $a = 3$: (0 ; 3) et (3 ; 3).

Pensez-y !
Écrivez pour chaque valeur de a les coordonnées des points.

Pour $a = 4$: (0 ; 4) et (4 ; 4).

Pour $a = 5$: (0 ; 5) et (5 ; 5).

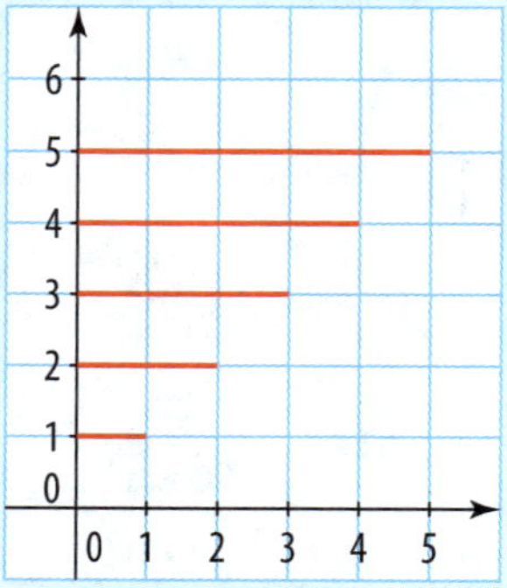

2. Avec cet algorithme, on obtient cinq segments verticaux dont les extrémités ont pour coordonnées :

Pour $a = 1$: (0 ; 0) et (1 ; 6).

Pour $a = 2$: (0 ; 0) et (2 ; 6).

Pour $a = 3$: (0 ; 0) et (3 ; 6).

Pour $a = 4$: (0 ; 0) et (4 ; 6).

Pour $a = 5$: (0 ; 0) et (5 ; 6).

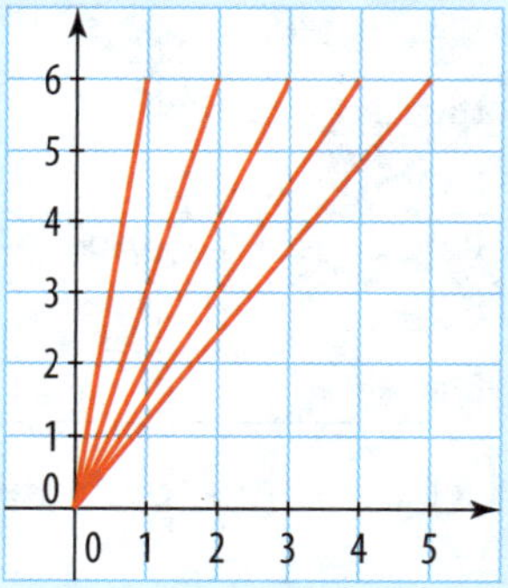

4

Variables	*a* (nombre)
Traitement	Pour *a* allant de 1 à 4 Tracer le segment dont les extrémités sont (*a* ; 4) et (*a* ; *a* – 1)
Sortie	*En cours de traitement*

Remarque

Écrivez les coordonnées de chacun des points. Vous devez repérer une coordonnée qui ne varie pas.

Vers le brevet

5 **1.**

	Valeurs de *a*	Valeurs de *b*	*a* modulo *b* = 0	Valeurs de *n*	Valeurs données pendant 1 seconde
Valeurs initiales	6	0		0	
Étape 1	6	1	OUI	1	1
Étape 2	6	2	OUI	2	2
Étape 3	6	3	OUI	3	3
Étape 4	6	4	NON	3	
Étape 5	6	5	NON	3	
Étape 6	6	6	OUI	4	6

À chaque fois que le reste de la division euclidienne de *a* par *b* est 0, le nombre *b* s'affiche, et le nombre *n* augmente de 1.

Remarque
« *a* modulo *b* » nul signifie que *b* est un diviseur de *a*.

Cet algorithme donne (pendant une seconde) les diviseurs successifs du nombre entré au départ. La valeur affichée à la fin est le nombre de diviseurs qui ont été donnés au cours de l'exécution de l'algorithme.

2. Les diviseurs de 48 sont : 1, 2, 3, 4, 6, 8, 12, 16, 24 et 48. Les valeurs affichées pendant une seconde sont donc : 1, 2, 3, 4, 6, 8, 12, 16, 24 et 48.

10 valeurs ont été affichées pendant 1 seconde. La valeur de *n* affichée à la fin est donc 10.

6 **1.** Tableau complété :

	Valeurs de *a*	Valeurs de *b*	*a* modulo *b* > 0	Valeurs de *n*
Valeurs initiales	48	2		0
Étape 1	48	2	NON	1
Étape 2	24	2	NON	2
Étape 3	12	2	NON	3
Étape 4	6	2	NON	4
Étape 5	3	2	OUI	4

La valeur de *b* ne change pas. À chaque fois que *a* est divisible par 2, la valeur de *n* augmente de 1.

Remarque
Dans ce cas, *n* joue le rôle de compteur.

2. $64 = 2^6$, donc **le résultat affiché est 6.**

5 n'est pas un multiple de 2, donc **la valeur de *n* affichée est 0.**

3. Cet algorithme compte le nombre de fois où un nombre est divisible par 2.

4. Si on met la variable b à 3 au départ, on compte le nombre de fois où un nombre est divisible par 3.

7 **1.** La variable S donne la somme qu'il y a dans la tirelire.

La variable C donne le nombre de semaines d'économie.

La variable I représente la somme déposée dans la tirelire au cours d'une semaine.

Remarque
Dans un algorithme, il est très important de connaître le rôle de chaque variable.

2.

	Valeurs de C	Valeurs de S	Valeurs de I	Condition
Étape 0 (initialisation)	0	30	2	$30 < 100$
Étape 1	1	$30 + 2 = 32$	4	$32 < 100$
Étape 2	2	$32 + 4 = 36$	6	$36 < 100$
Étape 3	3	$36 + 6 = 42$	8	$42 < 100$
Étape 4	4	$42 + 8 = 50$	10	$50 < 100$
Étape 5	5	$50 + 10 = 60$	12	$60 < 100$
Étape 6	6	$60 + 12 = 72$	14	$72 < 100$
Étape 7	7	$72 + 14 = 86$	16	$86 < 100$
Étape 8	8	$86 + 16 = 102$	18	$102 > 100$

8 Choisir un nombre

Lui ajouter 1

Élever au carré le résultat

Ajouter le nombre de départ

Afficher le résultat

Remarque
Dans l'algorithme, « Réponse » correspond au nombre entré au départ.

9 Cet algorithme donne une suite aléatoire de 4 nombres compris entre 1 et 6 (inclus).

Voici un exemple de suite obtenue avec cet algorithme. Les valeurs données pendant deux secondes sont en rouge.

	Valeurs de *x*	Valeurs de I	Condition I = N
Valeurs initiales	0	0	NON
Étape 1	3	1	NON
Étape 2	1	2	NON
Étape 3	6	3	NON
Étape 4	4	4	OUI

Remarque
Le nombre *N* détermine le nombre de nombres aléatoires à donner.

10 **1.** $91 = 2 \times 45 + 1$.

Dans la case rouge, il y a 1, qui est le reste de la division euclidienne de 91 par 2. p a pour valeur de départ 1 et change si le reste de la division euclidienne de 91 par n est nul, autrement dit, si n est un diviseur (il prend dans ce cas la valeur 0).

Comme le reste de la division euclidienne de 91 par 2 est 1 (non nul), la valeur de p ne change pas et reste à 1.

2. Tableau complété :

Valeurs de *x*	Valeurs de *n*	*x* modulo *n*	Valeurs de *p*
91	1		1
91	2	1	1
91	3	1	1
91	4	3	1
91	5	1	1
91	6	1	0
91	7	0	0
91	8	3	0
…	…	…	…
…	…	…	…
…	…	…	…
91	89	2	0
91	90	1	0

3. L'affichage à la fin de cet algorithme est NON. En effet, la division euclidienne de 91 par 7 est 0 ($91 = 7 \times 13$). Par conséquent, p prend la valeur 0.

Remarque
Un nombre premier est un nombre qui admet exactement deux diviseurs : 1 et lui-même.

4. L'algorithme répond à la question : « Le nombre entré est-il premier ? »

91 admet un diviseur autre que 1 et lui-même, donc il n'est pas premier.

Cahier

Spécial Brevet

SUJET

Énoncé Adaptation du sujet de France métropolitaine, juin 2015

Toutes les réponses doivent être justifiées, sauf si une indication contraire est donnée.

Pour chaque question, si le travail n'est pas terminé, laisser tout de même une trace de la recherche ; elle sera prise en compte dans la notation.

EXERCICE 1

10 min 5 pts

Une coopérative collecte le lait dans différentes exploitations agricoles.

Les détails de la collecte du jour ont été saisis dans une feuille de calcul d'un tableur.

B8

	A	B
1	**Exploitation agricole**	**Quantité de lait collecté (en L)**
2	Beau séjour	1250
3	Le Verger	2130
4	La Fourragère	1070
5	Petit Pas	2260
6	La Chausse Pierre	1600
7	Le Palet	1740
8	**Quantité totale de lait collecté**	

1 Une formule doit être saisie dans la cellule B8 pour obtenir la quantité totale de lait collecté. Parmi les quatre propositions ci-dessous, recopier celle qui convient. **[1 pt]**

SOMME(B2:B7)	SOMME(B2:B8)	=SOMME(B2:B7)	=SOMME(B2:B8)

2 Calculer la moyenne des quantités de lait collecté dans ces exploitations. **[2 pts]**

3 Quel pourcentage de la collecte provient de l'exploitation « Petit Pas » ? On arrondira le résultat à l'unité. **[2 pts]**

EXERCICE 2

15 min — 7 pts

On considère un programme de calcul dont l'algorithme s'écrit :

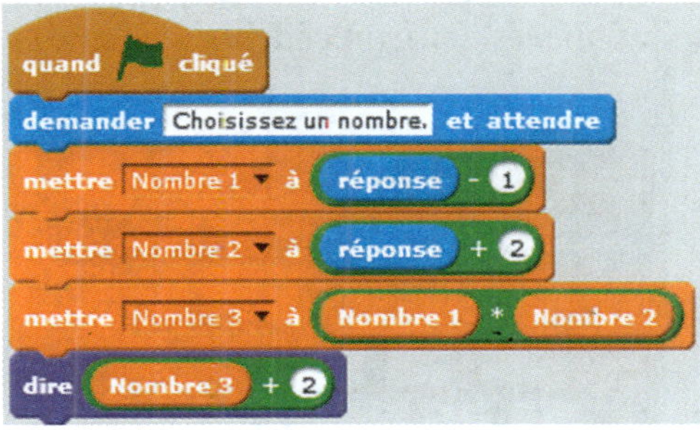

1 a. Compléter le tableau en indiquant les valeurs obtenues à chaque étape de l'algorithme. [1 pt]

Nombre choisi	2	– 4	5
Nombre 1			
Nombre 2			
Nombre 3			
Résultat annoncé	6		

b. On choisit x pour nombre de départ. Compléter les pointillés en exprimant les trois nombres en fonction de x.

Nombre 1 = ……….   Nombre 2 = ……….   Nombre 3 = ……….

Donner l'expression du résultat en fonction de x. [1 pt]

2 Juliette écrit le programme ci-dessous.

a. Compléter le tableau en indiquant les valeurs de chacune des variables a, b et c. [1 pt]

Nombre choisi	2	– 4	5
Valeur de a			
Valeur de b			
Valeur de c			
Résultat annoncé			

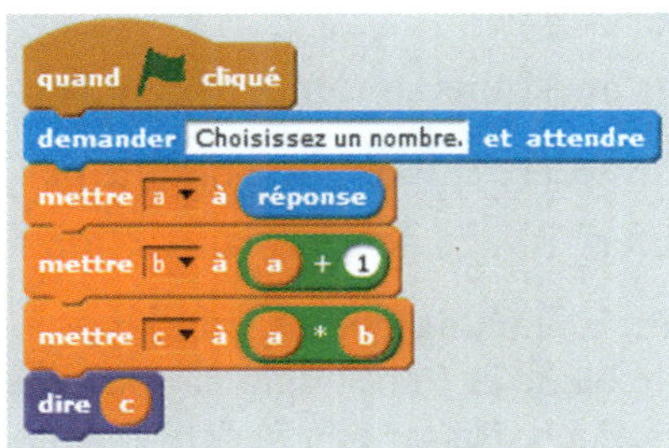

b. Déterminer l'expression du résultat donné par l'algorithme en prenant x pour nombre de départ. [1 pt]

c. Montrer qu'en choisissant n'importe quelle valeur x de départ, les deux algorithmes donnent le même résultat. **[2 pts]**

3 Compléter les cinq blancs avec x ou y de façon que ce troisième programme donne le même résultat que les deux précédents quel que soit le nombre choisi au départ. **[1 pt]**

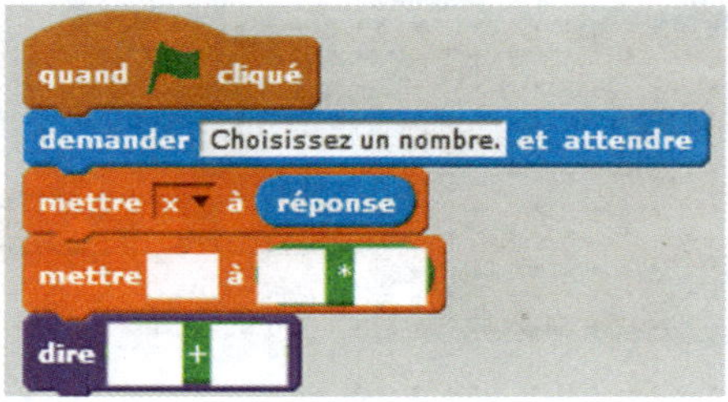

EXERCICE 3

15 min — 5 pts

Dans la figure ci-contre, qui n'est pas à l'échelle :

- les points D, P et A sont alignés ;
- les points K, H et A sont alignés ;
- $DA = 60$ cm ;
- $DK = 11$ cm ;
- $DP = 45$ cm.

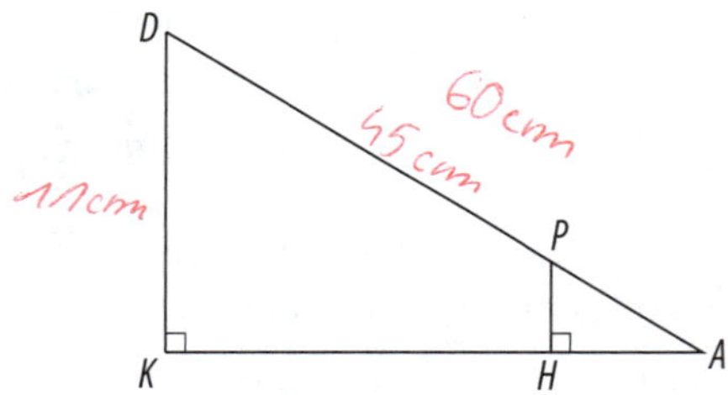

1 Calculer KA au millimètre près. **[2 pts]**

2 Calculer HP. **[3 pts]**

EXERCICE 4

25 min — 9 pts

Toutes les questions sont indépendantes.

1 On considère la fonction f définie par $f(x) = -6x + 7$.

Déterminer l'image de 3 par la fonction f. **[1,5 pt]**

2 Arthur a le choix pour s'habiller aujourd'hui entre trois chemisettes (une verte, une bleue et une rouge) et deux shorts (un vert et un bleu). Il décide de s'habiller en choisissant au hasard une chemisette puis un short.

Quelle est la probabilité qu'Arthur soit habillé uniquement en vert ? **[2 pts]**

3 Ariane affirme que 2^{40} est le double de 2^{39}. A-t-elle raison ? **[2 pts]**

4 Célian affirme que la somme de trois nombres consécutifs est toujours un multiple de 3. A-t-il raison ? **[2 pts]**

5 Résoudre l'équation : $5x - 2 = 3x + 7$. **[1,5 pt]**

EXERCICE 5

20 min — 7 pts

Agnès envisage de peindre la façade de son hangar.

Information 1 : Caractéristiques de la peinture utilisée

Renseignements concernant un pot de peinture

Volume : 6 L
Temps de séchage : 8 h
Surface couverte : 24 m^2
Monocouche*
Prix : 103,45 €

* Une seule couche de peinture suffit.

Information 2 : Schéma de la façade

Le schéma n'est pas à l'échelle !
La zone grisée est la zone à peindre.

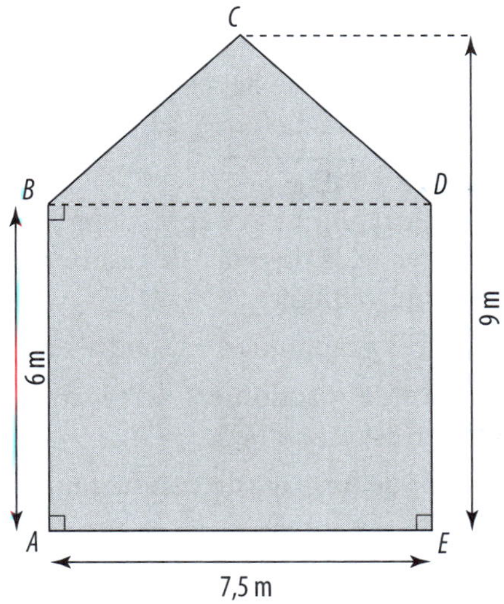

1 Quel est le montant minimum à prévoir pour l'achat des pots de peinture ? **[3,5 pts]**

2 Agnès achète la peinture et tout le matériel dont elle a besoin pour ses travaux. Le montant total de la facture est de 343,50 €.

Le magasin lui propose de régler $\frac{2}{5}$ de la facture aujourd'hui et le reste en trois mensualités identiques. Quel sera le montant de chaque mensualité ? **[3,5 pts]**

EXERCICE 6

20 min 7 pts

La distance parcourue par un véhicule entre le moment où le conducteur voit un obstacle et l'arrêt complet du véhicule est schématisée ci-dessous :

1 Un scooter roulant à 45 km/h freine en urgence pour éviter un obstacle. À cette vitesse, la distance de réaction est égale à 12,5 m et la distance de freinage à 10 m. Quelle est la distance d'arrêt ? **[1 pt]**

2 Les deux graphiques ci-après représentent, dans des conditions normales et sur route sèche, la distance de réaction et la distance de freinage en fonction de la vitesse du véhicule.

En utilisant ces graphiques, répondre aux questions suivantes.

a. La distance de réaction est de 15 m. À quelle vitesse roule-t-on ? (Aucune justification n'est attendue.) **[1 pt]**

b. La distance de freinage du conducteur est-elle proportionnelle à la vitesse de son véhicule ? **[1,5 pt]**

c. Déterminer la distance d'arrêt pour une voiture roulant à 90 km/h. **[2 pts]**

3 La distance de freinage, en mètres, d'un véhicule sur route mouillée peut se calculer à l'aide de la formule suivante, où v est la vitesse en km/h du véhicule :

$$\text{Distance de freinage sur route mouillée} = \frac{v^2}{152{,}4}.$$

Calculer au mètre près la distance de freinage sur route mouillée à 110 km/h. **[1,5 pt]**

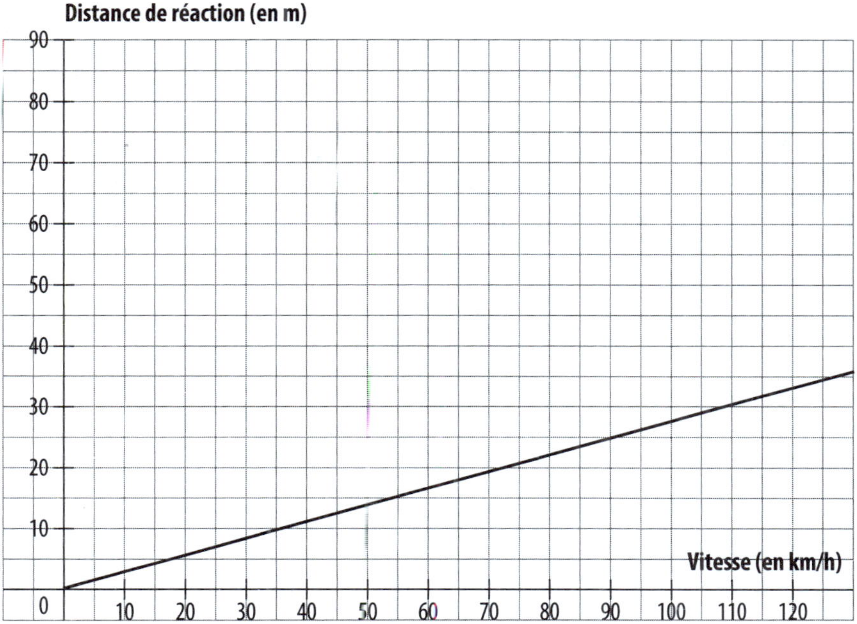
Distance de réaction (en m)
90
80
70
60
50
40
30
20
10
0
Vitesse (en km/h)
10
20
30
40
50
60
70
80
90
100
110
120

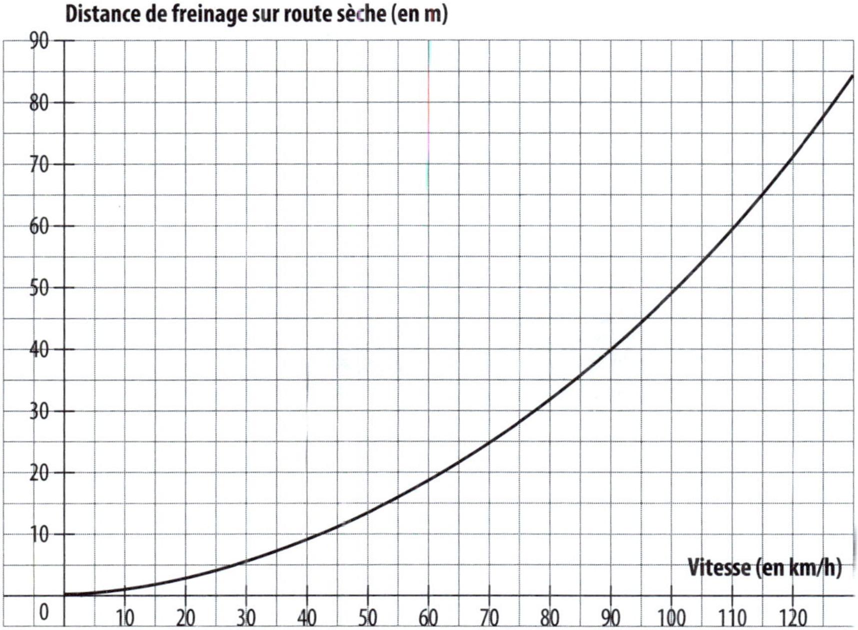
Distance de freinage sur route sèche (en m)
90
80
70
60
50
40
30
20
10
0
Vitesse (en km/h)
10
20
30
40
50
60
70
80
90
100
110
120

EXERCICE 7

15 min 5 pts

Ce panneau routier indique une descente dont la pente est de 10 %.

Cela signifie que pour un déplacement horizontal de 100 mètres, le dénivelé est de 10 mètres. Le schéma ci-dessous n'est pas à l'échelle.

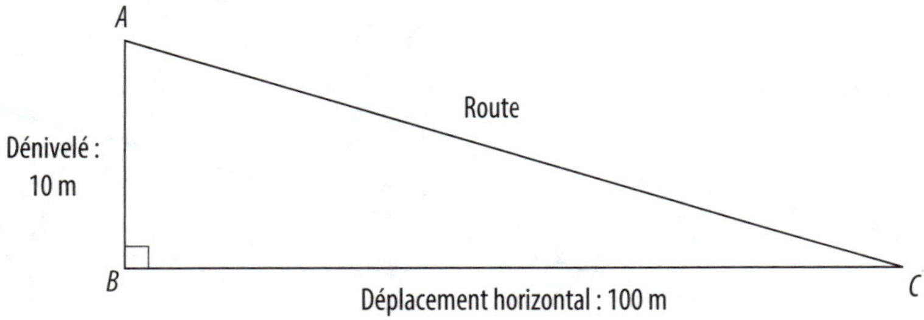

1 Déterminer la mesure de l'angle $\widehat{BCA}$ que fait la route avec l'horizontale. Arrondir la réponse au degré. **[2 pts]**

2 Dans certains pays, il arrive parfois que la pente d'une route ne soit pas donnée par un pourcentage, mais par une indication telle que « 1 : 5 », ce qui veut alors dire que pour un déplacement horizontal de 5 mètres, le dénivelé est de 1 mètre.

Lequel des deux panneaux ci-dessous indique la pente la plus forte ? **[3 pts]**

Panneau A

Panneau B

Corrigé

EXERCICE 1

1 Formule saisie en B8

La formule doit être impérativement précédée du signe =. De plus, on veut faire la somme des quantités inscrites dans les cellules B2 à B7.

La formule qui convient est donc :

=SOMME(B2:B7)

2 Moyenne des quantités de lait

Cette moyenne est obtenue par le quotient :

$$m = \frac{1\,250 + 2\,130 + 1\,070 + 2\,260 + 1\,600 + 1\,740}{6}$$

$m = 1\ 675$

La moyenne des quantités de lait collecté dans ces exploitations est 1 675 L.

> **L'astuce du prof**
> Pensez à vérifier la cohérence du résultat. Par exemple, une valeur moyenne de 1 000 L ne peut pas être correcte.

3 Calcul d'un pourcentage

$1\,250 + 2\,130 + 1\,070 + 2\,260 + 1\,600 + 1\,740 = 10\,050$

La quantité totale de lait collecté est 10 050 L.

L'exploitation « Petit Pas » produit 2 260 L de lait sur un total de 10 050 L.

$$\frac{2\,260}{10\,050} \approx 0{,}22$$

L'exploitation « Petit Pas » produit 22 % environ de la collecte.

EXERCICE 2

1 a. Tableau de valeurs associé à l'algorithme 1

Nombre choisi	2	−4	5
Nombre 1	$2-1=1$	$-4-1=-5$	$5-1=4$
Nombre 2	$2+2=4$	$-4+2=-2$	$5+2=7$
Nombre 3	$1\times4=4$	$(-5)\times(-2)=10$	$4\times7=28$
Résultat annoncé	$4+2=6$	$10+2=12$	$28+2=30$

b. Expression des différents nombres en fonction de x

Nombre 1 = $x - 1$ Nombre 2 = $x + 2$ Nombre 3 = $(x - 1) \times (x + 2)$

L'expression du résultat en fonction de x est : $(x - 1) \times (x + 2) + 2$.

2 a. Tableau de valeurs associé à l'algorithme 2

Nombre choisi	2	−4	5
Valeur de a	2	−4	5
Valeur de b	$2+1=3$	$-4+1=-3$	$5+1=6$
Valeur de c	$2\times3=6$	$-4\times(-3)=12$	$5\times6=30$
Résultat annoncé	6	12	30

b. Expression du résultat en prenant x pour nombre de départ

En appliquant le procédé présenté dans le tableau précédent, on obtient :

$a = x$ $b = x + 1$ $c = x \times (x + 1)$

En prenant pour nombre de départ x, on obtient pour résultat $x \times (x + 1)$.

c. Justification de résultats identiques avec les deux algorithmes

Méthode
Développez les expressions associées à chaque algorithme, puis comparez-les.

Gagnez des points !
Utilisez la distributivité en respectant les règles de signes pour développer l'expression.

- L'algorithme 1 retourne l'expression :
$(x - 1) \times (x + 2) + 2$.

On développe cette expression :

$$(x - 1) \times (x + 2) + 2 = (x \times x + x \times 2 - 1 \times x - 1 \times 2) + 2$$
$$= x^2 + 2x - x - 2 + 2$$
$$= x^2 + x$$

- L'algorithme 2 retourne l'expression :
$x \times (x + 1)$.

En développant cette expression, on obtient :

$$x \times (x + 1) = x \times x + x \times 1$$
$$= x^2 + x$$

- En conclusion, **pour toute valeur de x, les deux algorithmes retournent le même résultat : le nombre $x^2 + x$.**

3 Algorithme 3 complété

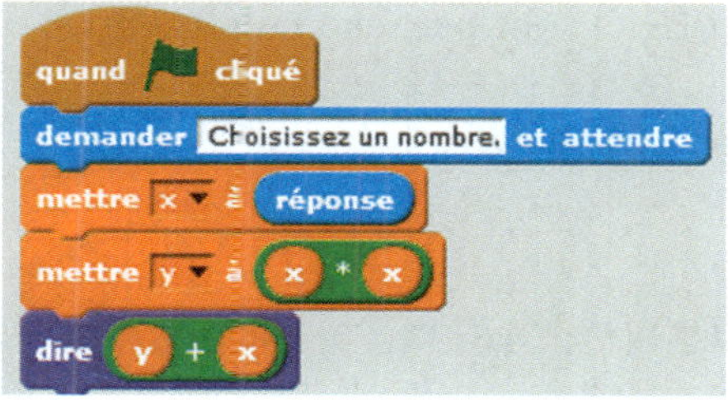

Remarque

L'algorithme 3 utilise la forme développée des deux expressions précédentes.

En effet, $y = x*x = x^2$.

Le résultat annoncé est alors $x^2 + x$.

EXERCICE 3

1 Calcul de la longueur *KA*

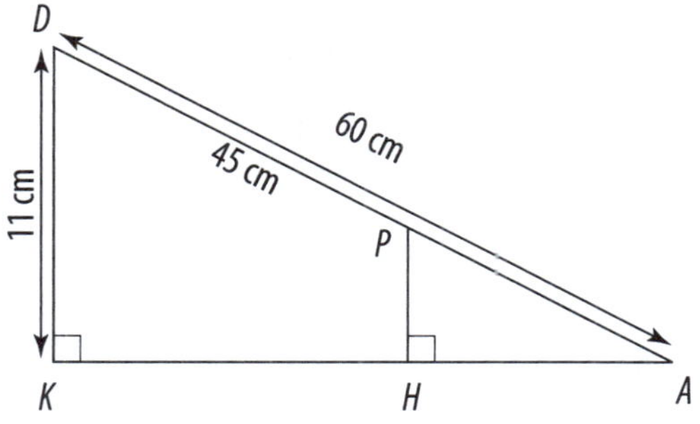

L'astuce du prof
N'hésitez pas à refaire une figure à main levée en faisant figurer les longueurs données par l'énoncé (ou écrivez-les directement sur l'énoncé).

Dans le triangle *DKA* rectangle en *K*, d'après le théorème de Pythagore :

$DK^2 + KA^2 = DA^2$

$11^2 + KA^2 = 60^2$

$121 + KA^2 = 3\,600$

$KA^2 = 3\,600 - 121$

$KA^2 = 3\,479$

$KA = \sqrt{3\,479}$

$\boldsymbol{KA \approx 59{,}00}$ **cm** (valeur arrondie au millimètre près)

2 Calcul de la longueur *HP*

- Les droites (PH) et (DK) sont perpendiculaires à la droite (KA).

Deux droites perpendiculaires à la même droite sont parallèles.

Donc $(DK) // (PH)$.

- Dans le triangle ADK, $H \in [AK]$ et $P \in [AD]$.

De plus $(PH) // (DK)$.

D'après le théorème de Thalès :

$$\frac{AH}{AK} = \frac{AP}{AD} = \frac{PH}{DK}$$

$$\frac{AH}{AK} = \frac{60 - 45}{60} = \frac{PH}{11}$$

$$\frac{AH}{AK} = \boxed{\frac{15}{60} = \frac{PH}{11}}$$

En utilisant l'égalité encadrée, on obtient :

$$\frac{15}{60} = \frac{PH}{11}$$

$PH \times 60 = 15 \times 11$ (Produit en croix)

$PH \times 60 = 165$

$PH = \frac{165}{60}$ (On divise par 60.)

$\boldsymbol{PH = 2{,}75}$ **cm**

Pensez-y !
Dans l'énoncé, on ne vous indique pas que ces deux droites sont parallèles. Vous devez le justifier.

Remarque
On dit que les triangles *APH* et *ADK* sont en configuration de Thalès.

Pensez-y !
Aux numérateurs de ces quotients, on écrit les longueurs du triangle *APH* et aux dénominateurs, les longueurs correspondantes du triangle *ADK*.

Pensez-y!
Aucune indication n'est précisée pour une valeur approchée. Vous devez donc écrire la valeur exacte.

Remarque

Le rapport $\frac{15}{60}$ donne le coefficient de réduction : $\frac{15}{60} = \frac{1}{4}$.
Cela signifie que les longueurs du triangle *APH* sont quatre fois plus petites que celles du triangle *ADK*.

EXERCICE 4

1 Calcul d'une image par une fonction

$f(x) = -6x + 7$

$f(3) = -6 \times 3 + 7$

$= -18 + 7$

$= -11$

L'image de 3 par la fonction *f* est – 11.

Pensez-y !
Pour calculer l'image d'un nombre par une fonction, remplacez *x* par ce nombre dans l'expression de $f(x)$.

2 Calcul d'une probabilité

En notant V pour vert, B pour bleu et R pour rouge, on schématise la situation à l'aide d'un arbre :

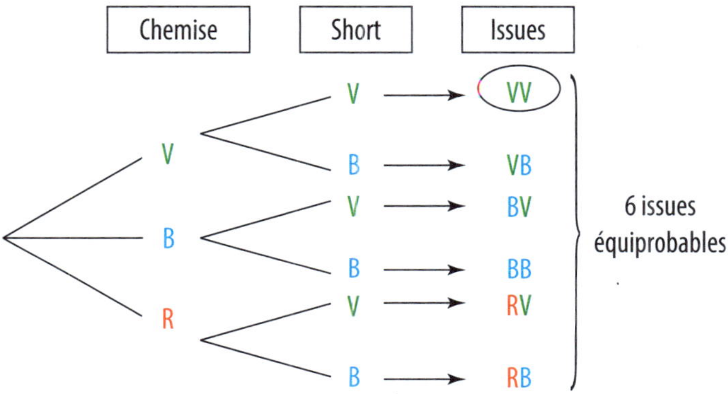

L'événement « Arthur est habillé uniquement en vert » n'a qu'une seule issue favorable (chemise verte et short vert). La probabilité de cet événement est donc :

$$p = \frac{1}{6}$$

Pensez-y !
Les issues sont équiprobables, car Arthur décide de s'habiller « au hasard ».

Arthur a une chance sur 6 d'être habillé uniquement en vert (si on exclut les chaussettes, les chaussures…).

3 Justification d'une affirmation

Le double de 2^{39} est $2 \times 2^{39} = 2^1 \times 2^{39} = 2^{1+39} = 2^{40}$.

Ariane a raison.

Remarque
Pour démontrer ce résultat, on utilise le calcul littéral. Vérifier sur des exemples ne permet pas de démontrer le cas général.

4 Justification d'une affirmation

Soit n un entier.

Les deux entiers consécutifs à n sont $n + 1$ et $n + 2$.

La somme S de ces trois entiers consécutifs vaut :

$S = n + (n + 1) + (n + 2)$

$S = n + n + n + 1 + 2$

$S = 3n + 3$

$S = 3 \times n + 3 \times 1$

$S = 3 \times (n + 1)$

Rappel
Un nombre est multiple de 3 s'il s'écrit $3 \times N$ avec N entier.

Le nombre $(n + 1)$ est un entier. Ainsi, S est le produit de 3 par un entier : S est bien un multiple de 3.

En conclusion, **Célian a raison : la somme de trois entiers consécutifs est un multiple de 3**.

5 Résolution d'une équation

$5x - 2 = 3x + 7$

$5x - 3x = 7 + 2$

On retranche $3x$ et on ajoute 2.

$2x = 9$

$x = \frac{9}{2}$

On divise par 2.

L'équation a une solution : $\frac{9}{2}$.

EXERCICE 5

1 Montant minimum pour l'achat des pots de peinture

- **Calcul de la surface à peindre**

La façade est constituée d'un rectangle et d'un triangle.

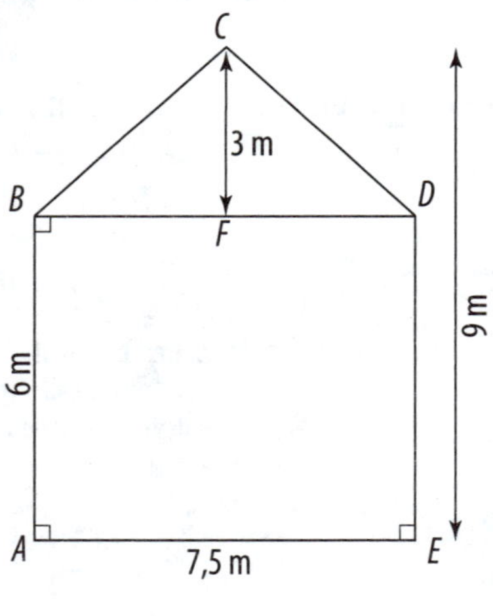

Surface du rectangle :

$6 \times 7,5 = 45 \text{ m}^2$.

Surface du triangle BCD :

$\frac{BD \times CF}{2} = \frac{7,5 \times 3}{2} = 11,25 \text{ m}^2$.

$45 + 11,25 = 56,25$

La surface à peindre est $56,25 \text{ m}^2$.

- **Calcul du nombre de pots nécessaires**

Avec un pot de peinture, on peut couvrir une surface de 24 m^2.

$56,25 \div 24 \approx 2,3$

Agnès a donc besoin de 3 pots de peinture.

Remarque

Deux pots ne suffisent pas. Le troisième ne sera pas complètement utilisé.

- **Calcul du prix correspondant**

Un pot de peinture coûte 103,45 €.

$103,45 \times 3 = 310,35$

Agnès dépensera 310,35 € pour l'achat des pots de peinture.

2 Montant d'une mensualité

- $343,50 \times \frac{2}{5} = 137,4$

Agnès doit régler 137,4 € le jour de l'achat.

- $343,5 - 137,4 = 206,1$

Il lui reste à régler 206,10 €.

- $206,1 \div 3 = 68,7$

Le montant d'une mensualité est de 68,70 €.

Remarque

Il reste $\frac{3}{5}$ de la facture à régler en mensualités :
$\frac{3}{5} \times 343,5 = 206,10$ €.

Remarque

- Une petite vérification permet d'éviter certaines erreurs :

$$\underbrace{3 \times 68,7}_{\text{3 mensualités}} + \underbrace{137,40}_{\text{paiement le jour de l'achat}} = \underbrace{343,50}_{\text{montant de la facture}}$$

- $\frac{3}{5}$ de la facture totale sont payés en 3 mensualités, donc chaque mensualité représente $\frac{1}{5}$ de la facture totale :

$$\frac{343,50}{5} = 68,70$$

Le montant d'une mensualité est donc 68,70 €.

EXERCICE 6

1 Calcul d'une distance d'arrêt

La distance d'arrêt est la somme de la distance de réaction et de la distance de freinage.

$$\underbrace{12,50}_{\text{Distance de réaction}} + \underbrace{10}_{\text{Distance de freinage}} = \underbrace{22,50}_{\text{Distance d'arrêt}}$$

La distance d'arrêt est 12,50 m.

2 a. Lecture d'une vitesse

On place 15 sur l'axe des ordonnées et on lit l'abscisse correspondante (pointillés bleus).

Le véhicule roule à 53 km/h environ.

> **Remarque**
> Cela revient à lire graphiquement l'antécédent de 15.

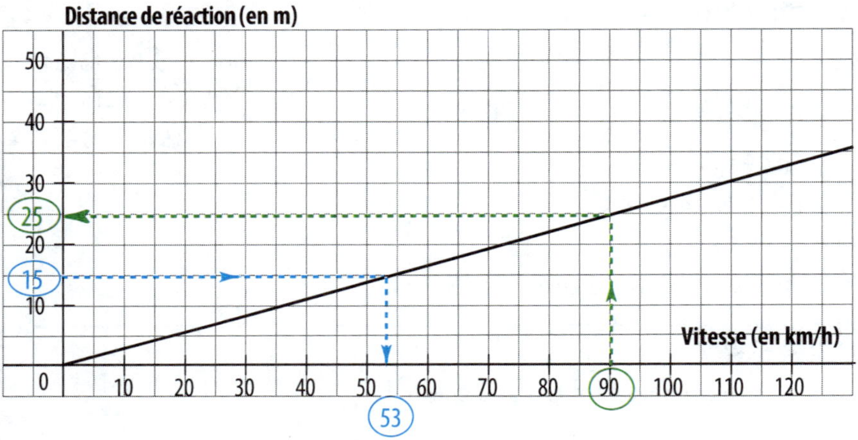

b. Proportionnalité

La distance de freinage n'est pas proportionnelle à la vitesse du véhicule, car elle n'est pas représentée par une droite qui passe par l'origine.

c. Détermination d'une distance d'arrêt

La distance d'arrêt est la somme de la distance de réaction et de la distance de freinage.

- Distance de réaction pour une vitesse de 90 km/h (pointillés verts sur schéma ci-avant) : 25 m.
- Distance de freinage pour une vitesse de 90 km/h (pointillés verts sur schéma ci-après) : 40 m.

25 + 40 = 65

La distance d'arrêt pour une voiture roulant à 90 km/h est 65 m.

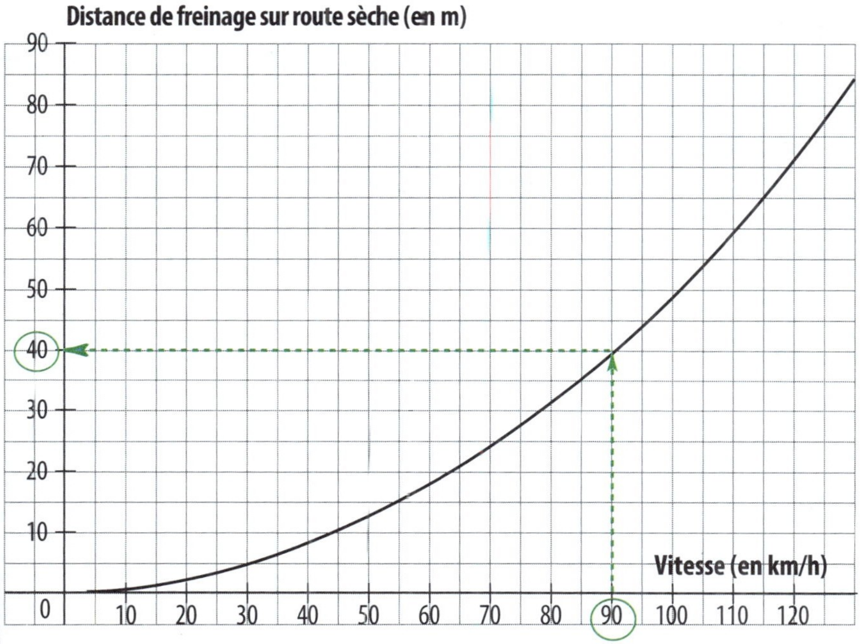

3 Calcul d'une distance de freinage sur route mouillée

Pour $v = 110$ km/h, $\dfrac{v^2}{152{,}4} = \dfrac{110^2}{152{,}4} \approx 79$.

La distance de freinage est 79 m.

EXERCICE 7

1 Mesure de l'angle $\widehat{BCA}$

Dans le triangle ABC rectangle en B :

$$\tan \widehat{BCA} = \frac{\text{Côté opposé à } \widehat{C}}{\text{Côté adjacent à } \widehat{C}}$$

$$\tan \widehat{BCA} = \frac{10}{100}$$

$$\tan \widehat{BCA} = 0{,}1$$

$$\widehat{BCA} = \tan^{-1}(0{,}1)$$

$$\widehat{BCA} \approx 6°$$

En utilisant la calculatrice.

L'angle $\widehat{BCA}$ mesure environ 6°.

Rappel

Le quotient mettant en lien côté opposé et côté adjacent d'un angle est la tangente de cet angle.

Sujet type brevet

2 Calcul de pentes

On utilise la technique précédente pour calculer la pente dans chacun des deux cas. En notant α l'angle que fait la route avec l'horizontale :

- pour le panneau A :

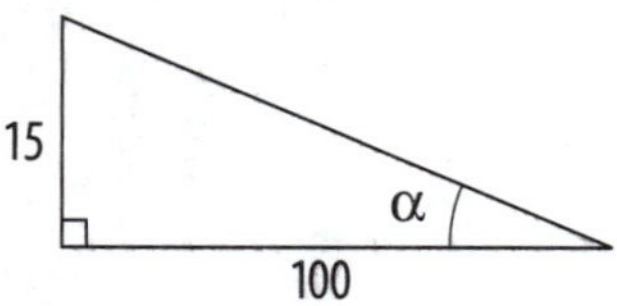

$\tan \alpha = \dfrac{15}{100} = 0{,}15$

$\alpha = \tan^{-1}(0{,}15)$

$\alpha \approx 8{,}5°$

- pour le panneau B :

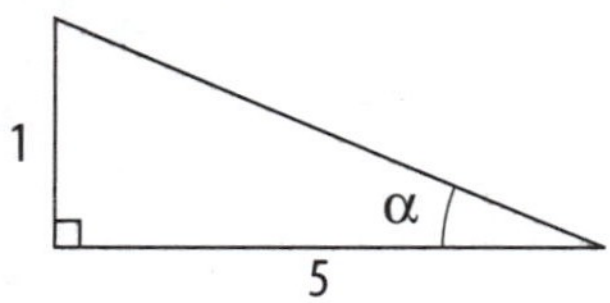

$\tan \alpha = \dfrac{1}{5} = 0{,}2$

$\alpha = \tan^{-1}(0{,}2)$

$\alpha \approx 11{,}3°$

$11{,}3 > 8{,}5$

La pente la plus forte est indiquée par le panneau B.

Autre méthode

- Le panneau B indique un dénivelé de 1 m pour un déplacement horizontal de 5 m.

Déplacement horizontal (en m)	5	100
Dénivelé (en m)	1	x

Ce tableau est un tableau de proportionnalité.

$x = \dfrac{100}{5} = 20$. Cela signifie que pour un déplacement horizontal de 100 m, le dénivelé serait de 20 m.

- Le panneau A indique un dénivelé de 15 m pour un déplacement de 100 m.
- 20 > 15. On en déduit que c'est le panneau B qui indique la plus forte pente.

FSC www.fsc.org
MIXTE
Papier issu de sources responsables
FSC® C022030

N° éditeur : 10219697
Facompo Mai 2016
Imprimé en France
par Loire Offset Titoulet